中等职业技术学校农林牧渔类

农机使用与维修专业教材

农用动力机械使用与维护

人力资源和社会保障部教材办公室　组织编写

李庆军　主编

中国劳动社会保障出

图书在版编目(CIP)数据

农用动力机械使用与维护/李庆军主编. —北京：中国劳动社会保障出版社，2011
中等职业技术学校农林牧渔类——农机使用与维修专业教材
ISBN 978-7-5045-9223-1

Ⅰ.①农… Ⅱ.①李… Ⅲ.①农业机械：动力机械-使用方法-中等专业学校-教材②农业机械：动力机械-维修-中等专业学校-教材 Ⅳ.①S22

中国版本图书馆 CIP 数据核字(2011)第 160766 号

中国劳动社会保障出版社出版发行

（北京市惠新东街 1 号 邮政编码：100029）

出 版 人：张梦欣

*

中国铁道出版社印刷厂印刷装订 新华书店经销

787 毫米×1092 毫米 16 开本 12.5 印张 265 千字

2011 年 8 月第 1 版 2015 年 7 月第 5 次印刷

定价：22.00 元

读者服务部电话：010-64929211/64921644/84643933

发行部电话：010-64961894

出版社网址：http://www.class.com.cn

前　言

为深入贯彻落实《国家中长期人才发展和规划纲要（2010—2020年）》和《国家中长期教育改革和发展规划纲要（2010—2020年）》精神，适应建设社会主义新农村、加快发展现代农业的需要，加大培养适应农业和农村发展需要的专业人才力度，人力资源和社会保障部教材办公室组织了一批教学经验丰富、实践能力强的教师与行业专家，在充分调研、讨论专业设置和课程教学方案的基础上，编写了农林牧渔类相关专业系列教材，共涉及种植、养殖、农机使用与维修、农村经济管理、农村能源开发与利用等专业，将于2011—2012年陆续出版。

本套教材具有以下特点：

第一，以满足农业生产为主导方向，以培养学生实践能力为基本原则，在合理确定学生应具备的能力结构与知识结构基础上，对教材内容的深度、广度进行了科学设计，并突出了实践性教学内容。

第二，根据农村经济和农业技术发展的趋势，尽可能多地在教材中充实新理念、新知识、新方法和新设备等方面的内容，力求使教材具有鲜明的时代特征，满足新农村建设的需要。

第三，在教材的表现形式上，尽可能多地采用图片、实物照片或表格等将知识点、技能点生动地展示出来，力求给学生创造一个更加直观的认知环境。

本套教材的编写得到了黑龙江省人力资源和社会保障厅以及黑龙江技师学院、黑龙江第二技师学院、哈尔滨技师学院、佳木斯职教集团、哈尔滨劳动技师学院、中国一重技师学院、黑龙江机械制造高级技工学校哈尔滨分校、五大连池技工学校、黑龙江农业职业技术学院、黑龙江农业工程职业学院等一批技工院校和职业院校的大力支持，教材编审人员做了大量的工作，在此，我们表示衷心的感谢！同时，恳切希望广大读者对教材提出宝贵的意见和建议。

人力资源和社会保障部教材办公室

2011年7月

本书编审人员

主　　编　李庆军
副 主 编　戴春禄　张秋君
参　　编　赵作伟　杨　明
　　　　　高　峰　刘恒学
主　　审　杜长征

简　介

本书以拖拉机的使用与维护为重点，详细介绍了拖拉机的正确使用及日常维护保养，重点讲解了拖拉机常见故障的分析、判断和排除，使读者在掌握拖拉机正确使用的基础上，了解其结构和功用，便于分析和处理常见的故障。

本书内容分为八章，即柴油机概述，柴油机的使用与保养，柴油机的故障诊断与处理，拖拉机的类型、结构与工作原理，拖拉机的选购，拖拉机的使用，拖拉机的技术保养和拖拉机的故障诊断与处理。

本书由黑龙江农业工程职业学院李庆军主编，哈尔滨技师学院戴春禄和张秋君副主编；黑龙江农业工程职业学院赵作伟、大庆保险公司车辆部杨明、哈尔滨技师学院高峰、黑龙江生物科技职业学院刘恒学参加编写。由黑龙江农业工程职业学院杜长征主审。

本书可作为中等职业院校农机使用与维修专业的教材，还可作为农机合作社驾驶人员的培训教材。

目　录

绪　论

农用动力机械是为农业生产、农副产品加工、农田建设、农业运输和各种农业设施提供原动力的机械，在农业生产中用机电动力代替人力和畜力，可提高劳动生产率、减轻劳动强度、增强抗御自然灾害能力、及时地完成各项农事作业，对产量的提高具有显著作用。农用动力机械主要有拖拉机、柴油机、汽油机、电动机等，其中拖拉机所配用的柴油机是最常用的农用动力机械，也是本书介绍的重点。

一、拖拉机

拖拉机是农业生产的主要动力机械，既可行走作业，又能固定作业。它与牵引和悬挂农机具配合，可进行整地、播种、中耕、收获等农田作业，还可完成农田基本建设中的挖掘、推铲、平整、运送和农业运输作业；作为固定动力，可驱动排灌、脱粒、发电、农畜产品加工等机械。除用于农业外，还可用于工程建设。

目前，用于农业的拖拉机，其发动机均为柴油机，绝大多数为四行程、水冷式的。按照其用途和结构分类如图 0—1 所示。

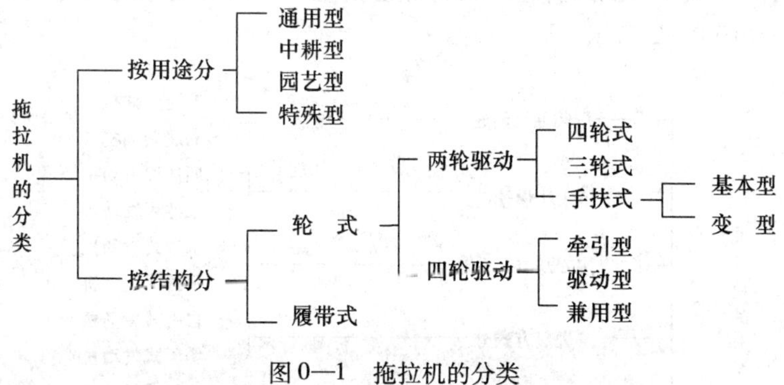

图 0—1　拖拉机的分类

通用型拖拉机主要适用于耕、耙、播、收等项农田作业，也可用于运输和固定作业，但不适于中耕和其他行间作业，如铁牛—654 型和东方红—802 型等拖拉机。

中耕型拖拉机具有较高的地隙、较窄的行走器，且轮距可调。主要用于中耕和其他行间作业，也可兼作通用型使用。该拖拉机可以是专门设计的，也可以是通用型的变型，如高地隙小四轮拖拉机。

园艺型拖拉机主要用于果园和菜园的各项作业。特点是机身矮、体积小、功率小。驱动型和兼用型手扶拖拉机均属此类。

特殊型拖拉机适用于某些特殊的工作条件，如山地拖拉机、棉田中耕拖拉机和机耕船等。由于需求量不多，往往是其他型拖拉机的变型。

轮式拖拉机由于其性能的改进，已成为当代拖拉机的主流。一般为两轮驱动的四轮拖拉机（4×2）。四轮驱动的拖拉机（4×4）具有更好的牵引性能。其基本型为专门设计的，变型多由两轮驱动型变型而成。前者功率较大，四轮尺寸相同，通常为折腰转向。

履带式拖拉机其行走与地面接触的面积大，对耕地比压小，对土壤结构破坏较轻，防陷性、牵引附着性好。因制造金属耗量大，成本高，其在农业生产中的主要优点已被改进型（宽轮胎、辅加轮、半履带等）、造价低廉的轮式拖拉机所替代，所以在现代农业生产中履带式拖拉机已处于劣势。

手扶拖拉机原本只有用于旋耕的园艺型，即驱动型，后来又开发出带尾轮的牵引型和可旋耕又可牵引的兼用型。其功率较小，东风—12 型手扶拖拉机即属兼用型。

按照拖拉机发动机功率大小，可分为大型拖拉机（功率为 73.6 kW 以上）、中型拖拉机（功率在 14.7 ~73.6 kW）和小型拖拉机（功率在 14.7 kW 以下）。

二、发动机

发动机是将其他形式的能量转变为机械能的工作装置，是拖拉机的动力源，发动机是拖拉机的基本组成部分之一。发动机按使用燃料的不同分为柴油机和汽油机。

1. 柴油机

柴油机是目前车辆动力源的首选，其特点是扭矩大，具有良好的动力性、经济性和可靠性，柴油机分类如图 0—2 所示。

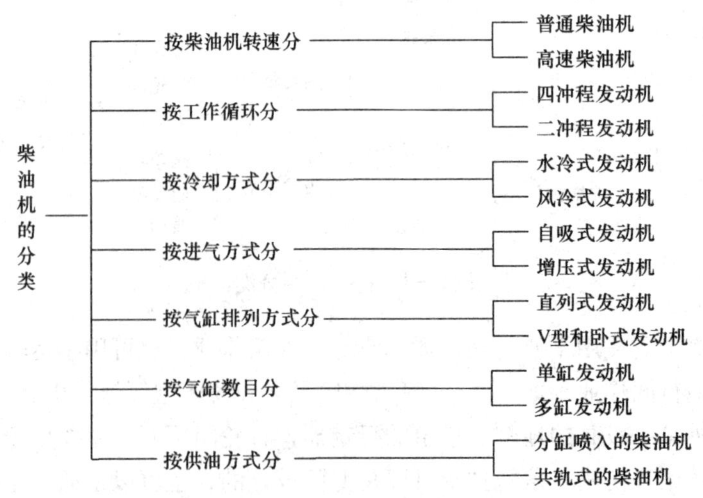

图 0—2　柴油机的分类

低速柴油机多用于固定作业的机械，如发电机组、船用柴油机、清洗机等，其特点是转速低，扭矩大。

高速柴油机多用于行驶的机械动力，如汽车发动机、拖拉机上采用的发动机等，其特点是适应的转数范围广，能满足各种不同路况的行驶作业。

早期的船用柴油机有二行程的，二行程柴油机的做功频率是四行程的两倍，但经济性较差，启动的方式为气压启动。

目前多采用四行程柴油机，四行程柴油机工作平稳，可靠性优于二行程柴油机，具有良好的经济性和环保性。广泛应用于汽车拖拉机上，是当前车辆的主要动力源。

我国风冷式柴油机用得较少，小型汽油机用得较多，如摩托车所用的发动机多为风冷式。国外柴油机用风冷式较多，如迪尔佳木斯联合收获机厂生产的迪尔 1075 型收获机械。

水冷式柴油机应用最为广泛，特别是大功率的柴油机，水冷式的柴油机冷却效果好，能充分发挥柴油机的动力，工作可靠，柴油机的稳定性高，是车辆的首选动力源。

自吸式柴油机是通过活塞的吸气行程使气缸的气压低于大气压力，将空气吸入气缸。

增压式柴油机是将空气经过废气涡轮增压器以一定压力强制泵入气缸，使进气量增大，从而提高了柴油机的动力性。

直列式柴油机广泛用于各种中大型的车辆上，而 V 型柴油机一般用于发电机组或船上。如 12V135 柴油发电机组。

2. 汽油机

汽油机多用于中小型面包车和轿车上，其特点是结构紧凑，体积小，可在安装时留有足够的空间来布置其他的附属设施，另外，启动性能优于柴油机，工作平稳，噪声小等。汽油机分类如图 0—3 所示。

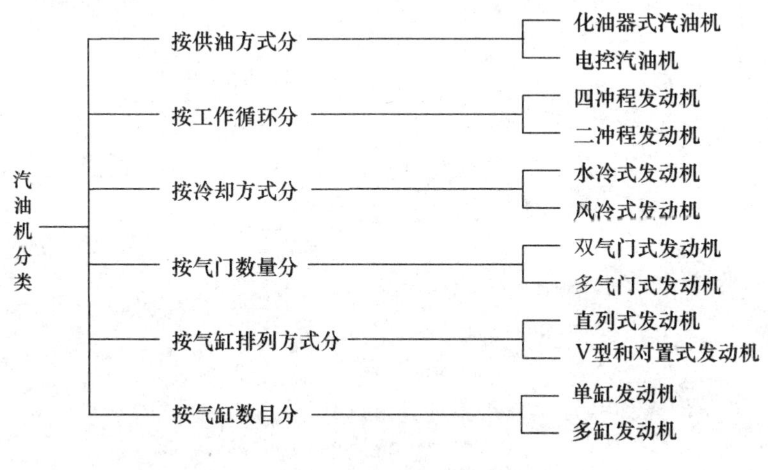

图 0—3　汽油机的分类

在这些汽油机中，化油器式汽油机已被淘汰，其原因是排放污染大，破坏环境。电子控制喷射式汽油机广泛用于微型车辆和轿车上；二行程汽油机多用于摩托车和小型的农用机械，如田间喷药机械、果园整地机械等；四行程汽油机则用于小型的汽车上；双气门用于普通的汽油机上，制造成本低；多气门汽油机用于小型的轿车上；单缸汽油机多用于摩托车和小型的农用机械，如田间喷药机械、果园整地机械等；多缸汽油机则用于微型车辆和小型的汽车上。

第一章　柴油机概述

学习目标：

- 掌握发动机的概念并了解发动机的分类。
- 理解发动机的常用术语的含义。
- 掌握柴油机的结构及工作原理。
- 掌握发动机型号的编制规则及型号所代表的含义。

发动机是各种行驶车辆的动力源，发动机的工作状况直接影响整车的动力性、经济性和环保性，为提高车辆的使用性能和车辆的使用寿命，必须对发动机定期地进行维护保养。维护保养人员应熟练地掌握发动机的基本结构和工作原理。

第一节　柴油机的结构和工作原理

一、柴油机的基本结构

柴油机是用柴油做燃料的内燃机，因此，了解柴油机的结构组成，必须首先了解什么是内燃机。

1. 内燃机

内燃机是液体和气体燃料与空气混合后，直接输入机器内部燃烧而产生热能，再将热能转化为机械能的一种热机，燃烧产生热能的过程在机内完成，所以叫内燃机。内燃机具有热效率高、结构紧凑、体积小、起动性能良好等优点。内燃机按使用燃料的不同可大致分为柴油机和汽油机，目前农用动力机械的发动机均以柴油机为主。

2. 柴油机的基本组成

柴油机是由许多机构和系统组成的复杂机器。现在柴油发动机的结构形式很多，即使是同一类型的发动机，其具体构造也是有很大差异的，但就其总体功能而言，基本上都是由如下的机构和系统组成：曲柄连杆机构、配气机构、供给系、冷却系、润滑系和起动系。可以通过一些典型的柴油发动机的结构实例来分析发动机的总体构造。

如图 1—1 所示为一台六缸四冲程柴油机的剖面结构图，下面以它来介绍柴油机的一般构造。

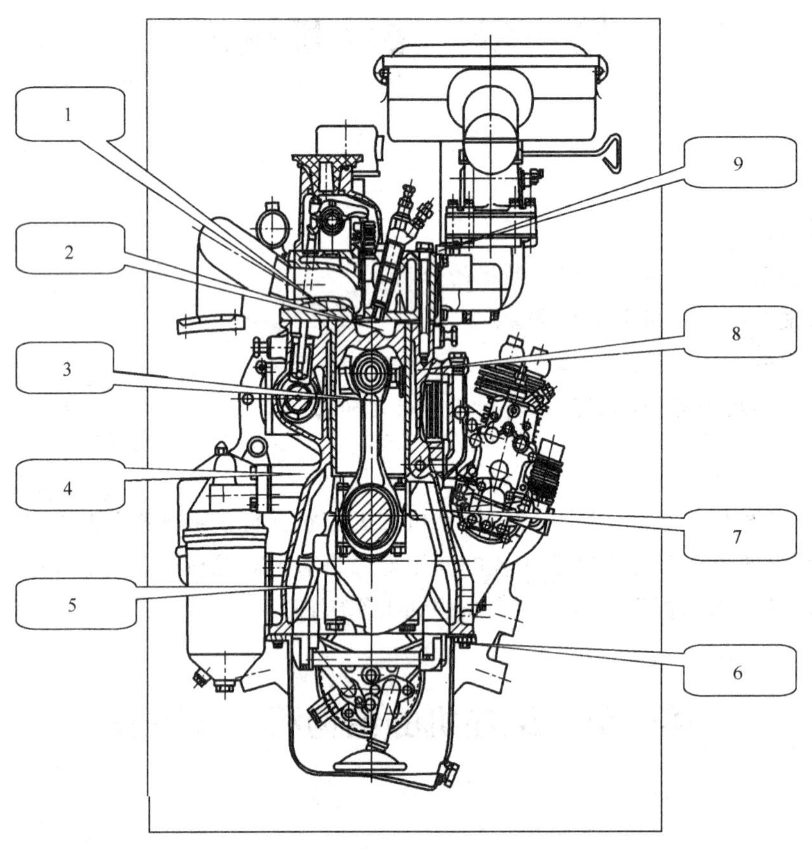

图 1—1　六缸四冲程柴油机的剖面结构图

1—活塞环　2—活塞销　3—连杆　4—气缸体　5—曲轴箱　6—油底壳　7—曲柄　8—气缸套　9—气缸盖

（1）曲柄连杆机构。曲柄连杆机构由气缸体与曲轴箱组、活塞连杆组、曲轴飞轮组等三部分组成。其中气缸体与曲轴箱组由气缸体、曲轴箱、气缸盖、气缸套、气缸垫及油底壳等组成；活塞连杆组由活塞、活塞环、活塞销、连杆等组成；曲轴飞轮组由曲轴、飞轮、扭转减振器、平衡重等组成。有的发动机将气缸分铸成上下两部分，上体称为气缸体，下体称为曲轴箱。气缸体是发动机各机构、各系统的装配基体，其本身的许多部分又分别是曲柄连杆机构、配气机构、燃料供给系、冷却系和润滑系的组成部分。气缸盖和气缸体的内壁共同组成燃烧室的一部分，是承受高温、高压的机件。它的功用是将燃料燃烧时产生的热能转变为活塞往复运动的机械能，再通过连杆将活塞的往复运动变为曲轴的旋转运动而对外输出动力。

（2）配气机构。配气机构由进气门、排气门、挺柱、推杆、摇臂、凸轮轴以及凸轮轴正时齿轮（由曲轴正时齿轮驱动）等组成。它的功用是使可燃混合气及时充入气缸并及时从气缸排出废气。

（3）供给系。供给系由柴油箱、输油泵、高压油泵、柴油滤清器、空气滤清器、进气管、排气管、排气消声器等组成。它的功用是把柴油压入气缸和空气混合成可燃混合气，以供燃烧，并将燃烧生成的废气排出发动机体外。

（4）冷却系。冷却系主要由水泵、散热器、风扇、分水管、气缸体放水阀以及气缸体和气缸盖内铸出的空腔（水套）等组成。它的主要功用是把受热机件的热量散到大气中去，以保证发动机的正常工作。

（5）润滑系。润滑系主要由机油泵、集滤器、限压阀、润滑油道、机油粗滤器、机油细滤器和机油冷却器等组成。它的功用是将润滑油以一定的压力送到相对运动的零件表面，以减少它们之间的摩擦阻力，减轻机件的磨损，同时起到冷却相对运动的摩擦零件，清洗零件摩擦表面的作用。

（6）起动系。起动系由起动机及其附属装置组成。它的功用是使静止的发动机起动并转入正常运转状态。农用的动力机械中，大功率的采用电起动和用副机带动主机的起动方式，小功率的则多选用手摇式的、绳拉式的和脚踏式的，其起动扭矩小，易于操作，可使整机结构简单化，特别是用于果园的喷药机械（背复式的）。

二、常用名词术语

1. 上止点

活塞在气缸内运动，其活塞顶部达到最高点处的位置，称为上止点。即活塞顶部距离曲轴回转中心最远处，如图 1—2 所示。

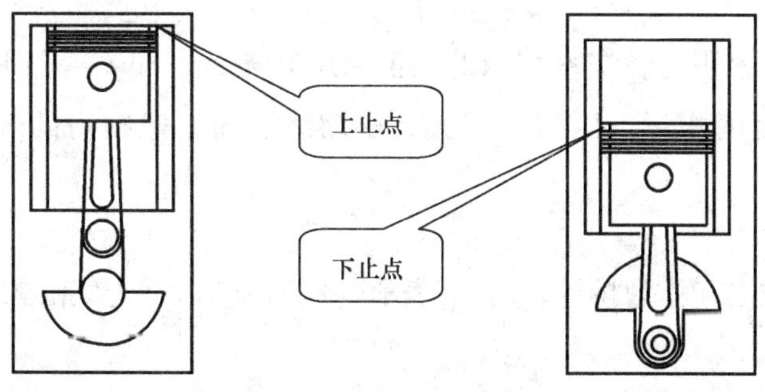

图 1—2　上止点和下止点

2. 下止点

活塞在气缸内运动，其活塞顶部达到最低点处的位置，称为下止点。即活塞顶部距离曲轴回转中心最近处，如图 1—2 所示。

3. 活塞冲程

活塞在气缸内运动，其上、下止点间的距离，称为活塞冲程，用 S 来表示，如图 1—3

所示。

4. 曲柄半径

曲轴连杆轴颈的轴心线到主轴颈轴心线的距离，称为曲柄半径，用 R 来表示，如图1—3所示。活塞行程的大小取决于曲柄半径，其关系为：活塞冲程 S 等于曲柄半径 R 的2倍，即 $S=2R$。

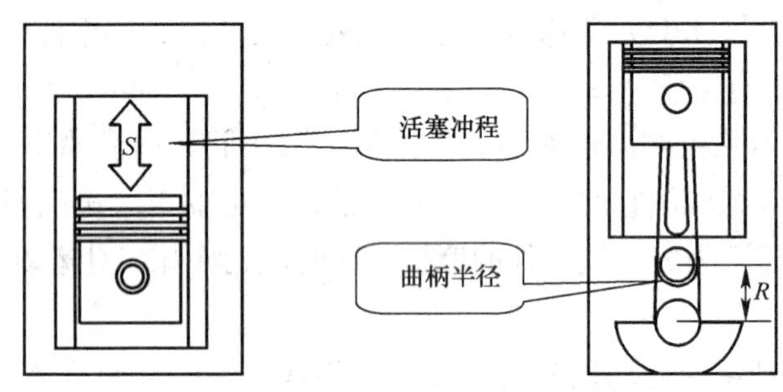

图1—3　活塞冲程和曲柄半径

5. 燃烧室容积

活塞在上止点时，活塞顶与气缸盖之间的容积，称为燃烧室容积，用 V_c 表示。

6. 气缸总容积

活塞在下止点时，活塞顶上方空间的容积，称为气缸总容积，用 V_a 表示。

7. 气缸工作容积

活塞从上止点移动到下止点或由下止点移动到上止点时活塞所扫过的空间容积，称为气缸工作容积，用 V_h 表示。

8. 压缩比

压缩比是气缸总容积与燃烧室容积的比值，用 ε 表示，即 $\varepsilon=V_a/V_c$。压缩比是表示气缸内气体被压缩程度的指标。压缩比越大，压缩终了时，气缸内的气体压力越大，温度越高。

9. 内燃机排量

多缸机工作容积之和称为排量，用 V_L 表示，$V_L=i\times V_h$，i 为气缸数。

10. 工作循环

内燃机每完成一个吸气、压缩、做功和排气工作过程，称为工作循环。

11. 二冲程内燃机

曲轴每转一圈完成一个工作循环的内燃机称为二冲程内燃机。

12. 四冲程内燃机

曲轴每转两圈完成一个工作循环的内燃机称为四冲程内燃机。

13. 工况

工况是指内燃机在某一时刻的工作状况，一般用内燃机的转速和负荷来表示。

三、柴油机的工作原理

1. 单缸四冲程柴油机的工作原理

为使发动机产生动力，必须先将燃料和空气供入气缸，使之燃烧产生热能，以气体为工作介质推动活塞，通过连杆使曲轴旋转，使热能转化为机械能，最后将燃烧后的废气排出气缸。至此，发动机完成一个工作循环。此循环周而复始地进行，发动机便产生连续的动力。

四冲程发动机每个工作循环中的活塞行程分别为进气行程、压缩行程、做功行程和排气行程。其示功图如图 1—4 所示。示功图表示活塞在不同位置时气缸内压力的变化情况，示功图上曲线所围成的面积，即为单缸发动机在一个工作循环中所做的功。

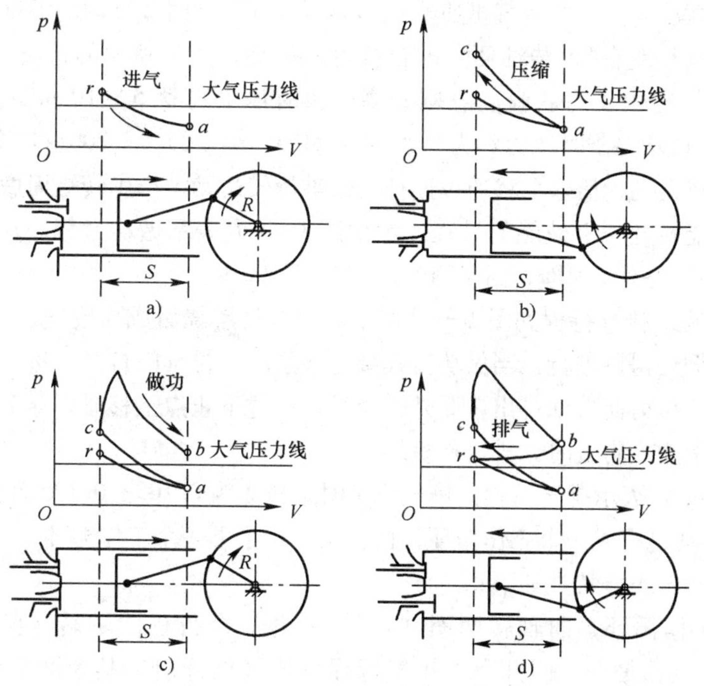

图1 4 四冲程柴油机的示功图

a）进气行程 b）压缩行程 c）做功行程 d）排气行程

活塞在气缸内往复四个行程分别为进气行程、压缩行程、做功行程和排气行程。

（1）进气行程。进气行程如图 1—4a 所示。进气门打开，排气门关闭，通过曲轴旋转带动活塞从上止点向下止点运动，气缸内容积增大，压力降低而形成真空，将过滤后的空气吸入气缸。由于进气系统的阻力，进气终了时气缸内气体的压力略低于大气压，约为 0.075 ~ 0.09 MPa，温度为 370 ~ 400 K。示功图上的曲线 *ra* 表示进气行程，位于大气压力线之下。它与大气压力线纵坐标之差，即为活塞对应于各位置时的真空度。

（2）压缩行程。压缩行程如图1—4b所示。此时进、排气门处于关闭状态。为使吸入缸内的空气迅速与柴油混合燃烧，释放出更多的热量，使发动机发出更大的功率，必须在燃烧前对其进行压缩，使其容积变小、温度升高。为此，进气终了前便进入压缩行程。在此行程中，进、排气门均关闭，曲轴推动活塞由下止点向上止点移动完成该行程。示功图上，曲线 *ac* 表示压缩行程。活塞到达上止点时压缩行程结束，空气被压入活塞上方及燃烧室中。此时，压力可达3～5 MPa，温度可达800～1 000 K。

发动机的压缩比大，则混合气燃烧迅速，发动机发出的功率大，经济性就好。但是压缩比过大，会导致爆燃和表面点火等不正常的燃烧现象，造成发动机过热、功率下降、油耗增大等一系列不良后果。因此，在提高柴油机压缩比时，必须防止爆燃现象的发生。

（3）做功行程。做功行程如图1—4c所示。此时进、排气门仍关闭。混合气的燃烧分为两个阶段，第一阶段，在柴油机压缩行程终了前，喷油泵使柴油产生高压经喷油器呈雾状喷入气缸内，与高温、高压的空气迅速气化形成混合气，此时气缸内的温度远远高于柴油的自燃温度（约500 K左右），柴油便立即自行着火燃烧，由于喷油的持续，致使第二阶段，边喷油边燃烧，气缸内压力、温度急剧升高，瞬时压力可达5～10 MPa，瞬时温度可达1 800～2 200 K；做功终了时压力约为0.2～0.4 MPa，温度约为1 200～1 500 K。

活塞向下止点运动，活塞下移通过连杆使曲轴旋转运动，产生转矩而做功。发动机至此完成了一次将热能转变为机械能的过程。示功图上的 *cb* 表示做功过程。在做功终了时的 *b* 点，压力下降为0.3～0.5 MPa，温度降为1 300～1 600 K。

（4）排气行程。排气行程如图1—4d所示。混合气燃烧后成为废气，应从气缸内排出，以便下一个工作循环得以进行。当做功行程接近终了时，排气门打开，进气门仍然关闭，因废气压力高于大气压力而自动排出，此外，当活塞越过下止点上移时，靠活塞的推挤作用强制排气。活塞到上止点附近时，排气行程结束。

示功图上曲线 *br* 表示排气行程。排气终了时，压力为0.105～0.125 MPa，温度为800～1 000 K。至此发动机完成一个工作循环，接着又开始了下一个工作循环。

四冲程发动机的工作特点如下：

1）每一个工作循环，曲轴转两圈（720°），每一个行程曲轴转半圈（180°），如图1—5所示，进气行程是进气门开启，排气行程是排气门开启，其余两个行程进、排气门均关闭。

2）四个行程中，只有做功行程对曲轴产生旋转动力，其他三个行程是做功行程的辅助行程，没有辅助行程就没有做功行程。

3）在发动机运转的开始循环时，必须有外力使曲轴旋转完成进气，压缩（火花塞点火）着火后，完成做功行程，并依靠曲轴和飞轮储存的能量便可自行完成以后的行程，以后的工作循环发动机无需外力就可以自行完成。

2. 四缸四冲程内燃机的工作原理

（1）做功间隔角为$\frac{720°}{4}=180°$。

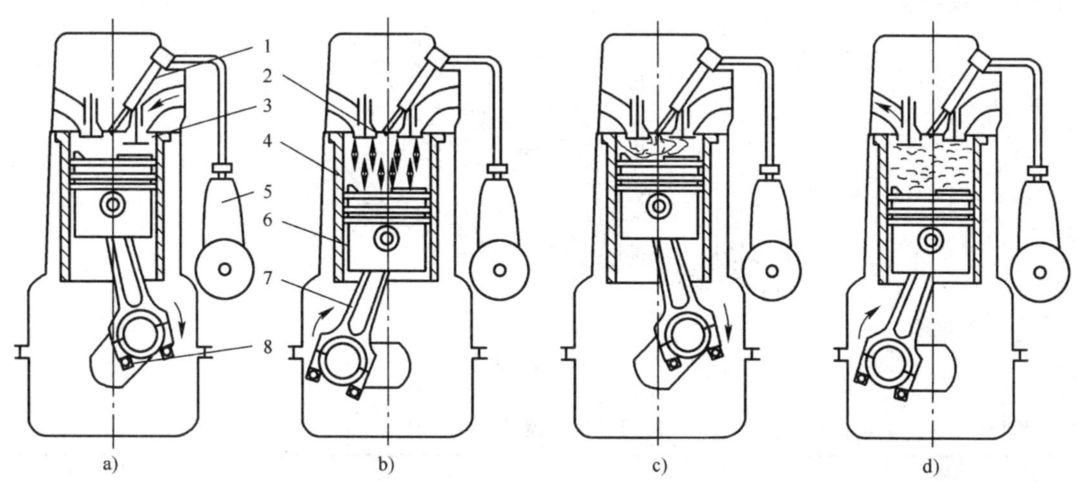

图 1—5　四冲程柴油机的工作原理

1—喷油器　2—排气门　3—进气门　4—气缸　5—喷油泵　6—活塞　7—连杆　8—曲轴

（2）曲轴布置如图 1—6 所示。

（3）工作顺序：1—3—4—2 或 1—2—4—3 两种。

（4）工作情况。四缸四冲程内燃机的工作情况见表 1—1。

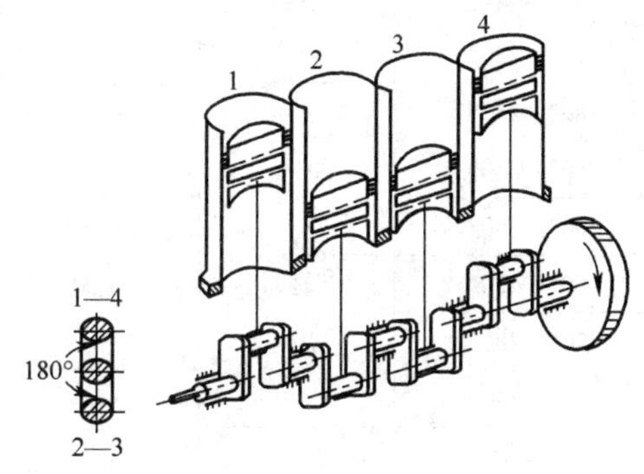

图 1—6　直列式四缸机曲轴布置图

3. 六缸四冲程内燃机的工作原理

（1）做功间隔角为 $\frac{720°}{6}=120°$

（2）曲轴布置如图 1—7 所示。

（3）工作顺序：1—5—3—6—2—4 或 1—4—2—6—3—5 两种。

表 1—1　　**四缸四冲程内燃机工作情况**

曲轴转角	工作顺序　1—3—4—2			
	1 缸	2 缸	3 缸	4 缸
0°～180°	做功	排气	压缩	吸气
180°～360°	排气	吸气	做功	压缩
360°～540°	吸气	压缩	排气	做功
540°～720°	压缩	做功	吸气	排气

（4）工作情况。六缸四冲程内燃机的工作情况见表 1—2。

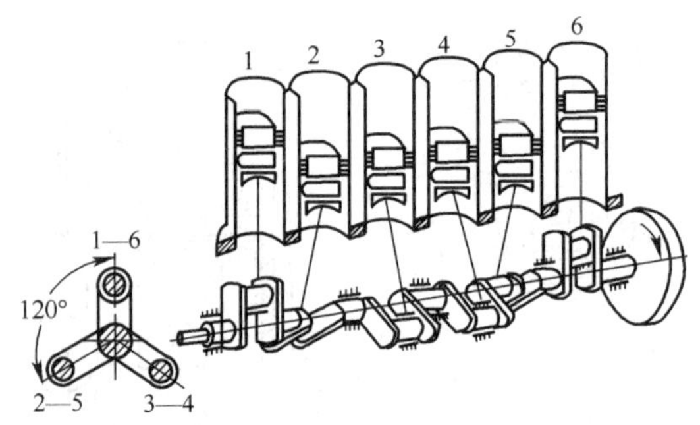

图 1—7　直列式六缸机曲轴布置图

表 1—2　　**六缸四冲程内燃机工作情况**

<table>
<tr><th rowspan="2">曲轴转角</th><th colspan="6">工作顺序　1—5—3—6—2—4</th></tr>
<tr><th>1 缸</th><th>2 缸</th><th>3 缸</th><th>4 缸</th><th>5 缸</th><th>6 缸</th></tr>
<tr><td>0° ~60°</td><td rowspan="3">做功</td><td rowspan="2">排气</td><td>吸气</td><td>做功</td><td rowspan="2">压缩</td><td rowspan="3">吸气</td></tr>
<tr><td>60° ~120°</td><td rowspan="3">压缩</td><td rowspan="3">排气</td></tr>
<tr><td>120° ~180°</td><td rowspan="3">吸气</td><td rowspan="3">做功</td></tr>
<tr><td>180° ~240°</td><td rowspan="3">排气</td><td rowspan="3">压缩</td></tr>
<tr><td>240° ~300°</td><td rowspan="3">做功</td><td rowspan="3">吸气</td></tr>
<tr><td>300° ~360°</td><td rowspan="3">压缩</td><td rowspan="3">排气</td></tr>
<tr><td>360° ~420°</td><td rowspan="3">吸气</td><td rowspan="3">做功</td></tr>
<tr><td>420° ~480°</td><td rowspan="3">排气</td><td rowspan="3">压缩</td></tr>
<tr><td>480° ~540°</td><td rowspan="3">做功</td><td rowspan="3">吸气</td></tr>
<tr><td>540° ~600°</td><td rowspan="3">压缩</td><td rowspan="3">排气</td></tr>
<tr><td>600° ~660°</td><td rowspan="2">吸气</td><td rowspan="2">做功</td></tr>
<tr><td>660° ~720°</td><td>排气</td><td>压缩</td></tr>
</table>

第二节　柴油机的型号编制

柴油机属于内燃机的一种，其型号编制规则与内燃机相同。为了便于内燃机的生产管理与使用，我国于 2008 年对内燃机名称和型号的编制方法重新进行了审定，颁布了国家标准 GB/T725—2008《内燃机产品名称和型号编制规则》。国产柴油机的型号编制相关要求如下：

一、型号编制的规定

GB/T725—2008《内燃机产品名称和型号编制规则》仅适用于往复式内燃机，作为命定产品名称和型号的统一规定。

内燃机产品名称均按所采用的燃料命名，例如，柴油机、汽油机、燃气发动机与双燃料发动机等。

内燃机型号应能反映内燃机的主要结构特征及性能。

二、型号编制的要求

内燃机的型号是由阿拉伯数字（简称数字）、汉语拼音字母或国际通用的英文缩略字母组成的。它是区别内燃机的不同规格和特点的主要标志，国家制定了统一的标准。为了避免字母重复，可借用其他汉语拼音字母或国际通用的英文缩略字母，但不得用其他文字或代号。例如，工厂可根据机器特征选用一个字母表示机器特征符号，若工厂还需选用其他字母时，必须经主管部门批准，不得擅自选用。

三、型号编制的规则

柴油机的型号由四部分组成，如图 1—8 所示。

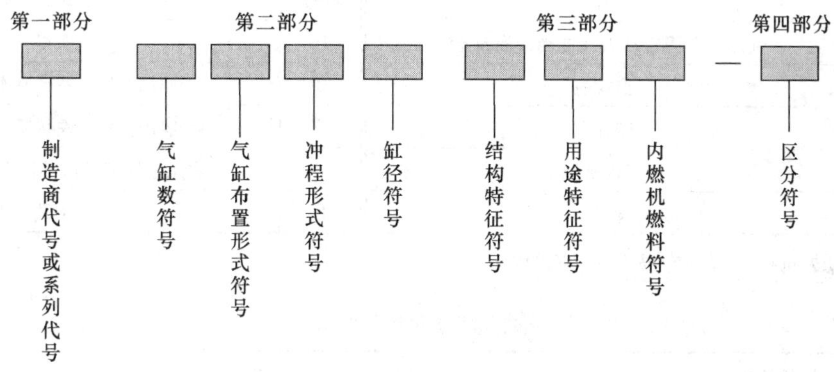

图 1—8 柴油机的型号

1. 第一部分由制造商代号或系列代号组成。本部分代号由制造商根据需要相应地选择 1 ~ 3 位字母表示。

2. 第二部分由气缸数符号、气缸布置形式符号、冲程形式符号、缸径符号组成。

（1）气缸数用 1 ~ 2 位数字表示。

（2）气缸布置形式符号按照表 1—3 的规定。

（3）冲程形式为四冲程时符号可以省略。

（4）缸径符号一般用缸径或缸径行程数字表示，即可用气缸直径或发动机排量表示。其单位由制造商自定。

表 1—3　气缸布置形式符号

符号	含义	符号	含义
无符号	多缸直列或单缸	H	H 形
V	V 形	X	X 形
P	卧式		

注：其他布置形式符号见 GB/T1883.1。

3. 第三部分由结构特征符号、用途特征符号和内燃机常用燃料符号组成。其符号分别见表 1—4、表 1—5 和表 1—6 的规定。

表 1—4　结构特征符号

符号	结构特征	符号	结构特征
无符号	冷却液冷却	Z	增压
F	风冷	ZL	增压中冷
N	凝气冷却	DZ	可倒转
S	十字头式		

表 1—5　用途特征符号

符号	用途	符号	用途
无符号	通用型及固定动力（或制造商自定）	D	发电机组
T	拖拉机	C	船用主机、右机基本型
M	摩托车	CZ	船用主机、左机基本型
G	工程机械	Y	农用三轮车（或其他农用车）
Q	汽车	L	林业机械

注：内燃机左机和右机的定义按 GB/T726 的规定。

表 1—6　内燃机常用燃料符号

符号	燃料名称	备注
无符号	柴油	
P	汽油	
T	天然气（煤层气）	管道天然气
CNG	压缩天然气	
LNG	液化天然气	
LPG	液化石油气	
Z	沼气	各类工业化沼气，允许用 1 ~ 2 个字母的形式表示，如“ZN”表示农业有机废弃物产生的沼气
W	煤矿瓦斯	浓度不同的瓦斯允许用 1 个小写字母的形式表示，如 Wd 表示低浓度瓦斯

续表

符号	燃料名称	备注
G	煤气	工业化煤气如焦炉煤气、高炉煤气等，允许在 M 后加 1 个字母区分煤气类型
S	柴油/天然气双燃料	其他双燃料用两种燃料的字母表示
SCZ	柴油/沼气双燃料	
M	甲醇	
E	乙醇	
DME	二甲醇	
FME	生物柴油	

注：1. 一般用 1 ~ 3 个拼音字母表示燃料，亦可用英文缩写字母表示。
2. 其他燃料允许制造商用 1 ~ 3 个字母表示。

4. 第四部分为区分符号。同一系列产品需要区分时，允许制造商选用适当的符号表示。第三部分与第四部分可用“—”分割。具体应用实例见表 1—7。

表 1—7　内燃机型号编制举例

序号	型号	说明
1	G12V190ZLD	表示 12 缸、V 型、缸径 190 mm、冷却液冷却、增压中冷、发电用（G 为系列代号）
2	492Q/P—A	表示 4 缸、直列、缸径 92 mm、冷却液冷却、汽车用汽油机（A 为区分符号）
3	12V190ZL/T	表示 12 缸、V 型、缸径 190 mm、冷却液冷却、增压中冷、天然气
4	G12V190ZLS	表示 12 缸、V 型、缸径 190 mm、冷却液冷却、增压中冷、燃料为柴油/天然气双燃料（G 为系列代号）
5	8E150C—1	表示 8 缸、直列、二冲程、缸径 150 mm、冷却液冷却、船用主机、右机基本型（1 为区分符号）

第二章　柴油机的使用与保养

学习目标：

- 能正确地选用燃料、润滑油及冷却液（冷却水）。
- 掌握柴油机起动前应注意哪些和做哪些准备工作。
- 掌握柴油机的起动过程和起动后运转的要求。
- 掌握柴油机的磨合过程和维护保养的内容。

柴油机的正确使用和维护可提高柴油机的使用寿命，能充分发挥柴油机的动力性和经济性。为此应选用适合该机型的燃料、油料和冷却液，以降低各运动部件的磨损，对于新的柴油机或大修后的柴油机应进行有规范的磨合，以提高各零部件加工质量的不足。

第一节　柴油机的正确使用

一、燃油、润滑油、冷却液的选用

1. 燃油的选用

柴油机必须使用符合国家标准 GB252—2000 环境温度规定指标的轻柴油。根据不同的环境温度选用不同牌号的轻柴油，见表 2—1。

表 2—1　　柴油牌号

环境温度（℃）	≥4℃	≥ -5℃	-14 ~ -5℃
柴油牌号	0	-10	-20

柴油机的各项性能指标与燃油牌号相关，低于规定要求的燃油牌号将导致柴油机的性能受到影响。

为了延长柴油机的使用寿命，应选用环境温度规定的清洁燃油。装油的容器必须清洁、专用；加注燃油时要尽量采用密封加注法；加入油箱内的柴油必须经过 3 ~ 7 天以上的沉淀，并选取表2—1中规定的清洁柴油使用；在燃油的运输、添加、使用等每个环节上都要注意清洁，防止污染。

 在对柴油机进行加油或有关操作时必须停机，并远离火源或其他危险源。

2. 润滑油的选用

（1）自然吸气型柴油机使用的润滑油必须是不低于CD级的柴油机机油；增压柴油机使用的润滑油必须是CF级柴油机机油或更高一级的柴油机机油。

（2）不同环境温度下润滑油的选择见表2—2。

表2—2 **润滑油牌号**

环境温度（℃）	>10℃	-30～-10℃	-25～-10℃
润滑油牌号	40	15 W/40	5 W/30

 增压柴油机使用注意事项

1. 根据环境温度选用相应的CF级牌号的机油。
2. 使用一周以上，应清洗或更换增压器并加注机油。
3. 起动后先怠速运行3 min，待增压器轴承得到充分润滑后方可提高转速。
4. 停机前应怠速运行3 min，使增压器转速大幅下降，以确保增压器的工作可靠。
5. 必须按期更换机油滤芯、柴油滤芯和空气滤芯。

（3）润滑油的加注。从加油口处加注符合要求的润滑油，静待5 min，抽出机油标尺检查并保证机油油面在上、下刻度线之间，如图2—1所示。

如柴油机外接机油冷却器等附件，第一次加油时要适量增加加油量。柴油机运转3～5 min后，停机静置5～10 min，检查油面，确保加注油面的正确。

（4）油浴式空气滤清器的机油加注。油浴式空气滤清器中必须保证有充足的机油，加油时不能超出油盆中所指示的刻线，如图2—2所示。在向滤清器添加机油时，油浴式空气滤清器中的金属滤网上，必须保证沾有足够的机油，可以将金属滤网在机油中浸泡后再安装。

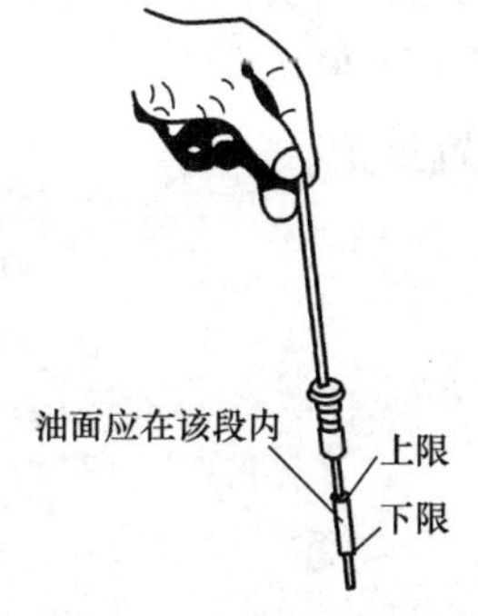

图2—1 润滑油面的检查

图2—2 油浴式空滤油面

 注意：必须保证柴油机、喷油泵、油浴式空气滤清器中注入符合要求的润滑油，并达到各自所需的润滑油面高度。

⊗ 严禁不同牌号、不同生产厂家的润滑油混用。严禁新油、旧油混合使用。

3. 冷却液（水）的选用

柴油机中使用的冷却液应为清洁的软水，如河水、雨水、雪水等。最好添加购买的冷却液。当温度低于0℃时，为了防止冷却液结冰胀裂零件和减少放水工作，可在冷却系统中加入冰点低的防冻液作为冷却介质，一定要购买正品防冻液。

⊗ 严禁不加冷却液起动、运行柴油机！严禁在高温下打开水箱盖添加冷却液，以免造成重大的人身伤害。

4. 首次使用前须知

（1）在起动、使用柴油机前，使用者必须详细阅读并严格执行使用说明书中的各项内容，在保证操作者安全的前提下，按要求进行磨合、使用和保养。

（2）增压型柴油机还需在增压器的进油口处加注润滑油后，才能正常使用。

（3）柴油机起动后以及在使用过程中，怠速运转不允许超过 10 min。

（4）当环境温度低于5℃时，柴油机工作后，如没有使用防冻液作为冷却液时，必须放尽冷却系统中的冷却水，以免冻裂柴油机的零部件。

（5）严禁柴油机起动后立即转入高转速、大负荷作业。中速运转使冷却液温度达到60℃时，才能投入满负荷作业。但是禁止长时间的超负荷作业。

（6）严禁柴油机在无机油压力指示或机油压力指示低于 98 kPa 时继续作业。

（7）进气系统应有良好的密封，不得有泄漏，柴油机内部有异常响声时不得继续作业。

（8）当冷却液温度高于95℃时，禁止采用外部浇水降温。应采用低速运转逐步降低柴油机温度的方法。

（9）严禁在冷却液和润滑油温度过高时骤然停机。柴油机在停机前应逐步降低负荷和转速，低速运转 3 ~ 5 min，待冷却液和机油的温度降低后方可停机。

（10）严禁在柴油机各种外部部件、零件上踩踏或放置重物。

二、柴油机的起动

1. 柴油机起动前的准备

（1）检查冷却液面，加足冷却液，如图 2—3 所示。

（2）加注符合要求的润滑油，静待 5 min，抽出机油尺检查并保证油面在上、下刻度线之间。同时应确保喷油泵、油浴式空气滤清器的机油加注液面正确。

（3）检查各种油管、水管、空气管路连接处，并可靠拧紧，应确保无渗漏。

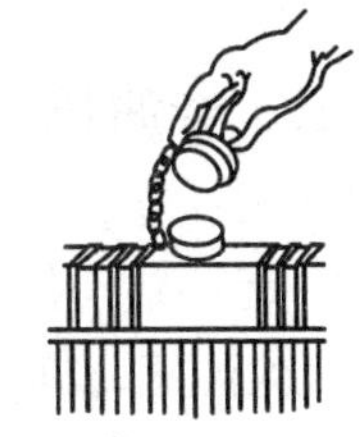

图 2—3　冷却液的检查

（4）第一次使用、经过修理或长时间停置不用的柴油机，起动前首先要排除油路中的空气，以保证柴油机顺利起动。排气的方法是：如图 2—4 所示，首先旋松柴油机滤清器的放气螺钉，用手压泵泵油，直到放出的燃油无气泡为止，然后拧紧柴油机滤清器的放气螺钉。

之后松开喷油泵上的放气螺钉，用手压泵泵油，同样放到燃油无气泡为止，如图 2—5 所示。

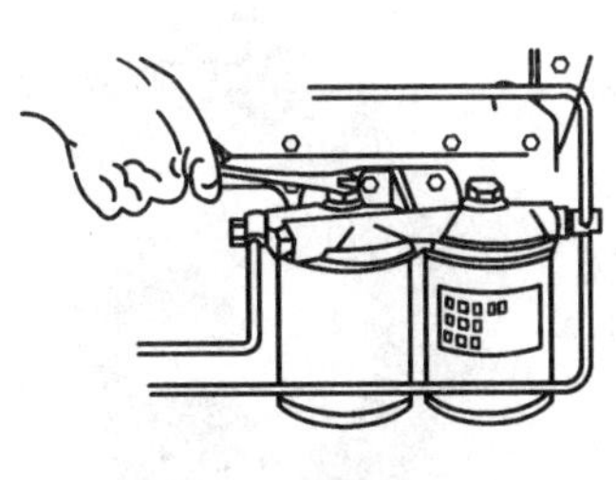

图 2—4　滤清器排气

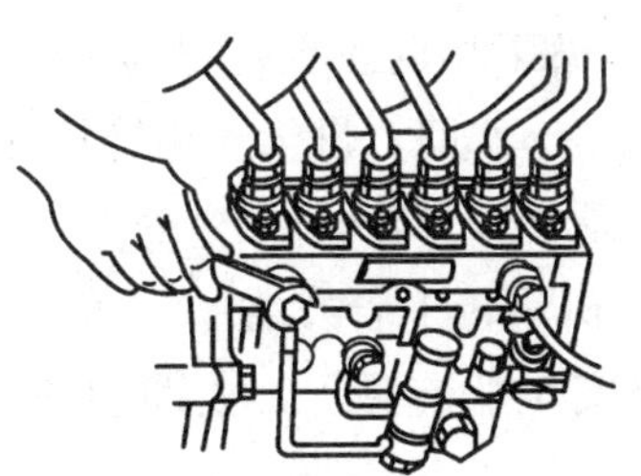

图 2—5　喷油泵排气

> ⚠ 注意：第一次使用、经过修理或长时间停置不用的增压型柴油机，起动前必须松开增压器的进油口，注入润滑油并拧紧螺钉后才能起动柴油机。

（5）检查风扇带的张紧度，电路系统是否可靠，蓄电池充电是否充足。

2. 柴油机的起动

（1）在柴油机起动时，操作人员及工作人员禁止靠近其旋转部位。禁止使用短路起动的方式起动柴油机。

（2）柴油机起动前，应将变速箱处于空挡位置。

（3）将喷油泵的油门放在接近最大供油位置，停油手柄应保持在工作位置。

（4）拨动刀关接通电源，按下起动按钮，起动柴油机。当环境温度低于 －10℃时，对于带起动预热功能的柴油机，可先打开预热开关，预热约 30 s，柴油机便可顺利起动。

> ⚠ 注意：每次起动柴油机时，起动机的工作时间不得超过 10 s，以保证起动机和蓄电池的使用寿命。如果一次未能起动，要停 1 ~2 min 再进行下一次起动。如果连续三次不能起动，应查明原因，排除故障后再进行起动。

三、柴油机的运转

1. 起动柴油机后，应立即减小油门，使柴油机进入怠速状态运行，一定要查看此时的柴油机的油压，确保机油压力不低于98 kPa。

2. 起动柴油机后，不能立即进行全负荷运转，应使柴油机中速运转预热。当冷却液温度达到60℃以上时，才允许柴油机提高到最大转速，投入满负荷工作。

3. 柴油机运转时，应经常检查润滑油压力和冷却液温度。正常环境下，冷却液在柴油机正常工作期间温度应保持在75～90℃。正常的机油压力应在294～490 kPa。当润滑油温度达到95～100℃较高范围时，润滑油压力允许略低于294 kPa。

4. 柴油机工作时，要注意倾听有无异常的响声，经常检查油路、水路、进气管路连接处是否有泄漏，如发现泄漏必须立即排除。

5. 柴油机运转中若发生“飞车”故障，必须在保障操作人员安全的前提下，立即切断油路或堵塞气路，以强制停机，如图2—6所示。

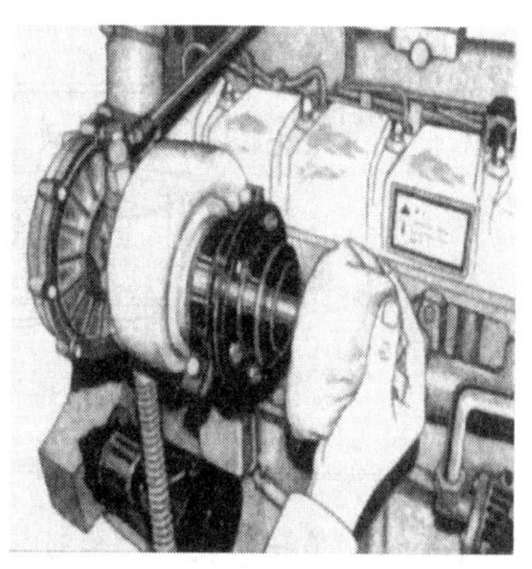

图2—6　强制停机

四、柴油机的停机

1. 柴油机大负荷运转停机前，应空负荷中速运转3～5 min后再停机。

2. 不允许采用关闭油箱开关的方法停机，以免油路中混入空气造成下一次起动困难。

3. 在环境温度低于5℃时，若没有使用防冻液，待水温降至40～50℃时应放掉冷却液。依次打开水箱放水开关、柴油机机体放水开关、机油冷却器放水开关，放掉所有冷却液。

4. 柴油机若长期不使用，应按规定封存保养。

第二节　柴油机的磨合

对于柴油机使用前或大修组装后，改善零件摩擦表面几何形状和表面物理机械性能的运转过程称为磨合。总成磨合是装配工艺过程的一个重要工序，是有关总成从装配状态转入工作状态的过渡，磨合质量对装配工艺质量和使用间隔里程有着重大的影响，因此，未经磨合的发动机是不允许投入使用的。

选择合理的发动机磨合规范，能保证磨合质量高，磨合过程中金属磨损量小，延长发动机使用寿命。发动机的磨合规范包括发动机转速、负荷及各阶段的磨合时间。发动机磨合分冷磨合与热磨合两个阶段。冷磨合是由外部动力驱动总成或机构的磨合。而发动机自行运转的磨合则称为热磨合。其中发动机自行空运转的磨合称为无载热磨合，加载自行运转的磨合称为负载磨合。发动机的磨合质量在材料、结构、装配质量等条件已定的情况下，主要取决于磨合时期的转速、载荷、磨合时间、润滑油品质。因此，由磨合转速、载荷和磨合时间组成了发动机的磨合规范。

一、冷磨合

1. 冷磨合设备

冷磨合是对气缸与活塞环、曲轴轴承和凸轮轴轴承等主要配合表面的磨合。故磨合时顶置气门式柴油机不装喷油器（柴油机）或火花塞（汽油机）。一般在专门的设备上进行，如图 2—7 所示为一种冷磨、热试与测功的联合装置。它包括发动机安装凸缘盘 1、测功装置、拖动装置（包括连接电动机的摩擦离合器 7 和变速箱 6 等），还有润滑油供给装置、测油耗及发动机转速等辅助设备。

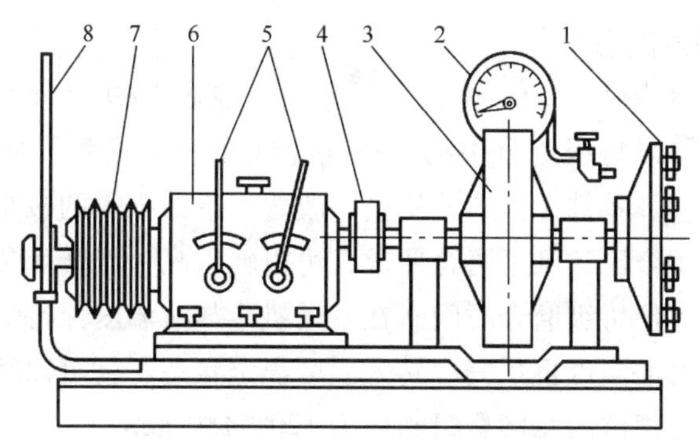

图 2—7　发动机磨合、试验、水力测功联合装置

1—凸缘盘　2—称力机构　3—水力制动鼓　4—反向离合器　5—变速手柄
6—变速箱　7—摩擦离合器　8—离合器手柄

2. 冷磨合规范

（1）冷磨合转速。起始转速 400 ~ 500 r/min，终止转速 1 200 ~ 1 400 r/min。起始转速过低，由于曲轴溅油能力不足、机油泵输油压力过低，难以满足配合副对润滑、冷却、清洁能力的要求，极易造成配合副破坏性损伤。由于高摩擦阻力和高摩擦热的限制，起始转速也不能过高。

发动机磨合的关键是气缸与活塞环、活塞和曲轴与轴承等配合副的磨合。配合面上的载荷主要由活塞连杆组的质量和离心力形成。据有关资料介绍，转速在 1 200 ~ 1 400 r/min 范围内单位面积上的载荷最大。超过或低于此转速，载荷反而减小，均会影响磨合效果。

磨合转速采取了四级调速。无级调速磨合效率低，在每级转速下，随着表面质量的改善，磨损率逐渐下降至平衡状态。为了提高磨合效率，故采用有级调速。

（2）冷磨合载荷。单靠活塞连杆组所产生的载荷显然不够，磨合效率低。实践证明，装好气缸盖，堵死火花塞螺孔，借助气缸的压缩压力来增加冷磨载荷是极为有益的。

（3）冷磨合润滑。现行的润滑方式有自润滑、油浴式润滑和机外润滑。实践证明，机外润滑方式最佳，对提高磨合效率极为有利。所谓机外润滑是指由专门的泵送系统，将专门配制的黏度较低、硫化极性添加剂含量高的专用发动机润滑油，以较大的流量送入发动机进行润滑的润滑方式。这种润滑方式不但使摩擦表面松软，加速磨合过程，而且润滑、散热以及清洁能力很强，还可以提高磨合过程的可靠性。

（4）冷磨合时间。各级转速的冷磨合时间约 15 min，四级共 60 min。

二、热磨合规范

1. 无载热磨合

无载热磨合是为有载热磨合做准备，其磨合原理与冷磨合类似，因此，无载热磨合转速取 1 200 ~ 1 400 r/min。

2. 有载热磨合（负载磨合）

起始转速为 1 200 ~ 1 400 r/min，磨合终了转速一般取 2 400 r/min，四级调速。

磨合时间的确定，多以每级磨合中的转速变化或润滑油温度来判断。当每级负载不变时，随着磨合时间的延续、零件工作表面质量的改善、摩擦损失的减小，发动转速会有明显的升高，就表明这一级磨合已达到了磨合要求，可以转入高一级转速负载梯度的磨合。也可以用润滑油的温度变化评价每级磨合时间，在发动机冷却液温度保持恒定的条件下，摩擦阻力进入稳定阶段后，润滑油温度也从升温转入温度稳定状态，就可以转入高一级磨合。

实践证明，上述磨合规范的总磨合时间约为 120 ~ 150 min。

在热磨合过程中，必须进行发动机的检查调整和发动机性能试验，排除故障使发动机符合技术条件，并清洗润滑系，更换润滑油和滤清器滤芯。

第三节　柴油机的保养

柴油机在使用过程中，技术状态逐渐恶化，虽然柴油机的技术状态恶化是不可避免的，但恶化的速率是可以减缓的。使用者掌握了柴油机技术状态恶化的原因和规律，遵循“防重于治，养重于修”的原则，对柴油机进行一系列的、有计划的技术保养措施，正确地使用和操作，可使柴油机的使用寿命比平均寿命延长数倍。可见，柴油机的技术保养，对柴油机的使用寿命有着决定性的影响，可保持柴油机长期可靠的工作，并能提高柴油机的经济性和环保性。因此，在日常使用中应严格按照生产厂家所规定的要求，定期进行柴油机的技术保养。

一、技术保养项目

技术保养主要是定期地恢复某些零部件的技术状态和降低运动副零件的磨损强度，从而延长柴油机的使用寿命。技术保养分为磨合期保养和正式投入运行后的技术保养。磨合期保养项目见表 2—3。

表 2—3　　磨合期保养项目

时间间隔	序号	保养内容
磨合期 （2 000 km 或 40 h）	1	清洗发动机油底壳，更换润滑油
	2	清洗机油收集器滤网
	3	紧固机油泵传动齿轮螺母（7 ~ 8 kgf · m）
	4	检查主轴承盖螺栓拧紧力矩
	5	检查连杆螺栓拧紧力矩
	6	检查缸盖螺栓拧紧力矩
	7	检查调整气门间隙
	8	清洗柴油与机油滤清器，清除空气滤清器滤芯上的尘土
	9	检查供油提前角
	10	检查风扇皮带张紧度
	11	检查悬置软垫是否有裂纹，螺母是否松动

正式投入运行后的技术保养项目见表 2—4。

表 2—4　　正式投入运行后的技术保养项目

时间间隔	序号	保养内容
日常保养	1	检查油底壳内的油面高度和水箱冷却水水量
	2	检查柴油机水、油及气路各连接处的密封性
	3	做好清洁工作
	4	排除所发现的故障和不正常现象
一级保养 （2 500 km 或 50 h）	1 ~ 4	同日常保养
	5	清洗机油滤清器滤芯
	6	清洗离心式机油滤清器
	7	检查风扇皮带张紧度
	8	清除空气滤清器滤芯上的尘土
	9	向水泵轴承加注润滑脂

续表

时间间隔	序号	保养内容
二级保养 （8 000 km 或 150 h）	1～9	同一级保养
	10	更换油底壳及喷油泵内机油，清洗油底壳及机油收集器
	11	更换柴油滤清器滤芯
	12	清洗柴油箱、输油泵滤网和柴油管路
	13	检查并调整气门间隙
	14	检查并调整喷油泵提前角
	15	检查喷油器的喷油压力和雾化质量
	16	更换机油粗滤器滤芯
三级保养 （45 000 km 或 900 h）	1～16	同二级保养
	17	清洗冷却系统
	18	拆卸气缸盖，更换活塞、活塞环、缸套、主轴瓦、连杆轴瓦等
	19	根据运行情况确定是否拆卸缸盖研磨气门
	20	根据运行情况确定是否将喷油泵送专业修理单位检查调整
	21	清除增压器压气机、涡轮壳及转子叶片的积炭

二、主要机构的维护保养

1. 日常班次技术保养（作业 8～10 h 进行）

（1）柴油机油底油位的检查。柴油机应保持在水平状态停机检查机油油位。拉出油标尺用干净抹布擦干后插入到极限位置，然后再次拉出，这时正常油位应在上限和下限刻线中间。如果油位接近下限刻线或低于下限刻线，必须立即加注机油，且尽可能使油位达到上限刻线，如油面超过上限刻线则应从油底壳螺塞放出多余机油，如图 2—8 所示。

新机在磨合运转期机油消耗量较大，每天应检查两次机油油位，经过磨合期后每天检查一次即可。同时还要对冷却液（冷却水）进行检查，以确保冷却水箱的液面高度，不足时应加满。

（2）对冷却循环水进行检查，检查胶管的老化程度，必要时进行更换。检查胶管卡箍的紧度，防止冷却水的渗漏，并清理散热器栅格上附着的杂物和尘土，如图 2—9 所示，以免影响柴油机的正常工作。

（3）对燃油系统进行检查，检查油管接头上空心螺栓的紧固程度，以及空气滤清器胶管的密封性，必要时更换胶管，对胶管卡箍进行紧固，防止灰尘吸入气缸，导致柴油机的早期磨损。

（4）对柴油机进行外部清理，以确保柴油机的各部清洁，以免影响加油口和加水口处的清洁，同时避免灰尘和杂物进入到柴油机的内部，引起柴油机的其他故障。

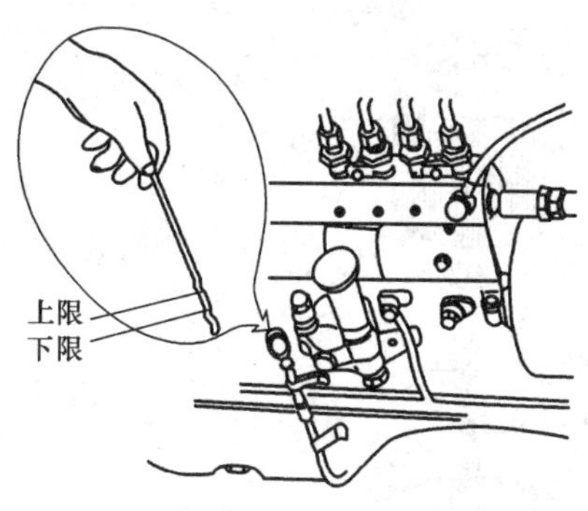

图 2—8　油底壳机油面的检查

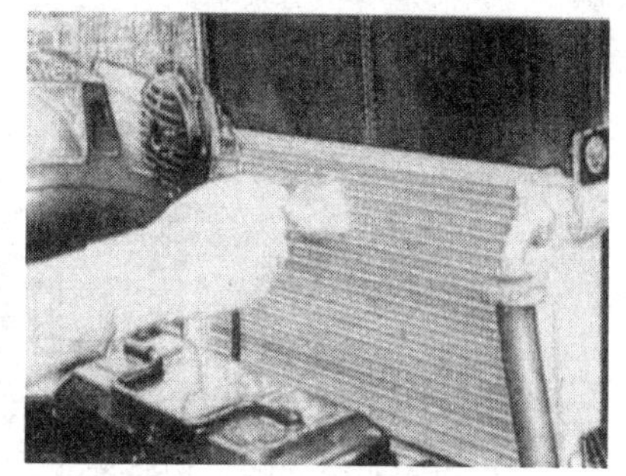
图 2—9　清理散热器栅格上附着的杂物和尘土

（5）进行柴油机的全面检查，对各部零件及螺钉进行紧固，以保证柴油机的正常运行。

2. 一级技术保养（50 h 进行）

⚠ 注意：进行一级技术保养时首先应完成日常班次技术保养的全部项目。

（1）清洗机油滤清器或更换滤芯。单级纸质滤清器如图 2—10 所示，可更换滤芯，该滤芯经济性好，保养费用较低，可随时放出过滤的杂质和水分。双级旋装式滤清器如图 2—11 所示，滤清器壳体由环形密封圈密封，机油由上盖的进油孔进入滤清器，通过滤芯滤清后，经上盖的出油孔流入主油道，当滤芯被积污堵塞，其内外压差达到 15 ~ 17 kPa 时，旁通阀的球阀即被顶开，大部分机油不经滤芯滤清，直接进入主油道，以保证主油道所需的机油量。

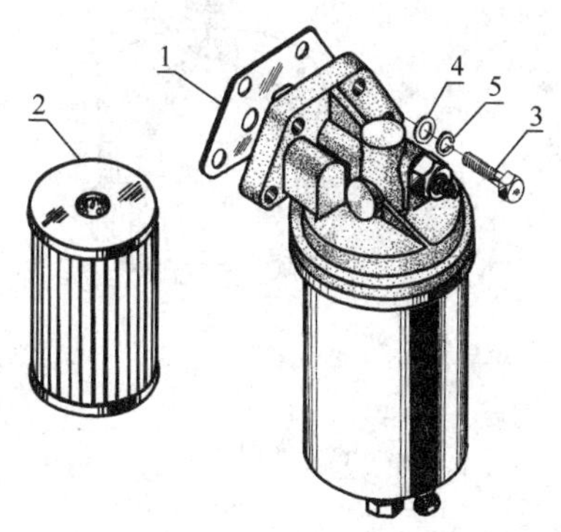

图 2—10　单级纸质滤清器
1—密封垫　2—滤芯　3—六角头螺栓　4—平垫圈　5—弹簧垫圈

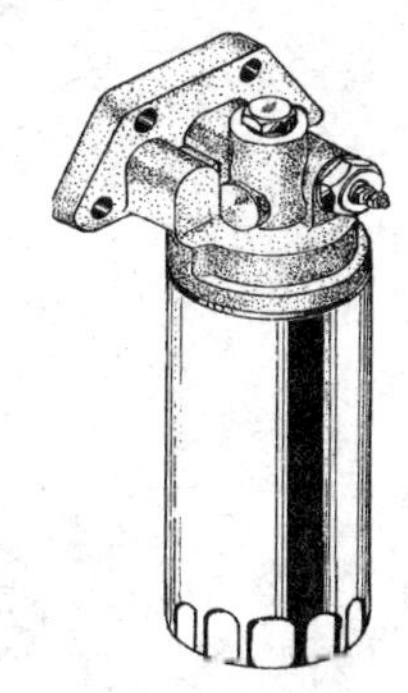
图 2—11　双级旋装式滤清器

（2）机油粗滤器的拆装

1）如图 2—12 所示，松开紧固螺母分解底座和外壳推杆总成。

2）取出密封垫圈、滤芯、压紧弹簧垫圈和弹簧。

3）松开阀座取出旁通阀弹簧和钢球，观察旁通阀的工作情况。

4）装复。清洗各零件后，按拆卸时的逆顺序装复粗滤器。注意不要损坏各密封圈。

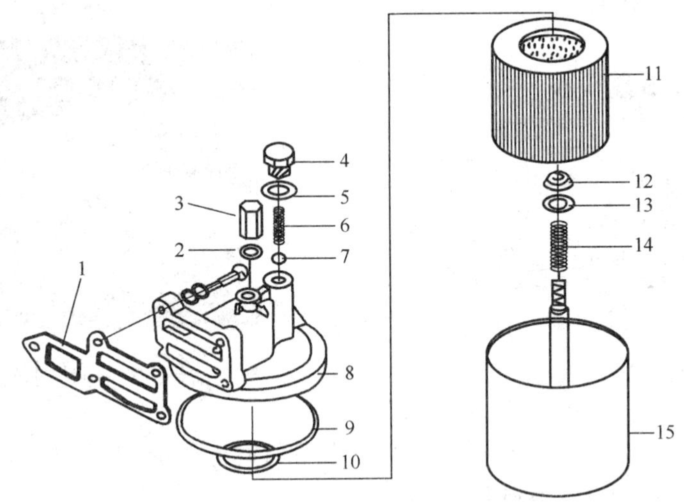

图 2—12　机油粗滤器分解图

1—衬垫　2、5—垫圈　3—螺母　4—阀座　6—旁通阀弹簧　7—钢球　8—底座　9—外壳密封圈　10—滤芯密封圈　11—滤芯　12—拉杆密封圈　13—压紧弹簧垫圈　14—压紧弹簧　15—外壳拉杆总成

（3）离心式机油细滤器拆装

1）如图 2—13 所示，旋松外罩上盖螺母，取下密封垫圈、外罩、推力弹簧和推力片。

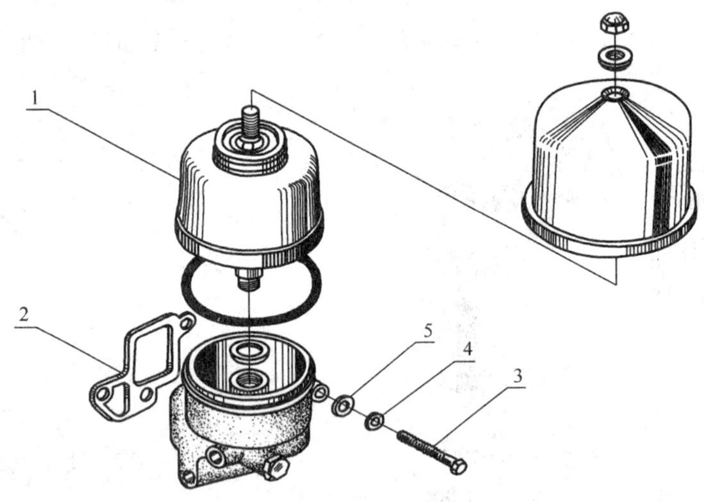

图 2—13　离心式机油细滤器分解图

1—转子总成　2—密封垫圈　3—六角头螺栓　4—弹簧垫圈　5—平垫圈

2）将转子转动到喷嘴对准挡油盘缺口时，取下转子总成。

3）旋松转子罩上的紧固螺母，分解转子总成，观察转子的工作情况。

4）旋松进油阀座，拆卸阀座垫圈、进油阀弹簧、进油阀柱塞。

5）装复。清洗各零件后，按拆卸时的逆顺序装复细滤器。离心式机油细滤器主要作用是滤去机油中的细小杂质（直径在 0.001 ~ 0.005 mm），其流量小、阻力大，机油流量仅占机油泵流量的 10%~15%。故多数细滤器安装方法为分流式，即与主油道并联。

机油细滤器通过转子内机油压力，从下部两个喷孔喷出机油，作用在机油细滤器的底座内壁上，通过反作用力使机油细滤器转子高速旋转，转速可达 5 000 ~ 6 500 r/min，当发动机熄火后应能听到转子高速旋转的声音。当发动机熄火后不能听到转子高速旋转的声音时，则说明转子内已积满了污物，必须进行清洗保养。

6）对装有机油细滤器的柴油机应保证机油细滤器的转子喷孔畅通，转子滤芯的安装应对好标记，以保证转子的平衡。

装配注意事项：如图 2—14 所示，转子总成装配时必须把转子罩和转子座两箭头记号对准，否则将破坏转子总成的平衡。装好密封橡胶垫，否则将会漏油，严重时将导致转子不工作。紧固螺母不能旋得过紧（按标准扭矩），否则将破坏转子的正常工作。

装复外壳时，应把底座密封圈槽内清除干净，若外壳下有泥沙，会引起转子轴的变形。

（4）风扇带的安装与调整。一般风扇和发电机一起由曲轴带轮通过 V 带驱动，如图 2—15所示。为便于带的安装及调整带的张紧度，通常将发电机与发电机的支架做成可调的。

图 2—14　转子总成的装配标记

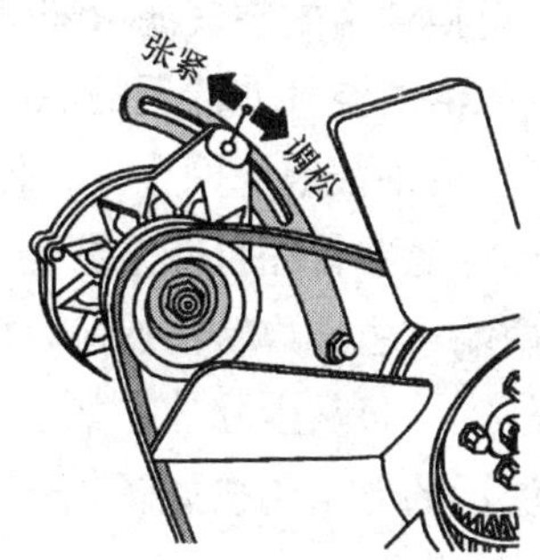

图 2—15　风扇带的驱动

过松或过紧时，可通过改变发电机的位置来加以调整，当需要更换 V 带时，应一组带同时更换，不得新旧带搭配使用。不同厂家生产的 V 带，不允许搭配使用。

风扇带的安装与调整：水泵总成、发电机总成安装好之后，安装风扇带，通过改变发电机的相应角度来调节其松紧程度。如图 2—16 所示，在 4 kgf 力的作用下，两轮间的皮带挠度应在 10 ~ 15 mm。

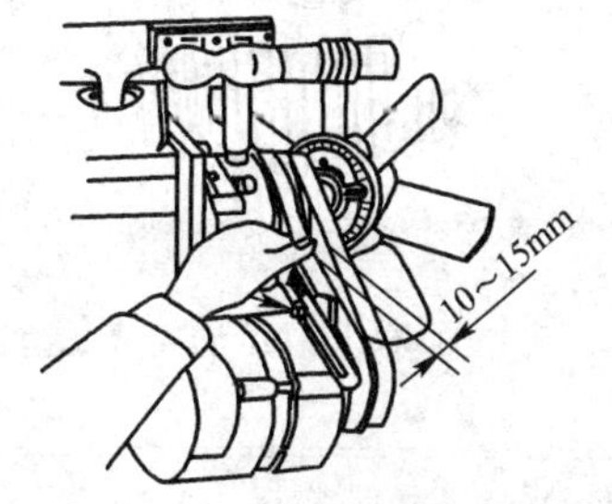

图 2—16　风扇带张紧调整

（5）空气滤清器的保养。定期保养空气滤清器，防止灰尘进入气缸中，以免造成柴油机工作寿命的下降。空气滤清器的保养周期应根据工作环境的含尘情况决定。使用环境恶劣的尘土飞扬地区，保养周期应短，反之可适当延长。柴油机排气出现黑烟或功率下降，可能是由于空气滤清器堵塞引起的，应考虑保养空气滤清器。装有堵塞指示器的空气滤清器，指示器信号灯亮时必须保养空气滤清器。对装有机械式堵塞指示器的空气滤清器，则应停车后打开车盖，将柴油机高速运转观察、保养指示器。

空气滤清器有两种，即油浴式空滤器（见图2—17）和干式空滤器（见图2—18）。

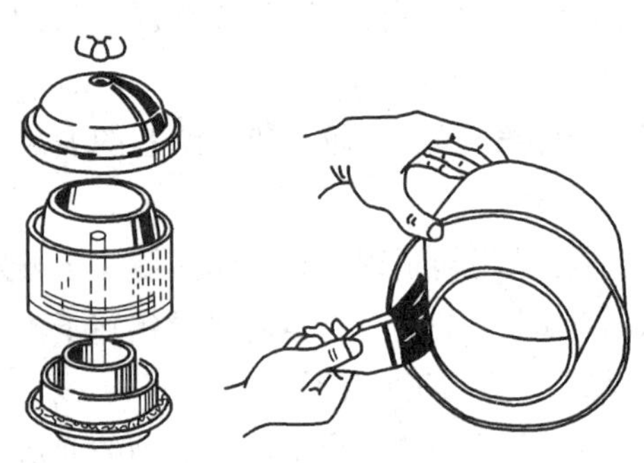

图2—17　油浴式空滤器保养

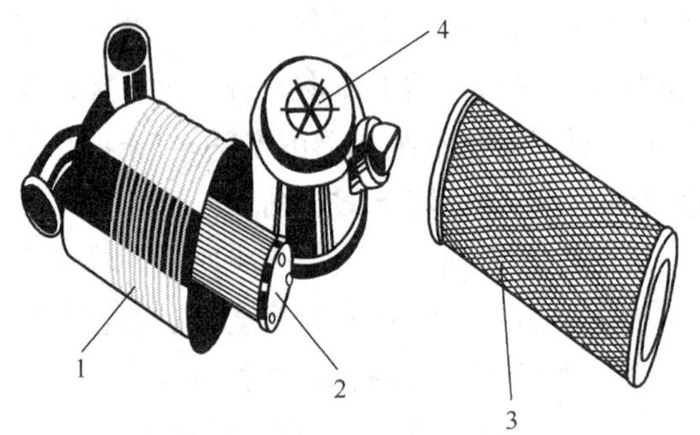

图2—18　干式空滤器保养

1—壳体　2—安全滤芯　3—主滤芯　4—积尘盘

1）更换油浴式空气滤清器油盆内的机油，并加油至规定的油面高度。

2）油浴式空气滤清器的滤网合件应用柴油或煤油反复冲洗，直到干净为止。

3）用机油浸泡滤网合件，保证滤芯上粘有机油后再进行安装。

保养空滤器首先打开空滤器盖，取出滤芯，将壳体内的尘土清理掉。用手或木棒轻轻敲击滤芯两端，边敲边转动滤芯，将灰尘振落。也可用不大于600 kPa的清洁压缩空气从滤芯内侧向外吹，将灰尘除掉。如发现滤芯堵塞或破损，应及时更换新滤芯，如图2—19所示。干式空滤器的放尘阀按如图2—20所示的方式放出灰尘。

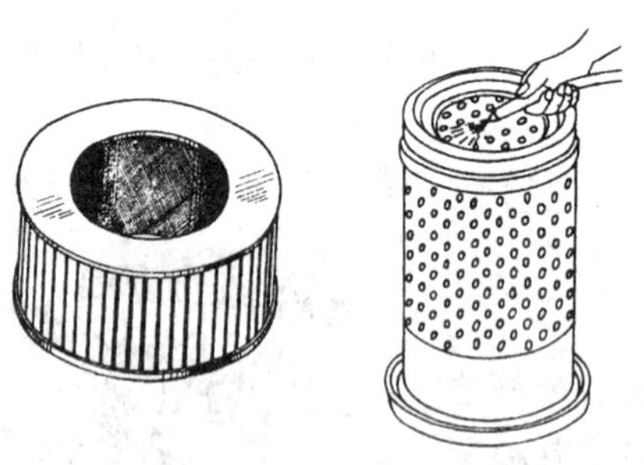

图2—19　纸质空气滤清器滤芯的保养

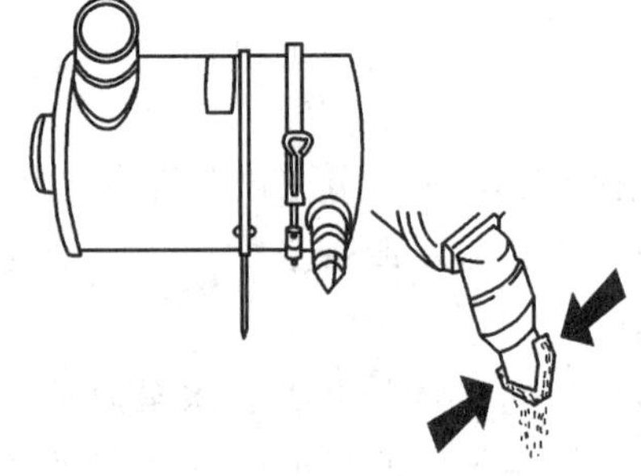

图2—20　空滤器灰尘排放

> ⚠ 注意：干式纸质滤芯禁止用水、柴油或汽油清洗，不得碰破滤芯及漏装密封圈，以免造成空气滤清器失效。有的空气滤清器装有安全滤芯，保养和使用中，不允许去掉安全滤芯，以免主滤芯破裂后加剧柴油机的磨损。主滤芯破裂后必须立即更换（同时包括安全滤芯）。

这里需强调的是不论何种结构形式的空滤器，其滤芯及橡胶密封垫、橡胶管等密封部位安装时均必须保证密封，如图 2—21 所示，用手按压胶圈，使胶圈与滤芯可靠贴合，否则未经滤清的尘土将直接进入气缸，造成缸套和活塞环异常磨损。

（6）水泵轴承的保养。在水泵壳体上方装有直通黄油嘴，需按保养规定的要求定期用黄油枪将润滑脂打入水泵轴承，如图 2—22 所示。当水泵有渗水现象时，应及时更换水泵内的水封，否则将导致发动机的严重故障。

图 2—21 滤芯密封圈检查

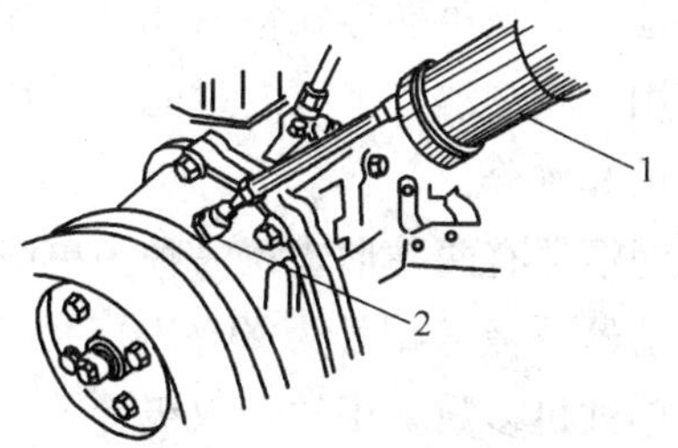

图 2—22 水泵轴的注油

1—黄油枪 2—黄油嘴

3. 二级技术保养（150 h 进行）

（1）更换油底壳及喷油泵内机油，清洗油底壳及机油收集器。预热柴油机，使温度达到 50 ~ 60℃后，拧下放油螺塞放掉机油，如图 2—23 所示。拆掉油底壳进行清洗，同时清洗机油收集器，必要时将机油收集器的滤网拆掉并清洗机油收集器的内腔。注入同型号新的润滑油。机油换油期限见表 2—5。

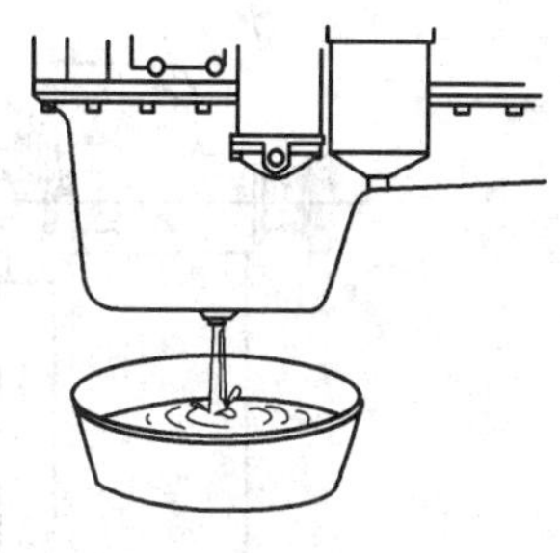

图 2—23 放出机油

> ⚠ 注意：进行二级保养时首先应完成班次技术保养和一级技术保养的全部项目。

表 2—5 **机油换油期限**

燃油含硫（S）量 环境温度（t）	不同等级机油换油周期（h）		
	CA 级	CC 级	CD 级
$w_S \leq 0.5\%$ $t \geq -10℃$	200	250	500
$w_S \leq 0.5\%$ t 持续低于 $-10℃$	100	125	250
$w_S = 0.5\% \sim 1\%$	100	125	250

ZHB 型喷油泵应同时放油并更换柴油机相同牌号的新润滑油。必须加注符合要求的润滑油。

> ⚠ 注意：放掉的废机油应妥善处理，以防污染环境。严禁新、旧润滑油混用，严禁不同牌号的润滑油混用。

（2）柴油滤清器的保养。柴油滤清器采用纸质滤芯，以保证喷油泵、喷油器偶件正常持久地工作。拖拉机工作 150 h 左右需更换滤芯。柴油滤芯不可清洗后再用，也不允许未经滤清的柴油进入喷油泵。

柴油在运输和储存过程中，难免会混入杂质和水分，若储存较久后，胶质还会增多，每吨柴油中的机械杂质含量多达 100～250 g，这都对燃油供给系精密偶件产生极大危害，将会导致运动阻滞、磨损加剧，造成各缸供油不均、功率下降和油耗率增加。柴油中的水分将引起零件锈蚀，胶质可能导致精密偶件卡死。为保证喷油泵和喷油器可靠地工作，延长使用寿命，除使用前将柴油严格沉淀过滤外，在柴油机供油系统中还采用滤清器，以便滤除柴油中的机械杂质和水分。

柴油滤清器有两种形式：一种为单级纸质滤清器（滤芯型号为 C0810），另一种为双级旋装式滤清器（滤芯型号为 X0710），如图 2—24 所示。

目前柴油机多数采用的是双级旋装式滤清器（滤芯型号为 X0710）。如图 2—24b 所示，由输油泵来的柴油先进入第一级滤清器的外腔，穿过滤芯后进入内腔，再经盖内油道流向第二级滤清器，从而保证更好的滤清效果。

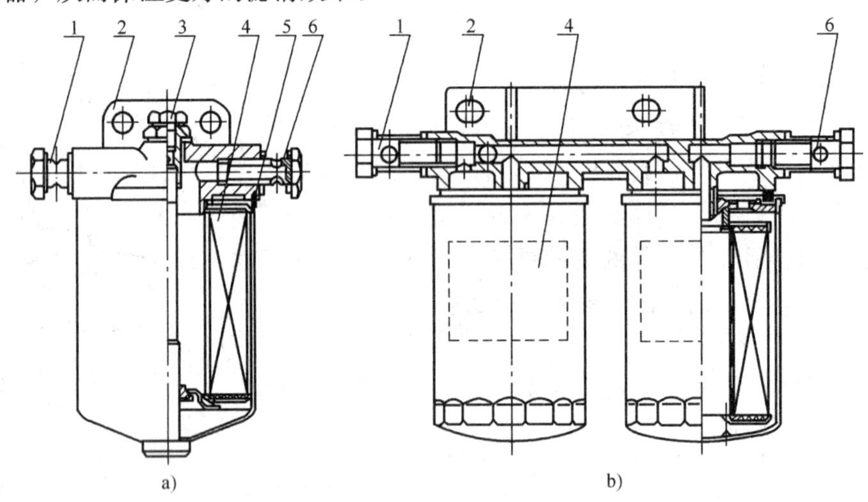

图 2—24　两种形式的柴油滤清器

a）单级纸质滤清器　b）双级旋装式滤清器

1—进油接头　2—底座　3—放气螺钉　4—滤芯　5—壳体　6—出油接头

柴油滤清器的滤芯材料有棉布、绸布、毛毡、金属网及纸质等。纸质滤芯具有流量大、阻力小、滤清效果好、成本低等优点，目前被广泛采用。

柴油中的机械杂质和尘土被滤除，水分沉淀在壳体内。每工作 100 h 后，应清除沉积在壳体内的杂质和水分并更换滤芯。如图 2—25 所示为柴油滤清器滤芯的更换。在日常使用中，应根据情况放出滤杯中的杂物和水分，如图 2—26 所示。

当滤清器内油压超过溢流阀的开启压力（0.1～0.15 MPa）时，使多余的柴油流回油箱，从而保证滤清器的油压在一定范围内。

图 2—25　滤芯的更换

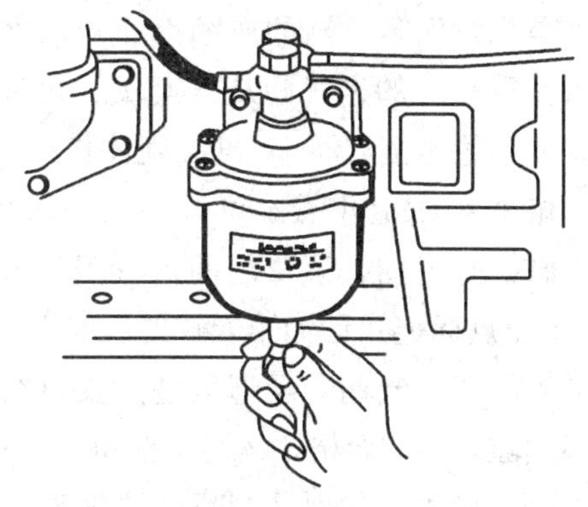

图 2—26　清除沉积杂质和水分

（3）清洗柴油箱、输油泵滤网和柴油管路。清洗柴油油箱，将油箱中的柴油全部放掉，并用新的柴油加入，再次放掉后，紧固好放油螺塞，注入新的柴油。放掉的柴油经过 72 h 沉淀后可再使用。

（4）气门间隙的检查调整。发动机工作中，气门及其传动件将因温度升高而膨胀。如果气门及其传动件之间，在冷态时无间隙或间隙过小，则在热态下，气门及其传动件受热膨胀势必引起气门关闭不严，造成发动机在压缩和做功行程中漏气，使发动机功率下降。

通常在发动机冷态装配时，在气门及其传动机构中留有适当的间隙，如图 2—27 所示，以补偿气门受热后的膨胀量。这一预留间隙称为气门间隙。气门间隙的大小一般由发动机制造厂家根据试验确定。

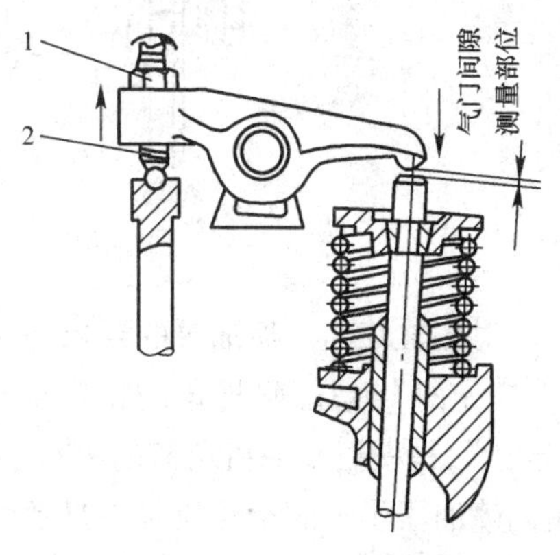

图 2—27　气门间隙

1—锁紧螺母　2—调整螺钉

一般冷态下，进气门间隙为 0. 25 ~ 0. 30 mm，排气门间隙为 0. 30 ~ 0. 35 mm。间隙过小，发动机在热态下可能会发生漏气现象，导致功率下降，甚至烧损气门；间隙过大，传动零件之间将产生撞击，噪声增大，且使气门开启持续时间减少，导致进气量减少和排气不彻底。

气门间隙调整有两种方法：一是逐缸调整法，此方法较麻烦；二是两次调整法，先找出第一缸压缩行程上止点，根据发动机的工作顺序，依据“全排空进”排序进行调整，这样可以不去考虑进、排气门的排序。“全排空进”的含义是：按发动机的工作顺序如“1—3—4—2”，“全”表示一缸两个气门均可调整；“排”表示三缸排气门可调整；“空”表示四缸的两个气门均不可调整；“进”表示二缸的进气门可调整。第一次调整完毕后，摇转曲轴一圈，再调整剩下的气门。

气门间隙调整：如四缸柴油机按发动机 1—3—4—2 工作顺序，以“全排空进”的对应气门进行调整，如图 2—28 所示。

首先找到第一缸的压缩上止点，方法是摇转曲轴并观察第一缸的进气门从开至关，再观察飞轮上的标记，使飞轮标记“0”对准飞壳体指针，即为该柴油机第一缸的压缩上止点。可调整第一缸的进、排气门，第三缸的排气门，第二缸的进气门。再旋转曲轴一周（至上止点标记）即为第四缸的压缩上止点，可检查调整另外的四个气门。全部调整后要进行复查，以确保气门间隙调整的合格，满足柴油机的工作可靠性。

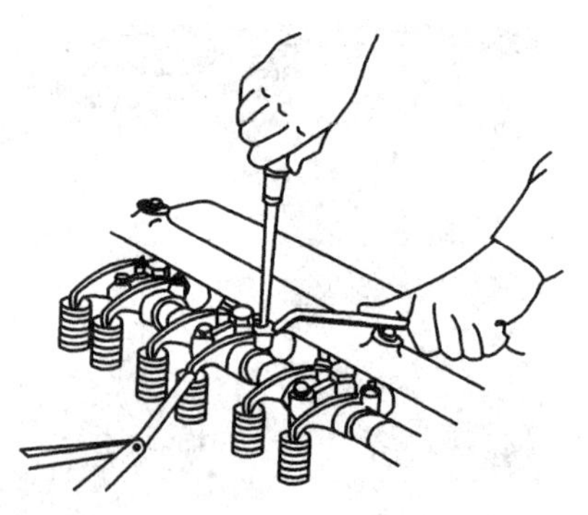
图 2—28　气门间隙的调整

（5）喷油泵的保养。喷油泵即高压油泵（简称油泵），如图 2—29 所示，一般和调速器连成一体，其作用是使燃油通过喷油泵的工作形成高压，根据柴油机各种不同工况的要求，定时、定量、定压地将高压燃油送至喷油器，然后经喷油器喷入燃烧室。

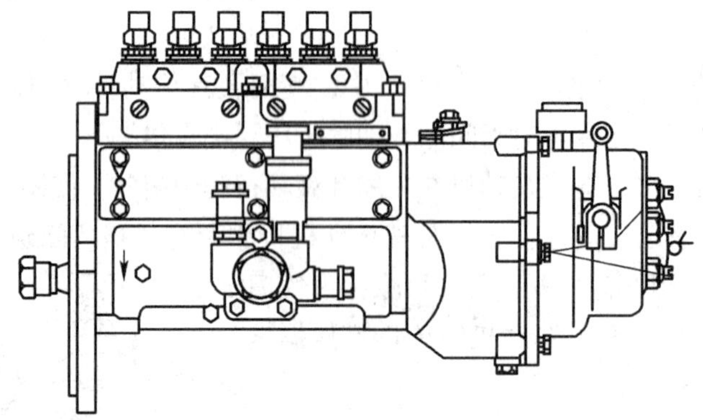
图 2—29　喷油泵

对多缸柴油机喷油泵的要求是保证定时、定量、定压、均匀、利落地工作。

“定时”是按照规定的供油时刻开始供油，并保证一定的供油持续时间，不可过长。“定量”是根据柴油机负荷的大小供给相应的油量，以满足柴油机负荷变化的要求。“定压”是向喷油器供给的柴油应具有足够的压力，以获得良好的喷雾质量。“均匀”是对多缸柴油机的各缸供油量应相等，为保证各缸工作的均匀性，要求各缸的相对供油时刻、供油量和供油压力等参数都相同。“利落”是供油开始和结束要求迅速干脆，避免喷油器产生滴漏或滞后等不正常喷射现象，否则会引起柴油机的爆燃。

柱塞式喷油泵性能良好，使用可靠，目前大多数柴油机均采用柱塞式喷油泵。喷油泵各工况供油量的调整直接影响柴油机的输出功率、耗油量、运转平稳性、使用寿命。柱塞式喷油泵供油量的调整包括标定工况、怠速、起动、校正供油量及停止供油等项目，而各种供油量是在柴油机设计制造时，经过反复试验所确定的。

标定工况供油量是保证柴油机在标定工况工作时需要的油量；怠速供油量是柴油机无负荷运转时以克服自身阻力所需要的供油量；起动供油量是便于柴油机顺利起动所需的供油

量，一般为标定工况供油量的150%以上；校正供油量是柴油机短时间超负荷运转所需的加浓油量。停止供油是柴油机在需要熄火时能及时中断供油的措施。

多缸柴油机配用的多缸喷油泵各分泵供油量不均匀度应在要求的范围内，才能保证柴油机运转平稳。一般规定标定工况供油量不均匀度不大于3%。怠速供油量不均匀，会使柴油机怠速运转不稳，一般怠速供油量不均匀度不大于3%。

在调整时，首先要使调节齿杆与齿圈、齿圈与控制套筒的相互安装位置满足要求。如果位置不正确可导致供油不均匀度过大，给调整带来不便。检查调试喷油泵必须在专用试验台上进行。

检查喷油泵供油提前角的周期无硬性规定。当柴油机的性能变坏时，应首先检查喷油泵的供油提前角。重新安装喷油泵后，也应检查供油提前角。

供油提前角的检查调整方法如图2—30所示。拆下第一缸喷油泵高压油管，旋转曲轴，同时仔细观察喷油泵出油阀接头油面，当出现波动（即油面刚刚开始向上波动）时，立即停止转动曲轴。再查看带轮上或飞轮壳体上的观察孔，观察飞轮壳体上的指针所指角度是否为规定的提前角数值，必要时进行调整。调整的方法是松开喷油泵联轴器的钢片固定螺栓，旋转曲轴至规定的供油角度，并拧紧联轴器与钢片的固定螺栓即可。再旋转曲轴，复查供油提前角调整的是否正确，方法同前所述。

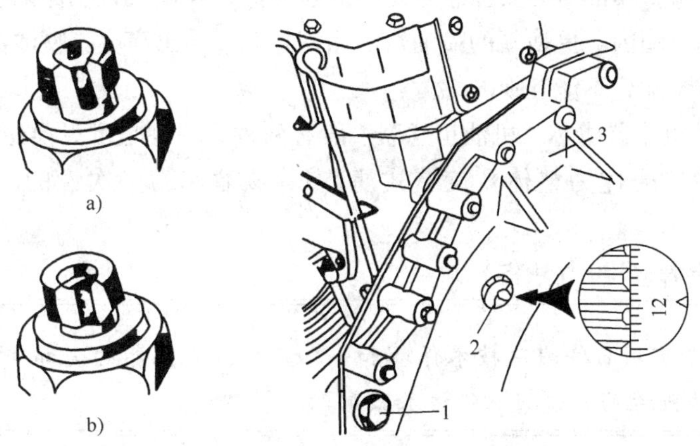

图2—30　检查喷油泵供油提前角

1—油泵安装标记孔　2—供油提前角观察孔　3—飞轮壳

（6）喷油器的喷油压力和喷雾质量的检查。首先拆下高压油管，并了解喷油器的固定方式（固定方式有圆孔压板固定和叉形压板固定），然后从柴油机上拆下喷油器的总成。

将喷油器的总成进行外部清洗后，在喷油器试验台上进行检验，检查喷射初始压力、喷油质量和漏油情况，如质量不佳，必须进行解体检查。先分解喷油器上部，旋松调压螺钉紧固螺母，取出调压螺钉、调压弹簧和顶杆，再将喷油器倒夹在台钳上，旋下针阀体紧固螺母，取下针阀体和针阀。

针阀偶件用清洁的柴油浸泡。分解针阀与针阀体的过程中应注意保护针阀的表面，以防划伤。

喷油器垫片在分解后应与原喷油器体放置在一起，喷油器与座孔间的垫圈应与原喷油器体放置在一起。

喷油器装复后应检查喷油器压力和喷雾质量，在专用的试验台上进行，当以每分钟30次的速度泵油，（孔式喷油器）在压力为22～23 MPa时，喷雾要均匀，断油要彻底，并听到特殊的清脆响声，如图2—31所示。

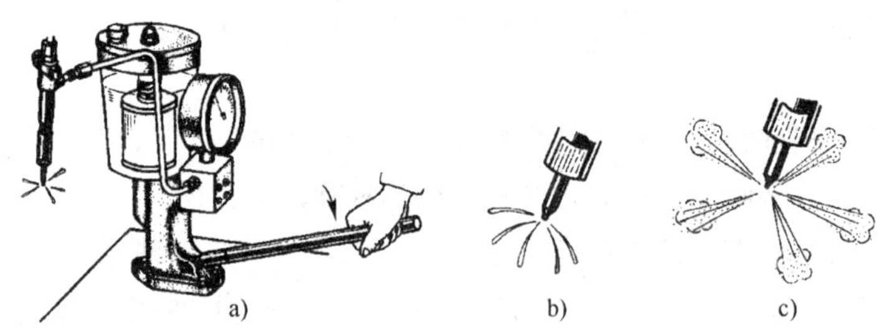

图2—31　检查喷油器喷雾质量

a）喷油器试验台　b）喷油质量不良　c）喷油质量最佳

当喷油器的喷油质量不良时，可拆下针阀偶件清洗（在清洁的柴油中清洗），并调整压力至规定数值。在检查喷油器时要注意各缸喷油器不能相互调换，以保证喷油器尖端伸出气缸盖底平面在允许范围内。更换新的喷油器需用钢垫调整伸出高度。喷油器偶件的阀体与针阀必须按原状配对装配，不能互换。

（7）更换机油粗滤器滤芯。机油粗滤器一般有两种，一种是可更换滤清器单独的滤芯，另一种是滤芯与滤芯壳体为整体（旋装式滤芯），该滤芯为一次性的，直接更换，无需清洗。

4. 三级技术保养（900 h进行）

> ⚠ 注意：首先应完成日常班次技术保养和一、二级技术保养的全部项目，如用户不能独立完成，可到专业维修厂进行三级技术保养。

（1）拆卸气缸盖，更换气缸、活塞、活塞环、主轴瓦和连杆轴瓦等。

1）拆卸气缸盖。气缸盖螺栓的拆卸与紧固顺序如图2—32所示。分三次旋松，拆卸时应从两边向中间对角交叉进行。紧固时分三次进行紧固，要从中间向两边对角交叉进行，最后达到所要求的扭矩，装配完毕后待发动机运转到正常温度后，再按上面顺序和扭矩要求复查气缸盖螺栓扭矩。

经检查或测量的气缸套（湿式）确定不能继续使用到下一个大修循环，方可拆卸并更换新的气缸套。

2）气缸套的拆装。拆卸气缸套时，使用拉缸器拆卸，根据气缸套的内、外径选择圆托盘，把拉缸器总成安装到需拆卸的气缸套，注意下端的圆托盘不能大于气缸套的外圆，如图

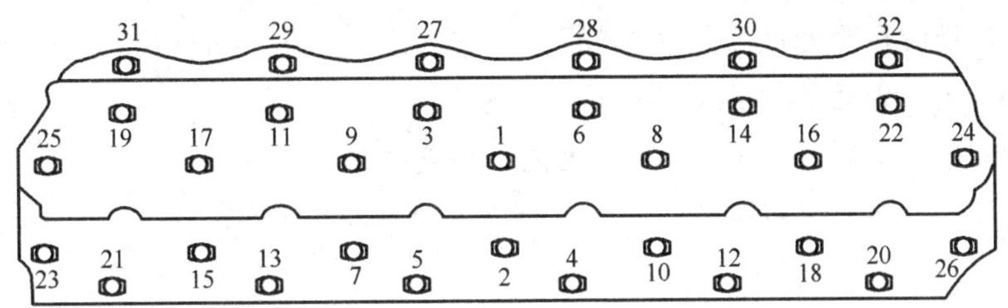

图 2—32　缸盖螺栓的拆卸与拧紧顺序

2—33 所示。更不能抵在缸体上，以免损坏缸体，然后进行操作，把气缸套从机体内拉出。检查气缸套是否有拉痕，如图 2—34 所示。

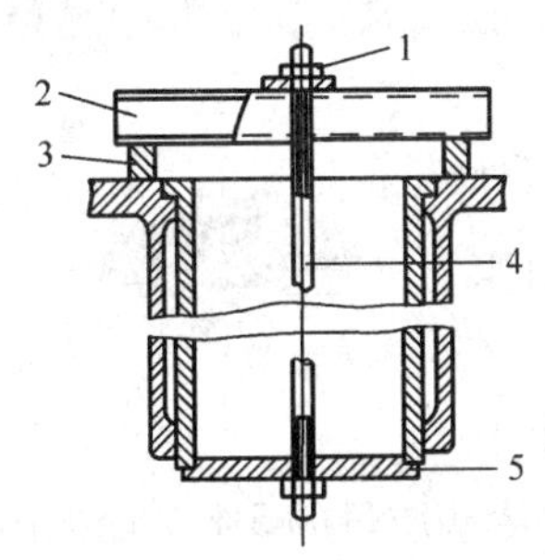

图 2—33　气缸套拉具

1—螺母　2—拉具支板　3—拉具支撑套　4—丝杠　5—拉具托板

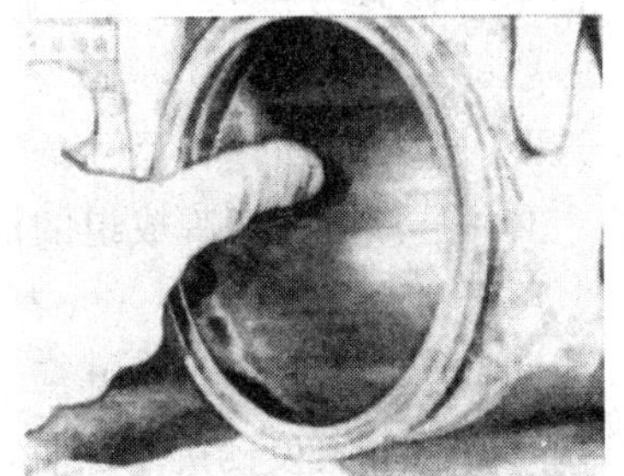
图 2—34　气缸套的检查

新的气缸套安装前应清除水套内的水垢，清除气缸套台肩下平面与机体气缸套安装孔上平面阻水圈环槽内的杂物。先进行试装气缸套，在不装阻水圈的情况下，将气缸套装入机体气缸套安装孔内，应能转动气缸套，但无过大的晃动量。气缸套凸出机体上平面的高度应在 0. 08 ~0. 21 mm（一般用游标深度尺或平尺加塞尺配合测量）。如果凸出量高度不够，可在气缸套台肩下加垫薄铜皮环来调整。同一机体上的气缸套高度差不应超过 0. 03 mm。

试装后安装阻水圈，并检查阻水圈是否是合格产品（特征是粗细均匀，无裂纹，表面平整光滑），将阻水圈装入槽内，不能有扭卷和损伤，应沿整个圆周均匀凸出环槽。

气缸套安装前应进行测量确认圆度方向，用钢字码在气缸套短轴方向的缸沿做以标记，表示安装方向及安装位置。该方向应位于侧压力方向。用肥皂水涂在阻水圈表面及气缸套下部的外表面，将气缸套按所做标记分别压入安装孔内。压入后要检查阻水圈是否被挤出或剪损，如果被挤出或剪损应更换阻水圈重新安装。检查气缸套是否变形，若圆度或圆柱度超过 0. 03 mm，应取下气缸套，查明原因，重新安装。

> ⚠ 注意：气缸套全部安装后，必须复查各气缸套凸出高度及高度差。

更换后的气缸套应进行质量检查，并将结果填入气缸修理鉴定表中。对维修后的气缸套技术要求如下：

①气缸套直径应在修理尺寸的公差范围内，其圆度与圆柱度应在标准范围内。气缸套下部（50～80 mm 处）圆度允许在 0.005 mm 范围内。

②气缸套的中心偏斜，在 100 mm 长度内不得超过 0.05 mm。

③气缸套装入后，应进行水压试验。一般在 0.3～0.5 MPa 的压力下，阻水圈处没有漏水现象。

如图 2—35 所示，检查活塞是否有拉痕和活塞环的对口间隙是否正确。

3）活塞的选配。当磨损的活塞超过使用限度，不能修复再用时，应当更换新活塞。汽油机选配活塞应以气缸的修理尺寸为依据，即气缸加大到哪一级修理尺寸。活塞的修理分级尺寸与气缸相同，加大的尺寸数字，一般都刻在活塞顶部。

选配时应确保质量和尺寸的一致性，要求同一台发动机，必须选用同一厂牌成组的活塞，即选用正品的四配套，不得拼凑。

图 2—35　检查活塞环对口间隙

同一台发动机上同一组活塞的直径差不得大于 0.020 mm。同一台发动机内各活塞的质量差不得超过活塞质量的 3%。如果同一组活塞仅质量不符合规定，可车削活塞裙部内壁下部向上 20 mm 的部位来修正。活塞裙部的圆度和圆柱度应符合规定要求，既不能太大，也不能太小。汽油机活塞裙部的圆柱度为 0.005～0.015 mm，最大不得超过 0.025 mm。活塞裙部的圆度偏差一般为 0.10～0.20 mm。由于活塞头部壁较厚、质量大，工作时温度比裙部高，所以在设计或制造时，头部与裙部的直径大小有差异，以防活塞头部热胀后而“卡死”在缸内，并提高活塞环工作的可靠性。

活塞销座孔两内端面与连杆小头之间的间隙，一般均应保持在 2 mm 左右。为了获得活塞与气缸的正确配合，应测定气缸与活塞的间隙。除用外径千分尺和内径百分表（量缸表）外，还可采用塞规检查。用塞规检查时，应先清洗活塞和气缸壁，再将不带活塞环的活塞倒置于气缸内，低于气缸上平面 15～20 mm，同时将一定厚度的塞规塞在活塞的裙部与气缸壁之间，其圆周位置应垂直于活塞销孔，使塞规具有适当的阻力又能拉出。此时塞规的数据应在该机的标准间隙范围内。

4）活塞环的装配。安装活塞环时应注意各活塞环的位置和活塞环的安装方向，如图 2—36 所示，第一道和第二道气环有标记的一面朝上。

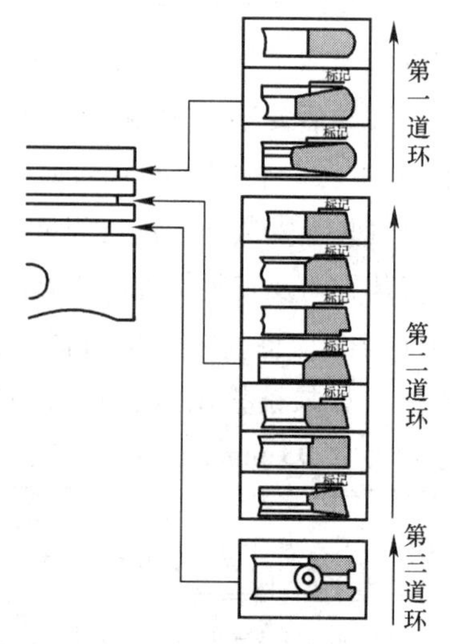

图 2—36　活塞环的安装

油环总成的安装顺序是：先打开弹簧胀圈的搭接口，再把胀圈装入活塞环槽内，结合搭口，最后把油环外圈套在弹簧胀圈上，并使环的开口和弹簧胀圈搭口互错开成

180°。活塞环装入环槽后要能在槽内自由转动，各环依次错开 120°或 180°，并避开销轴方向和侧压力方向。

5）连杆轴承、曲轴轴承的选配。发动机的曲轴轴承多数采用薄壁、双金属的滑动轴承（瓦），只有少数发动机采用组合式曲轴并使用滚动轴承。双金属轴承的内圆有 0. 25 ~0. 50 mm 厚的一层减磨合金（巴氏合金、铜铝合金或高锡铝合金等），可有利于形成油膜、减小摩擦阻力，同时可以提高导热性、抗压性和抗疲劳性。

薄壁轴承刚度较低，其内孔的几何形状和尺寸精度在很大程度上取决于轴承座孔的精度。选配时应先检查轴承座孔是否符合技术要求。

检查时先将轴承盖按规定的扭矩紧固螺栓，再用内径量表测量内孔的直径，检查圆度、圆柱度。圆度和圆柱度值不得大于 0. 025 mm。

①检测轴承的预紧力。轴承的预紧力的大小应适度，预紧力过大，将引起轴瓦变形，挤裂或使合金脱落，螺栓或螺母产生屈服变形等损伤；预紧力过小，会导致配合间隙变大，加速轴承磨损和螺栓的松退。预紧力是通过轴承盖的紧固螺栓和螺母实现的。厂家对扭力大小均有规定，也可参照书后附表。

②选择轴承的过盈量。轴承和座孔采用过盈配合，目的是使轴承座孔与轴承具有一定的贴合度，把轴承的外圆表面紧密地贴合在轴承座孔的内圆面上，以保证轴承在座孔内受力后不会导致间隙变化。

过盈量的大小取决于轴承与座孔的加工精度。为实现轴承在座孔内的过盈量，轴承在自由状态下并非正圆，其曲率半径大于座孔的半径，如图 2—37 所示。当轴承装入座孔内，上下两片瓦均应高出座孔平面一定距离，此距离称为瓦片的高出量（h）。轴承与座孔过盈配合的过盈量就是以高出量 h 值来衡量的。一般过盈量的推荐数据：汽油发动机，轴径在 ϕ55 ~65 mm 时 h 值为 0. 03 ~0. 07 mm。CA6110 柴油发动机规定的 h 值为 0. 04 ~0. 075 mm。

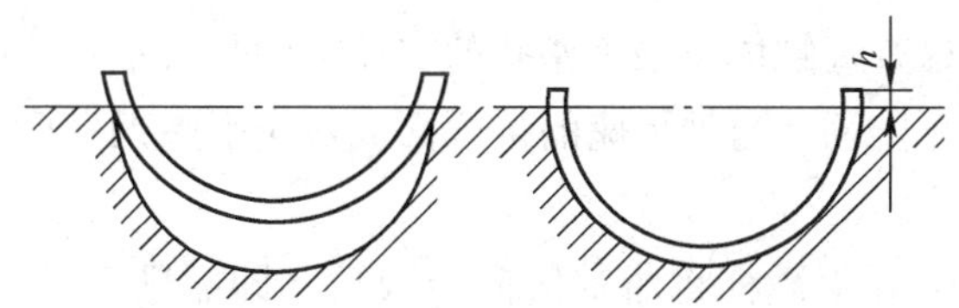

图 2—37　轴承装入轴承孔的要求

当 h 值没有具体规定时，可按下式计算：

$$h = \frac{0.0006\pi d}{4}$$

式中　d——为轴承外径。

h 值的选择是否适当，可按下述方法进行验证：将轴承装入座孔中，装上轴承盖，按规定扭矩先拧紧一侧的紧固螺栓，在轴承盖另一边的接合面间垫入厚度为 0. 05 mm 塞规后，当拧紧力矩达到 10 ~20 N · m 时，抽动塞规，如果抽不动，则说明 h 值选择合适。如果能将塞规抽出，则说明 h 值选大了，可在轴承没有定位凸台的端面上锉削，以降低 h 值。如果螺栓扭矩尚未达到上述规定标准时，塞规已抽不动，则说明 h 值太小，应重新选配轴承。

③选择配合间隙。曲轴轴颈与轴承配合间隙的正确选择，是保证发动机正常运转、延长使用寿命的重要条件。其大小与轴承的减磨材质、润滑油性能、润滑条件、发动机的负荷大小及特征、轴承和轴颈的加工精度、表面质量等有关。其数值一般是厂家试验后规定的。为保证修理质量，必须严格按厂家规定的数据执行，不得任意修改。

④轴承的直接选配。轴承的直接选配也称为成品轴承的选配。目前许多生产厂家将轴承配件直接加工到各级修理尺寸，不留镗、铰、刮削余量。修理时，只需将曲轴轴颈修磨到与之相适应配合的修理尺寸即可。

将曲轴轴颈与轴承擦干净，在主轴颈或连杆轴颈上放置一根塑料间隙条，如图 2—38 所示，将轴承或连杆盖按原规定位置安装，以规定力矩拧紧螺母或螺栓，如图 2—39 所示。

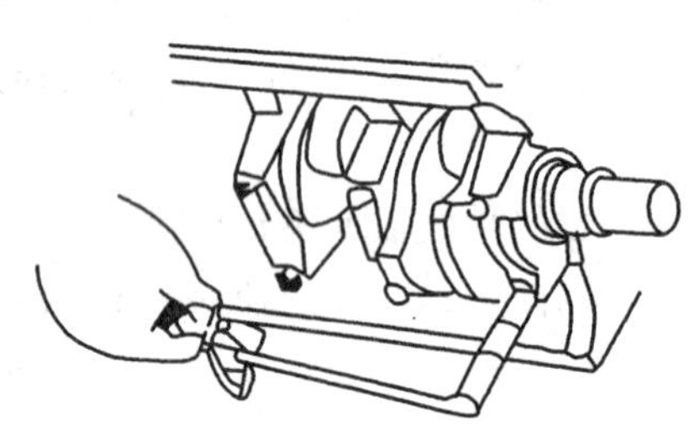

图 2—38　在曲轴轴颈上放置塑料间隙条

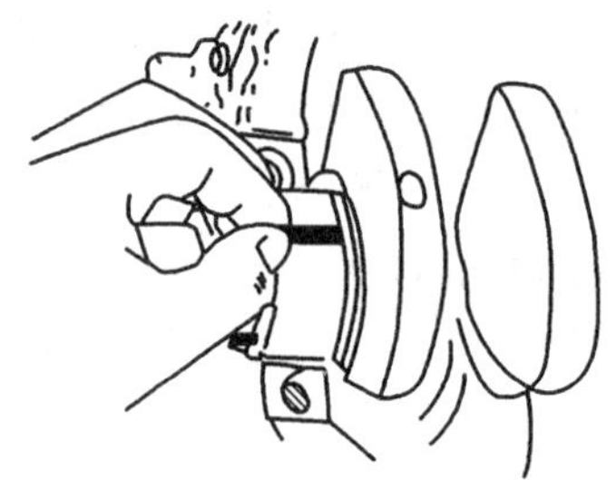

图 2—39　拧紧曲轴轴承的螺栓

⑤止推轴承的选配。曲轴的轴向间隙是靠止推轴承来保证的，常用曲轴止推轴承的形式有单片式和组合式两种。单片式还可以分为半圆形和圆形。组合式止推轴承是将主轴承和止推轴承铸造加工为一体，利用轴承的翻边为止推凸缘。

选择止推轴承时应检查气缸体主轴承座孔的支撑端面是否平整，端面相对于主轴承的偏差不应大于 0.02 mm。止推轴承与轴承座的接合面底板应平整无变形，合金层应结合得牢固可靠。

止推轴承的轴向间隙可用撬杠将曲轴撬向前或后，即靠紧一端，然后用塞规测量其间隙，也可用百分表抵在曲轴的某一端，撬动曲轴，检验曲轴的轴向窜动量，其值应符合规定值。

若曲轴轴向间隙超差，则先进行以下有关计算，再决定修复方案：

$$D=\frac{A+B-C}{2}$$

式中　A——实际测得的轴向间隙；

B——左、右侧曲轴止推轴承厚度和；

C——规定的轴向间隙值（从表中选定）。

根据 D 值选用或修复止推轴承。单片式止推轴承安装时应注意将有合金层的一面朝向曲轴，切勿装错。

6）安装活塞连杆总成。安装活塞连杆总成时，要使用专用工具（在不更换零件的条件下）按原始缸序装配，防止损伤螺纹或刮伤缸壁。装配前，需要将活塞、活塞环、连杆轴瓦、曲轴轴颈和连杆轴颈涂以润滑油进行预润滑。切记将活塞环端口错开120°或180°，同时避开侧压力及销轴方向。活塞顶部与连杆杆身的朝前标记朝向发动机的风扇端。

连杆端螺母的拧紧力矩为140～160 N·m。连杆轴颈与连杆轴瓦之间的间隙为0.06～0.128 mm。连杆螺栓与连杆孔为过渡配合，可起到定位作用，装配时可用铜锤敲入。

①活塞与活塞环。活塞采用共晶硅铝合金铸造，裙部为桶面和变椭圆曲面。活塞销采用全浮式结构，其装配位置相对于活塞中心偏移1.5 mm。每个活塞装三道活塞环，第一道为单面梯形桶面气环，第二道为内切口扭曲式气环，第三道是带有螺旋弹簧膨胀式组合油环，如图2—40所示。

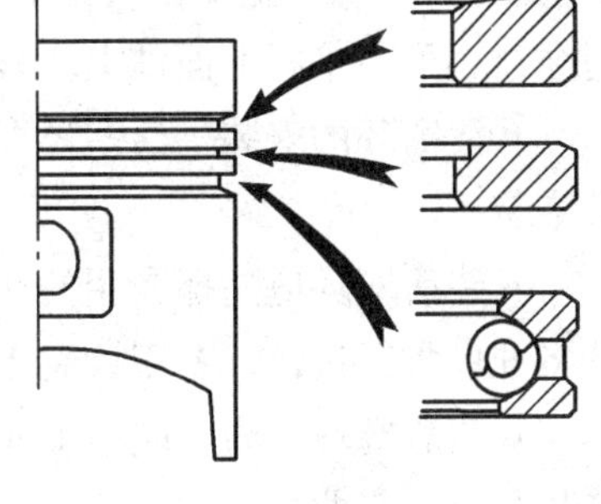
图2—40 活塞环

②连杆的选购和检验。同一台发动机的连杆要选用同一厂家的产品，其同组连杆的质量差应符合规定，装配好的活塞连杆各总成的质量差不大于40 g。连杆在组装前应进行弯曲、扭曲的检查及校正。连杆轴瓦与连杆轴颈的配合间隙应符合要求，活塞连杆组装时应注意安装方向：连杆杆身向前标记（小凸起）应与活塞顶向前标记（箭头）对正。

活塞销与活塞销孔的配合应适宜。其检查方法是在室温条件下，将活塞销一端插入座孔，以能用手掌力量推入销孔1/2左右深度为合适。

需加热的活塞，一般是将活塞放入水、油或恒温箱中加热，最高温度不得超过100℃。不允许用火烧的方法来加热活塞。先将活塞放入冷水中，让活塞温度随水温的逐渐升高而升高，以达到所需温度。由于工艺与材质的提高，目前使用的活塞可不需加热直接安装。

需安装的零件均应涂油，如活塞销与衬套，连杆轴瓦与连杆轴颈，活塞环与活塞环槽，活塞与气缸的表面。

将加热的活塞迅速擦净销孔，随即将连杆小端伸入活塞内（注意安装方向），装上导向销，然后用拇指将活塞销推入销孔及连杆衬套中，直至另一端销孔的锁环槽内端面。待活塞冷却后，将活塞销卡簧嵌入环槽，环槽的深度相当于钢丝卡簧直径的2/3。

③活塞环安装前的检查。活塞环弹性的检查可在专用检验器上进行，其弹力应符合规定，如CA6110型发动机开口间隙在0.25～0.45 mm时，弹力不小于4.5 kg。活塞环漏光度的检查，一般对平环进行漏光度检查时，漏光部位不应超过两处，每处漏光弧长不得超过25°，在同一环上漏光总和不得超过45°，且光隙不超过0.02 mm，在开口处左、右30°范围内不允许漏光。对扭曲环漏光可适当放宽。

④活塞环的端间隙检查。活塞环的端间隙又叫开口间隙，开口间隙是将活塞环装入相应的气缸时开口处两端的间隙。CA6110型发动机第一道环为0.35～0.40 mm，第二道环为

0. 30 ~ 0. 35 mm，第三道环为 0. 20 ~ 0. 30 mm。如端间隙过小，允许在环的端面用平锉修复。检查方法如图 2—41 所示。

⑤活塞环背隙和边间隙的检查。背隙是指活塞与环装入气缸后，活塞环背部与活塞环槽之间的间隙。通常以槽深与环宽之差来确定，即活塞环一般应低于环槽 0. 20 ~ 0. 35 mm，以免活塞工作中活塞环在气缸内卡住。

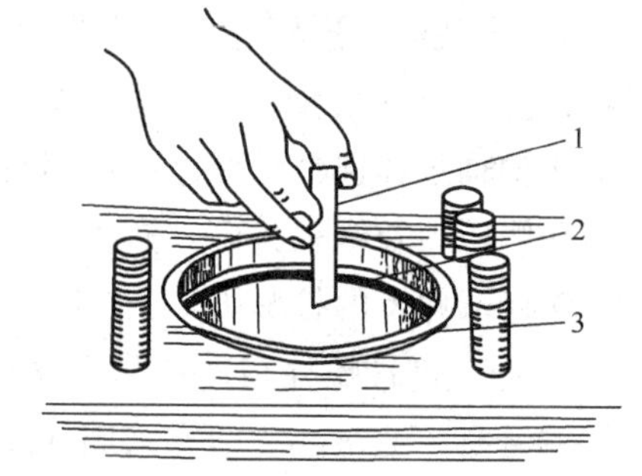

图 2—41　活塞环端间隙检查
1—塞尺　2—活塞环　3—气缸

边间隙是指活塞环与环槽上下平面之间的间隙。边间隙过大，将影响活塞的密封作用，导致机油窜入气缸，过小则会卡死在环槽内，所以要求边间隙要符合规定：CA6110 型发动机为 0. 035 ~ 0. 072 mm。如边间隙过小可在平板上面铺上 0 号砂纸研磨。

⑥活塞环的安装。活塞环在安装时，应按指定的气缸及活塞的环槽进行选配，各道环不可错装。

安装活塞环应选择专用的活塞环拆装钳，如图 2—42 所示。活塞环容易折断，因此，不可将开口张得过大，专用拆装钳可避免活塞环的折断。

安装活塞环的顺序应由下而上进行，先油环后气环。各环应注意安装方向。扭曲环内切口朝上，外切口朝下。第一道气环大多数是镀铬的平环，没有特定的方向性要求，但环面上有记号或文字的一面应朝上安装。在安装组合式油环时应注意：在钢片组合油环的两钢片开口应错开 180°；螺旋弹簧胀圈式油环，其弹簧胀圈接头与油环开口要错开 180°。

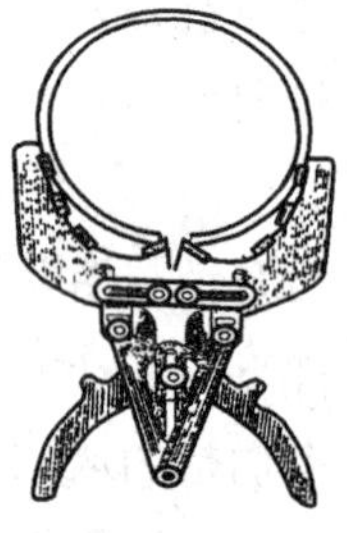

图 2—42　活塞环拆装钳的使用

活塞环安装后，用手转动活塞环应灵活，如有卡阻现象应排除。

⑦活塞环边间隙检查。如图 2—43 所示，活塞环与环槽上下平面之间的间隙。边间隙过大，将影响活塞的密封作用，导致机油窜入气缸，过小会卡死在环槽内，边间隙应符合规定，一般为 0. 035 ~ 0. 072 mm。如边间隙过小，可在平面铺上 0 号砂纸研磨。

⑧活塞连杆组的安装要求。彻底清洗活塞连杆组，尤其是连杆杆身有油道及连杆大端有喷油孔的（如 CA6110 型），应用细钢丝（注意不要划伤油道）逐一清理油道、油孔中的污垢，冲洗后用压缩空气吹净。

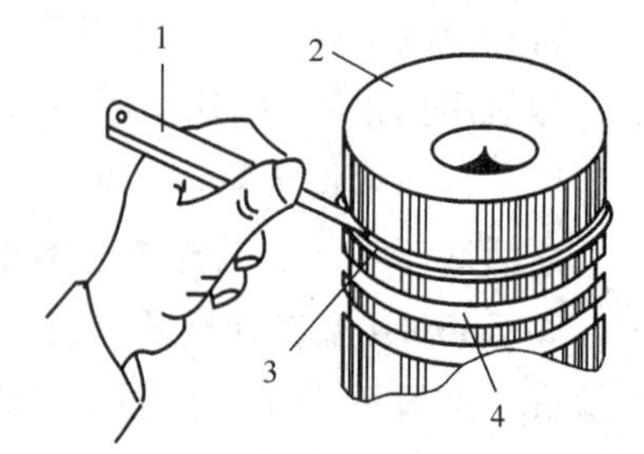

图 2—43　边间隙的检查
1—塞尺　2—活塞
3—活塞环　4—环槽

转动曲轴使待安装的连杆轴颈转到下止点的位置，连杆轴颈涂润滑油，将活塞上的各环开口方向错开 120° ~ 180°，且开口要避开活塞销轴和侧压力方向。将活塞连杆组按正确方向装入对应的气缸内，使连杆全部及活塞的2/3装入气缸。用活塞环卡箍夹紧活塞环，用木棒将活塞连杆组推入气缸；装入瓦片并涂润滑油，瓦盖与下瓦片一起按正确方向装入连杆大端上；按规定扭矩拧紧连杆大端盖螺母，拧紧时要分次进行，以使连杆螺栓受力均匀。

检查连杆大端轴向移动量并转动曲轴数圈，曲轴应转动灵活。合格后再按同样的步骤安装下一组，全部活塞连杆组装后，其转动阻力应正常，并锁止各连杆螺母或螺栓。

（2）增压系统的保养。提高柴油机功率最有效的措施是增加充气量和供油量。实践表明，柴油机采用废气涡轮增压可提高功率10% ~30%，同功率油耗下降3% ~10%。由于涡轮增压发动机燃烧较完全，排烟浓度降低，废气中有害物质明显减少，有利于减少排气污染。此外，由于燃烧压力升高率降低，发动机工作较柔和，噪声比较小。

1）废气涡轮增压器结构。如图2—44所示，废气涡轮增压器由涡轮壳2、中间壳8、压气机壳13、转子体和浮动轴承6等零件组成。

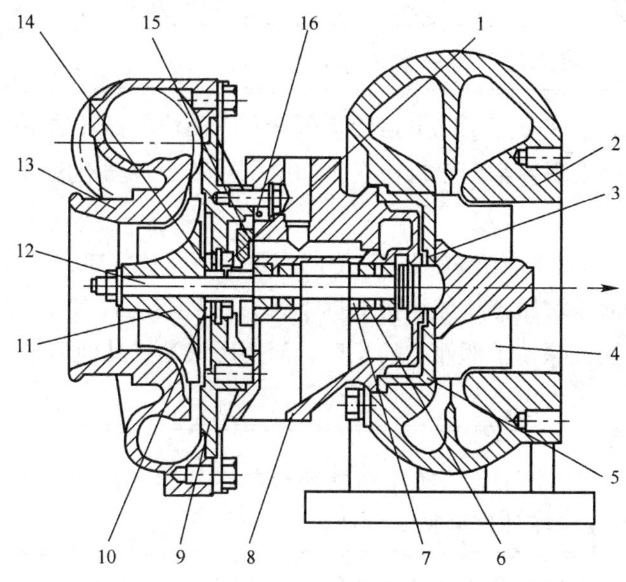

图2—44　废气涡轮增压器的结构

1—推力轴承　2—涡轮壳　3—密封环　4—涡轮　5—隔热板　6—浮动轴承　7—卡环　8—中间壳　9—压气机后盖板　10—密封环　11—压气机叶轮　12—转子轴　13—压气机壳　14—密封套　15—膜片弹簧　16—O形密封圈

2）增压器使用维护要点。凡更换机油、机油滤清器或使用长期停放的发动机，起动发动机前应将增压器油管拆卸注入润滑油或盘车数圈，预润滑增压器。起动发动机后，应怠速运转3 ~5 min后再加负荷。运转中增压器进油压力应保持在196 ~392 kPa。

在高速及满负荷运转时，无特殊情况不可立即熄火，应逐步降速、降负荷，熄火前空转5 min,以防因轴承缺油或机件过热而损坏增压器。严禁汽车采用“加速、熄火、空挡滑行”的操作方法。因为发动机在全负荷高温下突然熄火，机油泵停止工作，润滑油不能带走增压器内零件的热量，增压器将会因过热而损坏。

增压器与进、排气管的连接必须严密，如果排气管和废气涡轮之间漏气，增压器效率将大大降低，柴油机排气温度将急剧升高而损坏气门和增压器。

新机起动之前必须通过增压器进油管对增压器和增压器滤清器注满清洁机油，以保证柴油机起动时增压器轴承即能迅速得到润滑。拖拉机工作 200 ~ 250 h 后须更换增压器机油滤清器滤芯。

> ⚠ 注意：增压器的转子工作转速极高（每分钟 10 万转左右），因此，保证增压器轴承的润滑和润滑油的清洁至关重要。新机或修理后的柴油机使用前应对增压器和增压器机油滤清器加注机油，以保证柴油机起动后增压器即得到润滑。
>
> 增压柴油机低速小负荷时进气量明显下降，因此，所用 AW 泵装有起负校正作用的增压补偿器，以改善柴油机低速时的性能。如发现柴油机功率有较大下降，应检查补偿器连接管的情况是否正常。此外，应定期检查增压器连接空气管路的密封情况，如胶管是否破损，卡箍是否松动，以确保增压器正常工作。

在柴油机停机前，应在怠速工况下运转 3 ~ 5 min，使增压器转速下降、温度降低，并监听增压器运转声音。如发现异常应停机检查，如增压器转子转动不灵活有卡滞或磨损声，须送有条件的维修站修理。

每工作 500 h 后，应检查增压器转子轴上的间隙并清除压气机涡轮壳及转子叶片上的灰尘和积炭。此时要把涡轮增压器从柴油机上拆下来，更换增压器和排气管之间的金属垫片。不允许采用机械的方法去除转子部件上的积垢，而要用汽油或其他清洗铝制压气机零件的洗涤液。

> ⚠ 注意：不要使任何已拆下的涡轮增压器的旋转零件损坏或受力变形，否则会影响涡轮的平衡。同样也不能损坏任何橡胶密封件。

①轴向间隙的检查。把表盘式百分表的触头贴在涡轮主动轴的末端，把轴压向百分表，记下所示的数值，然后把轴推向相反方向，再记下数值。两者之差就是其轴向间隙，该值不能超过 0. 20 mm。

②径向间隙的检查。把表盘式百分表的触头贴在叶轮体顶部，向下压叶轮记下数值，然后将叶轮向上抬，再记下数值。两者之差就是其径向间隙，该值不能超过 0. 65 mm。

（3）柴油机的冬季使用与保养。冬季气温在 5℃时，由于柴油机机体温度过低，润滑油黏度大，柴油机的起动变得困难。配套拖拉机，工程机械的传动系和行走系的润滑油也会因低温而使黏度加大，阻力增加。因此，在低温环境下使用柴油机，必须进行可靠的操作和保养。

> ⚠ 注意：禁止柴油机起动后，在冷却液温度低于 60℃时投入满负荷工作。

进入冬季柴油机应使用防冻液。未使用防冻液的柴油机起动前，应先用 60 ~ 70℃的热水，然后用 90 ~ 100℃的热水分别灌入冷却系，直到放水开关流出热水为止。然后，用 60 ~ 70℃的热水加满水箱方可以起动。

柴油机工作中，冷却水不得低于 60℃，未使用防冻液长期停机必须放水。放水时，应使水温降至 50 ~ 60℃放出。

润滑系统进入冬季应及时换用冬季润滑油。当环境温度低于 -10℃，对带预热装置的柴油机起动时，可先打开预热开关，预热柴油机 30 s。

燃油供给系统，冬季柴油机应换冬季用柴油。加油时，应采取措施防止雨雪及污物进入燃油系。油箱中有水时，必须放出全部燃油，换加新油，以免因水结冰而堵塞油路。

（4）封存与保养。柴油机如果连续停用 3 个月以上，应按下述办法封存与保管：

1）转动柴油机曲轴，使机油均匀地附着在各运动部件表面。

2）放净柴油、机油和冷却液，包括喷油泵、油浴式空气滤清器内的机油。

3）擦净柴油机外部油污、尘土及锈迹，在未喷漆的零件表面和拉杆结点等部位涂上一层防锈油。

4）进气口、排气口、加油口处加堵塞，防止异物进入。

5）经过封存的柴油机应放置在通风、干燥、清洁的室内，附近不得有腐蚀性气体。露天存放时，用塑料罩包裹。

长期封存保管的柴油机，保管者至少每 3 个月要全面检查一次，并按柴油机起动、运转要求，中速、中油门运转 5 ~ 10 min，以保持各运动件表面的油膜。停机后按柴油机的封存要求重新进行封存。

第三章　柴油机的故障诊断与处理

学习目标：

- 能正确分析柴油机故障产生的原因。
- 能通过故障的现象判断柴油机故障部位。
- 掌握柴油机故障的排除方法。
- 如何避免故障的发生。

柴油机在使用的过程中，经常会出现不可避免的各种故障，有些故障会导致柴油机不能工作，而有些故障虽然不影响柴油机的正常运转，但长期使用会给柴油机带来更大的损失，严重时将导致柴油机的报废，因此，柴油机出现故障应及时排除，并根据不同故障，对症下药。

第一节　机体零件与各机构常见故障

一、机体零件常见故障

1. 活塞常见损伤分析

活塞常见损伤现象及原因，见表3—1。

表3—1　　柴油机活塞常见损伤现象及原因

类型	现象	示意	原因
顶部热裂纹	活塞顶面，主要在燃烧室边缘出现裂纹		喷油量过大 超负荷运行 发动机负荷波动大，负荷波动频繁 增压压力过高

续表

类型	现象	示意	原因
四点划伤	活塞销孔两侧裙部拉伤	 	冷却故障，冷却液温度过高或过低 超负荷运行 大负荷工作后马上停车 长期低负荷运行 全浮式连接活塞销，销与销孔配合过紧或在连杆衬套中卡住 半浮式连接活塞销，销与销孔配合间隙过小
活塞倾斜运行	活塞推力面出现倾斜磨痕，其结果可能导致窜油、窜气、不均匀磨损和发动机敲击声	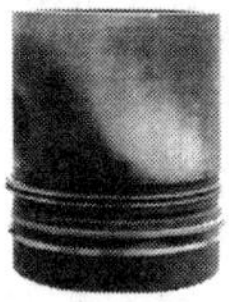	曲柄连杆机构中的个别件出现变形、扭曲、不均匀磨损，或曲轴窜动
环岸损坏	环岸损伤或断裂		喷油或点火正时不当（过早） 燃料不合要求，十六烷值或辛烷值低 积炭严重，压缩比增大 环与环槽严重磨损，侧间隙过大 活塞环断裂撞击环岸 不正确装配或更换活塞环时没有修去缸肩，使环岸受力过大 在低温下频繁冷启动
活塞销孔周围损伤	销孔周围出现抛击状（类似熔化状）的损伤痕迹，气缸壁相应被损伤		安装了旧的受损的挡圈 挡圈在槽中刚度不够或位置不对 连杆弯曲，曲轴轴向间隙过大 连杆轴颈或曲轴回转中心与气缸不垂直
活塞顶烧穿、局部烧蚀	活塞顶面烧熔甚至烧穿，或在活塞顶边缘及火力岸出现局部蜂窝状烧蚀坑	 	喷油器故障，如喷射不良，喷油量过大，喷油器安装不当等 喷油或点火过早 非正常燃烧，如爆燃、火早、激爆等 燃烧压力过大 超负荷运行 使用燃油不当（辛烷值或十六烷值低）

续表

类型	现象	示意	原因
气门顶撞活塞	活塞顶受气门撞击形成深坑。工作中，气门连续高频率地撞击活塞顶部，会造成气门断裂，或活塞破碎	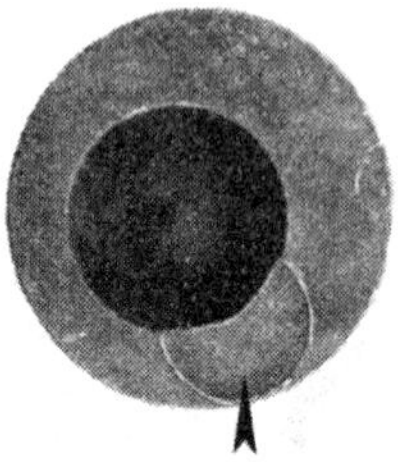	配气相位紊乱，或气门间隙调整不正确
裙部拉伤	活塞裙部一侧或两侧出现大面积拉伤		气缸变形或缸垫损坏 冷却系统故障，冷却不良 缺机油、机油不洁或品质不好 新机未磨合好立即投入大负荷运行 怠速转速过低 长期大负荷运行或超负荷运行 起动后马上加大负荷 新活塞与气缸未良好磨合
销孔内侧压裂	销孔内侧出现裂纹，严重时裂纹沿销座扩展至活塞顶部		供油量过多 点火或供油提前角过早 燃油不合适 增压压力过高 超负荷运行等因素引起过大机械负荷将销孔压裂
活塞裙部破裂	活塞推力面开裂甚至破损		喷油点火提前过早 燃油不合适（十六烷值或辛烷值过低） 气缸活塞磨损过度，气缸间隙过大
活塞头部损伤	活塞头部环岸至顶面区域烧伤或拉伤，活塞环黏结		喷油或点火定时不当（过早或过迟），长期超负荷运行使发动机过热 循环供油量过多 冷却系统故障、传热不良 润滑不良或机油品质不好 环槽积炭太多，环黏结或折断 进气系统故障，进入的空气不洁
活塞顶撞缸盖	活塞顶部变形。活塞顶连续撞击到缸盖，结果会造成顶部变形，甚至活塞破碎	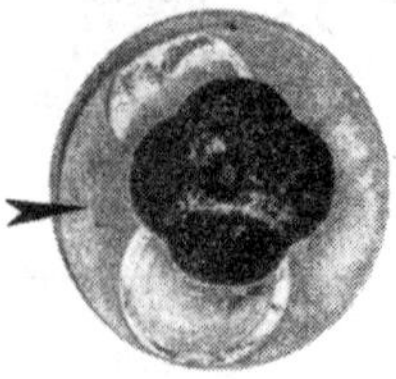	活塞顶部余隙过小，或曲柄连杆机构故障造成活塞行程加长

续表

类型	现象	示意	原因
活塞拉缸	气缸内表面或活塞表面拉毛或拉出沟槽		缸套与活塞或活塞环装配间隙过小，润滑不足 活塞裙边有毛刺、砂粒附着表面 润滑油变质或有杂质 节温器失效，造成发动机温度过高 超载行驶，发动机长期大负荷运转 活塞环断裂 连杆弯曲，使活塞一侧压紧气缸，产生单边拉缸

2. 曲轴常见损伤分析

(1) 小头端

曲轴小头端常见损伤现象及原因，见表3—2。

表3—2　　曲轴小头端常见损伤现象及原因

类型	现象	示意	原因
键槽破损	键槽侧面缺损并有严重挤伤痕迹		使用非标准键 起动爪拧紧力不足 带轮—减振器内孔大 带轮—减振器内锥套失效
前端断裂（小头端断裂）	靠近小头端方向的曲柄断开		带轮—减振器总成失效（减振效果差，减振橡胶破损或脱出；带轮平衡差） 小头端负荷增加，如加长带轮或在原带轮上叠加带轮等 使用了假冒带轮—减振器
小头轴颈表面损伤	小头轴颈处有划痕，呈凹凸不平，手感较明显		齿轮装配或拆卸时没有加热 选错曲轴型号后，齿轮仍用冷装拆等不正确的方法

(2) 大头端

曲轴大头端常见损伤现象及原因，见表3—3。

表3—3　　曲轴大头端常见损伤现象及原因

类型	现象	示意	原因
法兰盘端面或螺栓孔损坏	飞轮螺栓孔缺损，端面磨损变形，严重时，法兰端面也出现划痕		没有按规定的顺序和力矩扭紧螺栓 没有安装飞轮锁片，造成螺栓松动 飞轮与曲轴接触平面有磨损 使用不合格螺栓，连接力矩不足
大头端凸缘破损	大头端凸缘局部或整圈脱落		齿轮没有采用加热装配、拆卸，如用锤敲打过量等 漏装齿轮定位销

（3）与机体装配部位

曲轴与机体装配部位常见损伤现象及原因，见表3—4。

表3—4　　曲轴与机体装配部位常见损伤现象及原因

类型	现象	示意	原因
止推轴颈侧面异常磨损	止推面出现拉痕，严重时会造成止推面磨出凹环		装错止推片、装反止推片或紧固不牢
化瓦、烧瓦	轴瓦出现拉痕，合金层熔化脱落，轴颈表面拉伤严重		使用润滑油牌号与适用温度不正确或润滑油质量差 油底壳内机油量不足，导致润滑不良 机油太脏或机油滤清器失效 机油进水和柴油变稀，造成润滑不良 机油压力过低或润滑油道不畅通 轴颈与轴瓦配合间隙过大或过小，无法形成油膜 轴瓦与轴颈的配合接触面没有达到规定的要求 轴承孔变形 选用轴瓦材料有误 没有经过磨合运行 机体内水温过高等

续表

类型	现象	示意	原因
曲轴疲劳断裂	曲轴断口在疲劳区，断口表面光亮有摩擦痕迹，出现呈沙滩状的疲劳纹		选用高强度螺栓有误，增压与不增压使用了相同螺栓 没有按规定的顺序和扭矩扭紧螺栓，螺栓松动 由于化瓦、抱瓦引起的 由于扭转减振器总成的损坏引起曲轴自身扭转振动造成 机体主轴承孔同轴度过大或轴瓦间隙过大 各缸工作不均衡，活塞连杆组的组合质量偏差过大，飞轮偏摆过大等引起的曲轴受力不均 严重超重超负荷，或运行时的不正确操作（如起步太猛等） 轴颈磨损超过磨损极限，引起疲劳强度下降
烧化瓦引起的曲轴断裂	轴颈烧化瓦严重，致使曲轴运转有阻造成断裂；轴颈表面有明显拉痕；轴颈局部变黑，断口疲劳纹理不明显		烧瓦、化瓦没有及时停车
异常断裂	断口无疲劳纹		曲轴受外力一次性冲击而致断裂
曲轴异常磨损	目测轴颈表面并无异常，但手感凹凸不平		机油压力不足 轴颈与轴瓦之间装配间隙不当 机油内杂质太多或机油道内杂质没有清洗干净 机油滤芯、空气滤芯没有及时更换或清洗

3. 轴瓦常见损伤分析

（1）轴瓦使用要点。轴瓦作为发动机中的滑动轴承对于动力相当于熔丝对于电路，使用的正确与否，关系到发动机的使用寿命。为了保证其得到正确使用，需注意以下事项：

1）购买前应注意选择轴瓦的型号规格。

2）装配前必须清洁相关部件。

3）检查相关的孔径、轴颈尺寸，以保证装配间隙。

4）在检查装配间隙时，瓦背上严禁垫纸片、铜片等；轴瓦内圆合金面严禁刮削。

5）润滑机油必须符合国标要求。

6）应防止任何条件下长时间超负荷行驶。

7）若遇以下情况，请勿装机使用：

①自由弹张量较小，以致装入座孔中轴瓦松动。

②半圆周长高出度低于座孔对接面。

③压紧状态下其贴合面小于85%时。

（2）轴瓦常见损伤分析

轴瓦常见损伤现象及原因，见表3—5。

表3—5　　轴瓦常见损伤现象及原因

类型	现象	示意	原因	改进措施
划伤	工作表面沿旋转方向出现数根较深的划痕		在轴瓦润滑间隙中侵入了硬质颗粒，主要是由润滑油带入，或因装配时清洁工作不佳而混入	检查滤清效果；装配时严格进行清洁工作
钢背烧伤	钢背表面呈大面积发暗区	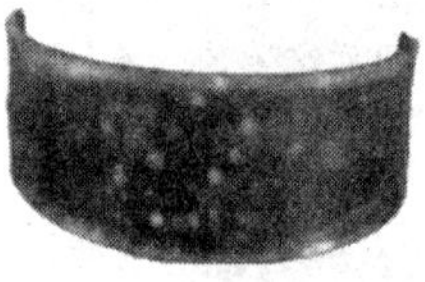		严格控制贴合质量 检查过盈量是否足够 检查座孔刚度是否足够
侵蚀磨损	在油孔油槽边缘呈现冲刺状磨痕	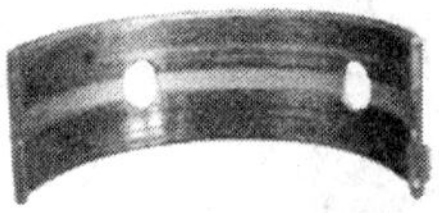	润滑油润滑质量不佳	检查滤清效果
磨粒磨损	工作表面主要承载区呈现大面积沿旋转方向的细微擦痕	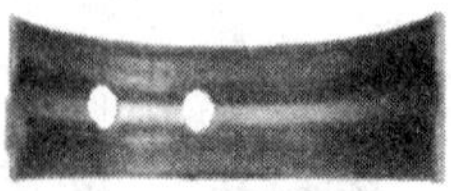	润滑油润滑质量不佳，允许通过异物颗粒度太大或润滑油受到污染	提高滤清效果；及时更换润滑油
混合摩擦磨损	工作表面局部区域呈现比较光滑的磨痕，轴承间隙加大		油膜承载力不够，油膜厚度太薄 长时间过载 频繁起动、刹车	合理选配轴瓦，保证配合间隙 避免超载 规范行车

续表

类型	现象	示意	原因	改进措施
龟裂	合金层表面出现网状裂纹		轴承过载 轴承工作温度太高，由于变形或其他原因，轴承工作表面载荷分布不均产生局部峰值压力	检查有无引起温度过高的因素，加强轴承的冷却效果 检查轴承间隙
弹张量消失	轴瓦使用后拆下测量，发现自由弹张量减小，甚至消失	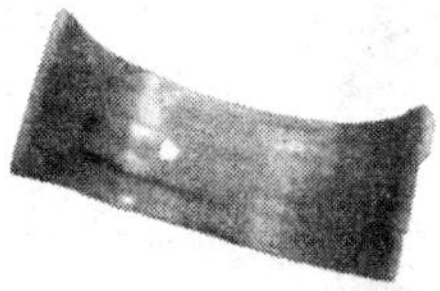	轴承过热 配合过盈量太大	检查过盈量是否太大 检查轴承是否发生过热现象
腐蚀	工作表面呈大面积麻点，瓦面发黑，严重者大块剥落		机油长期工作后变质 气缸中燃气泄入曲轴箱，污染了油底壳中润滑油	及时更换润滑油 采用腐蚀添加剂
气蚀	轴瓦表面呈点状、斑状剥落痕迹，边缘清晰		轴具有激烈的向心运动区域，润滑油不能及时补充增大的润滑间隙，引起瞬时低压，润滑油混入气泡或内部气体析出形成气泡	改善主轴的动平衡 提高润滑油质量，加入防泡沫添加剂或采用防泡沫性能较好的润滑油
咬胶	合金层熔化，工作表面呈现大面积沿圆周方向被拖动的沟痕、油孔、油槽以及瓦背边缘有合金熔化铺开的痕迹，轴颈表面亦粘焊着轴承合金		轴承过载 断油 剧烈的磨料磨损及发热 间隙过小，轴承发热卡死 润滑油黏度太低 瓦背贴合不好，热量不能及时散出	提高油膜的承载能力 选择合适的配合间隙 保证贴合度
剥落	合金层呈片状剥落，剥落区底面呈碎粒状		轴承过载 轴承工作温度太高，由于变形或其他原因，轴承工作表面载荷分布不均产生局部峰值压力	检查有无引起温度过高的因素，加强轴承的冷却效果 检查轴承间隙

续表

类型	现象	示意	原因	改进措施
脱壳剥落	合金层呈片状剥落，剥落区底部露出钢背清晰的结合面		合金层复合质量不佳	提高合金层复合质量
轴瓦中部偏磨	轴瓦中部出现磨损		轴颈母线呈现鼓形凸出 轴承座孔边缘刚性不足，负荷主要由轴瓦中部承受	提高轴颈加工精度
轴瓦一侧偏磨	轴瓦一侧边缘呈现磨损痕迹		轴颈、轴承座产生倾斜变形或有加工误差	提高轴颈和座孔的加工精度
轴瓦两侧偏磨	轴瓦两侧边缘呈现磨损痕迹		轴颈圆柱度不符合要求，母线中凹，负荷集中在轴瓦边缘区域	提高轴颈加工精度

二、配气机构的故障诊断

柴油机配气系统常见故障及排除方法，见表3—6。

表3—6　　配气机构故障及维修

故障现象	故障原因	排除方法
发动机不能起动或排气管冒黑烟 起动机运转正常，发动机不能正常运转 机油消耗大，排气冒蓝烟	活塞环焦卡无弹力 活塞环断裂导致发动机不能起动	解体发动机，拆下活塞环，清洗或更换以排除故障
发动机工作不到大修间隔，气缸压力便下降至0.59～0.64 MPa以下，燃料消耗增加，机油消耗严重	气缸套严重磨损 机油变质，润滑不良，机油中含有杂质 空气滤芯失效，灰尘进入气缸，导致缸壁磨损加重 长时间超负荷运行，导致发动机温度过高，高温气体腐蚀缸壁 活塞环开口间隙过小，导致活塞环断裂，使气缸壁刮痕	检修或更换节温器，使其作用正常，保持发动机在最佳的温度工作 换用优质的机油 更换空气滤清器滤芯，确保进气清洁 按规定装载，按要求行驶，避免过热，减少腐蚀磨损 更换新的活塞环，调准活塞环间隙

续表

故障现象	故障原因	排除方法
机油耗量过多，发动机工作冒蓝烟	气门杆与导管配合间隙过大，气门油封老化或损坏	更换气门导管和气门油封
正时齿轮有异响，柴油机工作声音异常或熄火	螺栓、螺母松退掉入正时齿轮室 正时齿轮材质不佳导致正时齿轮的损坏 凸轮轴与轴套配合间隙过大，导致正时齿轮啮合位置变化	清除掉入的螺栓、螺母，按规定装复 更换损坏齿轮 更换凸轮轴轴套
气门间隙过大或过小，发动机工作声音异常，并伴随气门拍击声	摇臂轴严重磨损，摇臂总成紧固螺栓松动或气门间隙调整螺钉松退	更换摇臂和摇臂轴 紧固松动螺栓
着火声音异常，功率不足，油耗增加	气门间隙失准 正时齿轮磨损严重 凸轮高度磨损严重 正时齿轮记号装配失准	重新调整气门间隙 更换正时齿轮 更换凸轮轴 核对正时记号

第二节　柴油机燃料供给系故障诊断

柴油机的故障产生的原因较多，但大多集中在燃油供给系统，其中喷油泵与喷油器引起的故障为最多，下面介绍柴油机燃料供给系的故障诊断和排除方法。

1. 发动机起动困难

（1）起动时排气管不冒烟

1）现象。发动机听不到爆发声音，无起动迹象，排气管无烟排出。

2）原因。

①低压油路方面。油箱内无油或存油不足；油箱开关未打开或油箱盖通气孔堵塞；油箱至喷油泵间管路堵塞；油箱至输油泵间管路中有漏气部位，使油路中进入空气；柴油机滤清器或输油泵滤网堵塞；低压油路中溢流阀不密封，使低压油路中不能保持有一定值的油压；输油泵油阀黏滞、密封不严、弹簧折断；输油泵活塞咬死或活塞弹簧折断，使输油泵的机械泵油部分不起泵油作用。

②高压油路方面。喷油泵柱塞偶件磨损过大，造成严重内漏，使供油量达不到起动时的要求；喷油泵油量调节机构卡滞，使柱塞不能转动或转动量过小；出油阀密封不良或黏滞，造成不供油或供油不足；喷油器针阀积炭或烧结不能开启；喷油器针阀开启压力调整过高；喷油器喷孔堵塞。

③其他方面。低温起动预热装置失效，发动机气缸内温度过低；空气滤清器堵塞，排气

管排气不畅；供油时间过早或过迟；喷油雾化不良；气缸压力过低，压缩终了的温度和压力达不到使柴油自燃的温度。

3）故障诊断与排除方法。发动机起动时无着火迹象，排气管不排烟，说明柴油没有进入气缸，重点检查供给系的堵塞、漏气和某些零部件的损坏。首先应确定故障出自低压油路还是高压油路。

将喷油泵放气螺钉松开，拉压手油泵，观察放气螺钉处是否流油。若不流油或流出泡沫状柴油，而且长时间拉压手油泵也排不尽，表明低压油路有故障。如果流油正常，则说明故障出在高压油路。

①低压油路的故障诊断。松开喷油泵放气螺钉，拉压手油泵放气螺钉处无油流出，说明油箱中无油或油路堵塞。首先检查油箱中存油是否足够，油箱开关是否打开，油箱盖空气孔是否堵塞。若良好，可拉压手油泵试验。若手拉手油泵拉钮时，明显感到有吸力，松手后又自行回位，说明油箱至输油泵的油路堵塞；若拉压手油泵拉钮时感觉正常，但压下去比较费力，说明输油泵至喷油泵的油路堵塞，可检查柴油滤清器是否堵塞。如果拉压手油泵拉钮时，均无正常的泵油阻力，说明手油泵失效，应检查手油泵进出油阀是否关闭不严等。在寒冷地区的严寒季节，柴油牌号选用不当或油中有水，容易造成凝结或结冰而堵塞油路。松开喷油泵放气螺钉，拉压手油泵，若放气螺钉处流出泡沫状柴油，而且长时拉压手油泵也无变化，说明油箱至输油泵之间的管路漏气，供油系中进入空气发生了气阻。首先检查油管有无破损，如无破损，应检查输油泵至油箱一段油管接头是否松动或油箱内出油管的上部是否断裂等。若放气螺钉处流出的柴油中夹有水珠，则说明油中有水，应将滤清器与油箱的放污螺塞旋出，放净沉淀物和积水。

②高压油路的故障诊断。诊断高压油路故障时，应首先确定故障出自喷油泵还是喷油器。可在发动机运转时，用手触试各缸高压油管。若感到有喷油“脉动”，说明故障不在喷油泵而在喷油器；若无“脉动”或“脉动”甚弱，说明故障在喷油泵。

③喷油泵的故障检查。起动时，查看喷油泵输入轴是否转动，联轴器是否连接可靠，否则应检查联轴器有无断裂，半圆键是否完好。同时检查供油正时是否准确。

拆开喷油泵侧盖，检查供油调节拉杆是否卡死停供油位置，若卡死停供油位置，应检查踏板拉杆、供油拉杆或调速器的卡滞故障。

检查供油调节机构是否工作不良，踏下加速踏板，观察柱塞是否转动，若不转动，应检查调节叉或扇形小齿轮的固定螺钉是否松动，调节臂有无从中脱出或柱塞与柱塞套筒是否粘住。检查出油阀的密封情况。

④喷油器的故障检查。喷油器可在专用喷油器试验器上试验。若就车检查，可将喷油器从缸盖上拆下接上高压油管，然后起动发动机，观察其喷油情况。如雾化良好又不滴油，说明无故障；若雾化不良，应解体检查喷油器针阀是否卡滞、弹簧弹力、喷孔是否堵塞等。

（2）起动时排气管排出大量白烟

1）现象。高压油路故障，接通起动机后，发动机不易起动或起动后排气管排出像水蒸气般白色烟雾，且慢慢熄火。

2）原因。油路中混入了水；气缸垫冲坏或气缸盖螺栓松动使冷却水进入燃烧室；气缸体或气缸盖冷却水套有损坏，导致冷却水进入燃烧室。

3）故障诊断与排除。柴油发动机若在低温（特别是冬季）起动时排气管排出白烟，但在温度升高后排烟正常，这是正常现象。

如果排出白烟，用手接近排气管消声器出口处，发现手上留有水珠，说明冷却水进入燃烧室。首先拔出油尺，观察下曲轴箱机油油面是否升高，并观察机油品色（机油颜色发白说明机油被水乳化），并在起动发动机时观察水箱上部有无气泡冒出。若机油乳化或起动发动机时水箱上水室内有大量气泡冒出，应检查气缸垫有无烧损、气缸盖螺栓有无松动、气缸盖和气缸体有无破裂漏水等。否则，应检查柴油中是否有水，可将油箱放污螺塞打开，放出沉淀物。

（3）起动时排气管排出灰白烟

1）现象。起动时，发动机不易起动，或排出灰白色烟雾。

2）原因。一般为气缸内温度低、压力低，燃油未能很好地形成混合气燃烧便被排出；低温起动预热装置失效，发动机温度过低；喷油正时不准；进气通道堵塞，供气不足；喷油器喷油雾化不良，混合气形成质量差；气缸压力过低，柴油自燃条件差。

3）故障诊断与排除。检查低温起动预热装置是否完好，如果完好仍不能起动，应检查和调整喷油正时。再检查喷油雾化情况，喷油器针阀有无卡滞，气缸压力是否过低。

2. 发动机动力不足

常见发动机动力不足表现为：发动机运转均匀，无高速，排气管排气量过少；发动机运转不均匀，排气管排烟不正常等。

（1）发动机运转均匀，无高速，排气管排气量少

1）现象。拖拉机行驶动力不足，加速不灵敏，踩下加速踏板后，转速不能提高到规定值，排气管排气量过少。

2）原因。加速踏板拉杆行程不能保证供给最大供油量；调速器调整不当或调速弹簧过软、折断，使喷油泵不能保证最大供油量；喷油泵油量调节拉杆（或齿条）达不到最大供油位置；喷油泵出油阀密封不良；喷油泵柱塞严重磨损、黏滞或弹簧折断；输油泵工作不良使供油不足；低压油路堵塞使供油不足；油箱至输油泵管路漏气，使油路中进入空气等；喷油器喷油不正常；柴油牌号不正确；空气滤清器、排气管消声器堵塞。

3）故障诊断与排除方法。此种故障现象，是因达不到额定供油量而使发动机动力不足造成的，排除方法如下：

①首先检查加速踏板的行程。将加速踏板踩到底，然后推拉喷油泵油量调节臂，若还能向加油方向推动，说明加速踏板拉杆不能使喷油泵达到最大供油量，应予以调整。

②检查调整调速器高速限位螺钉和最大供油量限位螺钉。将两调整螺钉向增加方向旋进，直到急加速时排气管冒黑烟为宜。如能确认为该故障，应将高压油泵进行台上试验。

③检查燃油系统是否吸入了空气，若吸入了空气，应检查各油管接头是否松动，将油路中空气排除。

④检查燃油滤清器是否堵塞、油箱通气孔是否堵塞、输油泵滤网有无堵塞等。

⑤检查喷油泵的出油阀是否密封不良。

⑥用断油比较法检查喷油器的喷油情况，断油后若发现柴油机转速不变化，则说明该喷油器工作不良，应将此喷油器拆下并测试调整。

⑦若以上诊断没有不良情况，则需对喷油泵和调速器的工作情况在试验台上进行检查。

（2）发动机运转不均匀，排气管排黑烟

1）现象。发动机动力不足，运转不均匀，排气管排黑烟，加速时出现敲击声。

2）原因。空气滤清器严重堵塞，造成进气量不足；喷油泵供油量过多或各缸供油不均匀；喷油器喷雾质量不佳或喷油器滴油；供油时间过早；气缸压缩压力不足；柴油质量低劣。

3）故障诊断与排除方法。柴油机排气黑烟多，大多是由各气缸供油量不均匀或过多、吸入空气量不足、雾化不良、喷射时间过早等原因所致，柴油不能完全燃烧造成的，故障排除方法如下：

①拆除空气滤清器，观察排气烟色。若排黑烟情况好转，故障系空气滤清器脏污严重造成的。

②检查供油时间是否过早，若过早应调整。

③在发动机运转时，可逐缸断油试验。当某缸断油时，发动机转速降低，黑烟明显减少，敲击声变弱或消失，说明该缸供油量过多。若发动机转速变化小而黑烟消失，说明该缸喷油器雾化不量。找出有故障的气缸后，拆检喷油器。必要时，可换装新喷油器进行对比，若用新喷油器时故障消失，说明原喷油器有故障。

用上述方法仍不能排除故障时，应检查各缸喷油是否一致，必要时进行调整。检查喷油泵供油量过大和供油不均时，应在试验台上进行。

3. 柴油机工作不良

（1）现象。发动机发出有节奏的（清脆的）金属敲击声，急加速时响声更大，排气管冒黑烟；气缸内发出低沉不清晰敲击声；敲击声没有节奏并排黑烟。

（2）原因。喷油时间过早；喷油雾化不良；进气通道堵塞或空气滤清器堵塞造成进气不足；各缸喷油不均，个别缸供油量过大；喷油器滴油，相对喷油量增加；选用的柴油牌号不当；发动机温度过低。

（3）故障诊断与排除方法

1）如果响声均匀，说明各缸工作情况相近。其故障原因与喷油正时、进气情况、柴油性能等方面有关。急加速试验，若响声尖锐，排气管冒黑烟，通常是喷油时间过早，应调整。若加速困难，声调低沉，有发闷的感觉，排气管冒白烟，是喷油时间过迟，应调整。若调整喷油正时的效果不明显，则应检查空气滤清器是否堵塞、进气通道是否畅通。若柴油机充气不足，将导致燃烧不完全，延长着火落后期，产生严重着火敲击声。若进气管道畅通，仍有响声，应考虑柴油牌号选择是否适当。

2）如果响声不均匀，说明各缸工作情况不一致。可用单缸断油的方法找出工作不良的气缸。若怀疑某喷油器工作不良，可用一标准喷油器或与其他缸调换喷油器，倘若这时声响消失（或转移他缸），则表明故障就在喷油器。若怀疑某缸供油量过大，可用减油法试验，减油之后响声和排烟应该消失。若减油之后故障减弱并不消失，只有断油才完全消失，则说明故障原因在喷油时间过早。

4. 发动机运转不稳

（1）柴油机“游车”

1）现象。发动机在中、低速范围内运转，加速踏板保持在某一位置不变时，发动机转速产生忽高忽低的变化。

2）原因。燃油供给系油路内有空气，使供油不稳定；喷油泵偶件磨损不均，使供油不均；调速器调整不当，各连接件不灵活或间隙过大；供油齿杆与齿圈（或供油拉杆与拨叉）、柱塞与柱塞套紧滞，使供油齿杆（或供油拉杆）移动阻力增大，引起其不灵敏；喷油泵凸轮轴的轴向间隙过大，造成径向间隙变大，导致喷油泵泵油时，凸轮轴受脉冲振动，其振动又直接传递到调速器飞球或飞块，引起飞球支架跳动，从而使供油齿杆来回抖动。

3）故障诊断与排除。“游车”一般是由喷油泵和调速器部分引起，对于喷油泵机械式调速器检查时，先打开喷油泵边盖，将发动机处于“游车”严重的转速下工作，然后用手抵住调节齿圈并带动齿杆移动，检查供油齿杆移动是否灵活。如果供油齿杆移动不灵活，说明柱塞的转动有阻滞或其他运动件有摩擦阻滞，使供油齿杆灵敏度降低，调速器不能随时调节供油齿杆而造成“游车”，发现供油齿杆移动阻力较大，则应逐一检查出油阀座拧紧力矩是否过大，泵内是否有水垢或锈蚀的污物引起柱塞生锈后阻滞，齿杆与齿圈啮合处是否有异物，查明后予以排除。

上述检查正常，则是调速器工作不正常，喷油泵供油量不均匀或喷油泵凸轮轴轴向间隙过大，此时应拆下喷油泵总成进行检修。

（2）柴油机“飞车”

1）现象。柴油机在汽车运行中或自身空转中，尤其是全负荷或超负荷运转突然卸荷后，转速自动升高超过额定转速而失去控制。

2）原因。引起超速的主要原因有两个方面：

①喷油泵调速器本身的故障，使其丧失了正常的调速特性：加速踏板拉杆或喷油泵供油调节齿杆卡滞在额定供油位置；油量调节齿杆和调速器拉杆脱节；柱塞的油量调节齿圈固定螺钉松动使柱塞失去控制；调速器的高速限制螺钉或最大供油量调整螺钉调整不当；调速器内润滑油过多或机油太脏、黏度过大，导致调速器失效；调速器因飞球组件卡阻、锈污、松旷等原因而失去控制。

②柴油机在运转过程中有额外的柴油或机油进入燃烧室参与燃烧：气缸窜油，使润滑油

进入燃烧室燃烧；惯性油浴式空气滤清器存油过多被吸入燃烧室；带增压器的柴油机由于增压器油封损坏，机油进入燃烧室燃烧等。

3）故障诊断与排除方法。柴油机“飞车”的故障一般很少见，但喷油泵调速器调整不当或使用、维护、保养不当而擅自调整调速器的重要部位（加有铅封的调整螺钉），就会产生“飞车”故障。无论是行驶的汽车还是停驶的汽车，一旦出现“飞车”，首先要采取紧急措施，设法立即熄火，避免事故发生。紧急熄火方法有以下几种：若车辆在运行中，千万不要脱挡或踩下离合器，应紧急制动直至柴油机熄火；若车辆静止柴油机空转时，则立即采用断油或断气的方法使柴油机熄火；迅速将加速踏板收回到停止供油的位置，拉出熄火拉钮；有减压装置的，迅速将减速手柄拉到减压位置；进、排气管道带阀的可将阀门关闭，如果没有阀门的可拆下空气滤清器，堵住进气管道；供油拉杆或齿杆外露的喷油泵，可迅速将拉杆推向停油位置；松开各缸高压油管或低压油路的油管接头以停止供油；及时挂入高速挡，踩下制动踏板，缓抬离合器，使柴油机熄火。

柴油机熄火后，反复踩动加速踏板或推拉喷油泵操纵臂，从喷油泵外部或拆下侧盖从内部检视供油拉杆（或齿杆）的轴向活动情况。若供油拉杆（或齿杆）不能轴向活动，故障系供油拉杆（或齿杆）在其承孔内因缺油、锈蚀等原因卡阻而不能回位造成的。打开调速器上盖，检查调速器飞球组件与供油拉杆（或齿杆）的连接是否脱开、调速器内机油是否加得过多或机油黏度过大、调速器飞球组件是否卡阻、锈滞或松旷等。

拆下喷油泵调速器总成，在试验台上进行检修与调试合格后装机。若供油系良好，应检查气缸有无额外进入燃油或机油。例如，空气滤清器或增压器的机油是否漏入气缸；气缸密封性如何，是否窜机油等。

柴油机熄火后，必须找出造成超速事故的原因所在，并做彻底排除后，方允许再次起动发动机，否则发动机起动后，又将出现超速“飞车”现象。

5. 焦油嘴

焦油嘴有两种情况，一是焦死在开启位置，二是焦死在闭合位置，由此而引发的故障现象截然不同。

焦死在开启位置的故障现象是柴油机着火不稳、冒黑烟、回油管有气体排出、喷油器过热甚至柴油机自动熄火。

焦死在闭合位置的故障现象是柴油机“缺腿”、油管胀裂、功率明显下降以及排气歧管温度低等。

故障的原因是喷油器喷射压力低、产生后滴、油脏以及出油阀磨损严重等。

6. 供油提前角失准

供油提前角失准有两种情况，一是供油提前确认过早，二是过晚，两种情况产生的故障现象有很大差别。

供油提前过早的故障现象是敲缸、有反转趋势甚至反转、功率下降等。

供油提前过晚的故障现象是着火发闷、过热、冒黑烟、功率下降等。

故障的原因是定时齿轮记号装错，齿轮、柱塞副、出油阀磨损严重，供油提前角调整失准等。

7. 供油量失准

供油量失准有两种情况，一是过大，二是过小，由此产生的故障现象也不相同。

供油量过大的故障现象是冒黑烟、功率有升无减。

供油量过小的故障现象是柴油机无力。

故障的原因是喷油泵调整失准、三大精密偶件磨损严重、出油阀被脏物垫住等。

8. 自动熄火

故障现象是柴油机突然发出“突突”声，然后自动熄火。

故障原因主要是低压系统各管接头封闭不严、油管裂纹、油路堵塞、供油量不足以及输油泵进、出油阀垫住等。

第三节　柴油机综合故障诊断

在发动机使用中，发动机的故障原因往往涉及各机构和各系统，为尽快找到故障的所在，首先根据故障现象确定故障性质，进而查明故障所属机构或系统，最后根据各机构或系统的故障诊断方法查明具体故障原因。用户使用中常遇到的异常现象主要有：

声音异常：如有不正常的敲击声、吹嘘声、放炮声等。

转速异常：如飞车、怠速不稳、最高空车转速超标等。

动作异常：如不易起动，带不动负荷，功率达不到，工作时产生剧烈振动等。

外观异常：如冒白烟、黑烟、蓝烟、漏气、漏油、漏水和碰坏零件，油漆色泽差和外表生锈，装调质量差，螺栓长短及零件相对位置不符合要求。

温度异常：如机油、冷却水和排气温度过高，轴承过热。

压力异常：如机油压力过高或过低，气缸内压缩力低，柴油机爆发压力低等。

气味异常：如发生焦味、臭味和烟味。

1. 造成柴油机主要故障的原因

（1）装调质量原因。柴油机所有配合部位均有严格的装配要求，不同系列和不同机型所用的零部件和装调质量有不同的要求，若装调不当就会引起故障。常见的装调问题有：

1）润滑系统零部件装调不当，如粗滤器垫片装反，机油管法兰平面挠裂及长短不对，致使螺栓拧紧后平面密封不良，以及螺栓漏紧，调压阀橡皮圈切断和闷芯因杂质或机体上孔同轴度不对，致使闷芯卡滞、油底壳或主油道螺塞未拧紧，细滤器皇冠螺母松动、机油冷却器缩松砂眼，开车前机油未加到油尺规定刻线等，都可能引起漏油、油压过低、无油压甚至咬车等重大故障。

2）冷却系统零部件装调不当，汽车上配套的冷却系统布置不当，都可能引起水泵、缸头、出水管、节温器漏水，风扇打坏水箱，柴油机过热和水箱开锅等重大事故。如果柴油机断水就会引起拉缸烧瓦，若断水后，立即加入冷水有可能引起座圈脱落，受热零件变形或裂纹。

3）燃油系统零部件装调不当，如油泵与空压泵同轴度调整不当，大于0.2 mm，油泵联轴器螺栓及油泵托架螺栓未拧紧，都可能引起联轴器簧片断裂，供油提前角和喷油压力不符合要求将导致功率不足，油耗超标，油泵试验台上未调整好会引起扭矩点不符及怠速不稳、“飞车”等常见故障。输油泵大六角闷头，三角法兰平面，各油管接头等处漏油是常见故障。

4）主轴承与连杆轴承装配位置颠倒或错误，配合间隙及扭紧力矩不符合规定要求，造成烧瓦或磨损严重等重大事故。

5）定时齿轮装合关系错误，气道或气缸掉入异物，造成敲缸。供油时间不正确，使燃烧恶化，功率不足，排气冒烟，起动困难，甚至根本不能起动。

6）活塞与缸套配合间不符合要求，活塞环开口位置没有按120°交错安装，扭曲环装倒，造成活塞环窜气和窜油现象。

7）气门间隙不符合要求造成气门关闭不严，或加速配气零件的磨损，影响油耗及功率。

（2）零件质量原因。常见的问题有：

1）铸件缩松、砂眼、细小裂纹，装在柴油机上，初期运转时也不易暴露，而使用一段时间后，上述缺陷逐渐扩大，引起漏水、漏油、油水混合及零件损坏。

2）机体主轴承孔同轴度不合格，个别主轴承孔径小，曲轴同轴度超差，会引起烧瓦事故，安装阻水圈的孔太小或缸套水套间隙太小，会引起拉缸。

3）零件精度和部件精度及材质不符合要求，是产生故障的最主要原因。如气门弹簧材质有微孔，运转后在2 000 h内常发生断裂敲缸或拉缸事故，凸轮轴金相组织不合格造成凸轮早期磨损。喷油器油针焦死导致雾化不良，引起功率不足冒黑烟。缸套失圆和多棱形引起拉缸。

（3）违章操作原因。常见的问题有：

1）使用新车时油泵“上部左面的怠速限位螺钉”未松开，致使发动机刚运转就升至高速，未经磨合而直接高速运转常出现烧瓦、拉缸等严重事故。

2）冷车起动后，未经过暖车，而马上带负荷使用，造成零部件严重磨损或损坏，而引起一系列故障。

3）长时间超负荷、超速运行及发生飞车事故，造成零件严重磨损或损坏。

4）带负荷停车，受热零件因冷却过快造成骤冷裂纹。

5）运转中机油和冷却水温度维持过低或机油温度过高，油压过低，加快零件磨损。

6）6110增压柴油机长期不用或新车刚使用时，必须拆掉增压器进油管对增压器加注清洁润滑油装复后才能起动，否则易使增压器轴承磨损，从而引起增压器转速下降，柴油机功率不足。

（4）人为使用原因。常见的问题有：

1）不及时添加机油和定期更换机油，造成机油量不足或机油污染变质而丧失润滑性能。不按时清洗机油粗滤器造成机油流通阻力增加，甚至堵塞，使润滑条件恶化而引起零件严重磨损。机油精滤器不按时清洗会使胶状杂质结聚在转子内，从而使精滤失效。吸油网上的纤维状杂质不及时清理，或清洗不干净，会引起油压过低，甚至无油压，而造成烧瓦报废曲轴的重大故障。

2）不按时清洗柴油滤清器和柴油箱，会使大量杂质进入各精密偶件内，引起早期磨损或喷油器油针焦死，油泵进油接头空心螺钉内的粗滤网堵塞而引起供油量不足，柴油机工作无力。

3）未按时清洗空滤器或更换滤芯，会使滤清效果降低，空气流通阻力增大，进气量小，造成柴油机工作无力，排气冒黑烟和引起气缸套等零件严重磨损。若空滤器及进气系统的密封垫破损或安装不当，会造成短路，有灰尘杂质的空气直接进入气缸，引起缸套早期磨损，甚至拉缸等重大故障。

4）未按时检查和调整气门间隙，因间隙过大造成配气机构加速磨损和气门弹簧断裂等事故。

5）未按规定检查蓄电池充电量，及时补足电解液，使起动转速过低，造成起动困难等故障。

6）未按规定调整离合器压脚高度，会引起离合器脱不开或打滑等重大故障。

2. 柴油机窜气的主要原因

（1）柴油机拉缸

1）气缸套材质不佳，内表面网纹太浅，储油状况不良，造成拉缸。拉缸的部位常常是360°范围内有大面积拉伤痕迹。

2）柴油机断水过热及汽车上坡时长期超负荷过热，水箱开锅引起拉缸，甚至咬缸。拉缸的部位常常是360°范围内大面积拉伤，甚至咬死。

船用柴油机因开式冷却，污泥水垢常积于水套下方部位，使活塞的热量不能及时由缸套传给冷却水，缸套内壁润滑油烧失，活塞与缸套呈干摩擦，引起拉缸或咬缸。

3）油环弹力超差过高，致使刮油干净，造成干摩擦引起拉缸。油环内的撑簧必须与原环成对使用，不允许互换，否则容易使油环弹力超差偏高引起拉缸。

4）活塞环背隙过小，手摸不能低于活塞外圆表面，因环卡住不能灵活运动，引起拉缸。

5）油环或气环断裂，活塞表面碰伤，活塞销挡圈断裂或脱落，引起拉缸。

6）活塞环开口间隙过小，引起拉缸。柴油机的活塞环开口间隙装前一定要检查。

7）新车及柴油机大修后未经磨合运转就升高转速或带负荷运转，也会引起拉缸。

8）润滑油品质不佳，黏度过大，燃烧不良等造成活塞环胶结，导致润滑不良引起拉缸。

9）活塞、缸套表面的碰伤或表面清洁度差，引起拉缸。

拉缸的判别标准是：当缸套的内表面有拉痕，长度大于 2/3 活塞行程，宽度大于 0.3 mm，深度大于 0.1 mm，其数量超过三道（缸径大于 100 mm）或两道（缸径小于 100 mm）时，均称为缸套拉缸。

（2）柴油机拉瓦

1）机体主油道、润滑油管内管接头、板翅式机油冷却器芯子、曲轴油孔、连杆油孔、机油粗滤器内腔等部位的杂质，直接进入轴瓦，引起拉瓦。因此，提高这些关键部位的清洁度，是防止拉瓦的最重要途径。

2）曲轴油孔的圆角及表面粗糙度不合格，有振纹或磕碰伤，曲轴同轴度超差，跳动过大。

3）轴瓦材质不佳，弹力不足，贴合度不良，导致传热、散热不良，常引起拉瓦和穴蚀。

4）机油压力过低或断油，不仅引起拉瓦，甚至引起咬轴。

5）机油粗滤器滤网破裂，或清洗保养机油粗滤器时，杂质进入出油腔内，这些杂质直接进入主油道引起拉瓦。

6）新车及大修后的柴油机未经磨合就高速行驶常引起拉瓦。

拉瓦的判别标准是：在连杆瓦或主轴瓦的拉痕超过下列情况之一者，即为拉瓦，拉痕面积占该瓦全面积的 15% 以上；拉痕深度大于 0.3 mm，长度超过该瓦的 1/2 弧长；拉痕深度大于 0.15 mm，宽度大于 0.6 mm，长度超过该瓦的 1/2 弧长。

（3）柴油机油水混合

1）机体挺柱孔处砂眼漏水，引起油水混合。

2）气缸盖气道内缩松漏水，引起油水混合。

3）气缸盖防冻堵松动或锈蚀出现锈孔漏水，引起油水混合。

4）机体水封槽内杂质、铁锈或同轴度超差等造成阻水圈密封不良漏水，引起油水混合。

5）因机体封水孔毛刺锐边擦伤橡胶阻水圈造成漏水，引起油水混合。

6）总装气缸套敲击或气压压装时，因缸套歪斜造成缸套缸沿断裂，致使漏水引起油水混合。

7）未装活塞销卡簧而敲击缸套，造成缸套裂缝，致使漏水引起油水混合。

8）机油冷却器芯子振裂造成机油进入水道及水箱中，引起油水混合。

9）机油冷却器芯子与盖板间垫圈未垫好，密封胶未涂均匀，螺栓未紧好，造成机油进入水道及水箱中，引起油水混合。

（4）活塞环开口重合或环结胶后失去弹力。

（5）活塞与缸套磨损严重，导致配合间隙过大。

（6）柴油机严重超负荷运转。

3. 油耗不达标的主要原因

油耗不达标的主要原因有：喷油提前角失准，喷油器喷油压力调整不当、漏油或雾化不良，进排气门间隙过大或过小，进气阻力过大即空滤器不畅，高压油泵总油量调整过大，出水温度过低。

4. 柴油机冒黑烟、蓝烟、白烟的原因

（1）排气冒黑烟的原因有：柴油机超负荷，喷油不良、喷雾太粗或滴油，燃油质量差，供油提前角不正确，空气不足。

（2）排气冒蓝烟的原因有：活塞环严重磨损或环胶结失去弹力，油底壳内润滑油面过高，油浴式空滤器注入机油过多。

（3）排气冒白烟的原因有：喷油器雾化不良，滴油、喷油压力过低；燃油中有水；刚起动时个别气缸不燃烧（特别是冬季）；供油提前确认过晚；柴油机温度过低。

5. 柴油机调速不稳定的主要原因

柴油机调速不稳定的主要原因有：各缸油量不一致，喷油嘴堵塞，柱塞弹簧断裂，喷油提前角过大或过小，柴油滤清器堵塞，输油泵进油管空心螺栓内滤网堵塞。

6. 柴油机异响的判别

（1）主轴承敲击声。主轴承的敲击声是一种音调低闷而沉重有力的“嗵嗵”声。柴油机转速越高，声响越大，突然加速时响声更大，有负荷或重负荷时更为明显。

（2）连杆轴承敲击声。连杆轴承敲击声的声响比主轴承敲击声轻而脆，为音调清脆而清晰的“当当”声。突加转速或骤增负荷时，响声最为明显。

（3）活塞撞击气缸声。转速突变或低速运转及大负荷时声音更为明显，猛烈清晰的“当当”声。一般低温状态时响声明显，温度升高后响声减弱或消失，这是与主轴承和连杆轴承响声显著不同的区别。判断是哪一缸声响，可逐缸停止喷油（即断缸法），如响声显著减弱或消失说明该缸有故障。

（4）活塞销敲击声。它是一种非常尖锐、音调极高而明显的敲击声，其声音如同用小锤击打钻子的声音。当柴油机转速变化时，特别是由高速突然降到低速时，气缸上部可听到尖锐的“当当”金属敲击声响。在柴油机低速时，响声缓慢而明显，突加转速时，则响声也随之加大加快；柴油机温度升高后，响声不减弱，喷油提前角加大时，响声加剧。这与活塞撞缸明显不同。

（5）凸轮轴轴承敲击声。它是一种沉闷的敲击声。比主轴承间隙过大的敲击声稍尖锐。

（6）活塞环敲击声。当停止喷油时响声会减轻，但不能消失；如果活塞环折断，会发出一种“唰唰”响声；活塞环与环槽间隙过大，会发出一种比较钝哑的“啪啪”锤击声，随着转速增高也随之加大。活塞环碰撞缸套磨损凸肩，会产生金属碰撞声。

（7）活塞环漏气声。活塞环漏气声通常是一种空洞的“呲呲”声。当响声出现时，曲轴箱的通气口会有大量烟气冒出。

（8）飞轮敲击声。主要是由于飞轮螺栓松动或折断、飞轮偏摆等所造成，它是一种沉闷的敲击声。

（9）气门敲击声。在低速运转时，发出连续不断、有节奏的较轻微的“嗒嗒”敲击声，转速提高时，响声也随着提高，但因有数个气门响，响声是很杂乱的“滴答”声。

（10）气门烧损后的响声。当气门烧损时，由于封闭不严，在空气滤清器处有“嗤嗤”的响声。严重时，触摸进气支管有烫手的感觉。

（11）气门弹簧断裂的碰击声。它是一种“喳喳”的声音。严重时气门不起作用（脱落），这时活塞碰击气门发出“当当”的撞击声，同时进气或排气管中冒出大量黑烟，转速明显下降，振动加剧。

（12）气门与活塞碰撞声。气缸盖处发出沉重而均匀的、有节奏的碰撞声。

（13）摇臂轴断油的响声。它是一种干摩擦而发出有节奏的、连续的、不沉重的、清晰的“喳喳”声。低速时声音清晰，高速时声音减弱。

（14）气门座松动的响声。松动后会发出一种“喳喳”的声音，伴随这种响声的还有一般气流声。严重时，活塞在上止点时发生碰击而发出“当当”的响声，柴油机转速明显下降。

（15）齿轮撞击声。柴油机高速运转时，在齿轮室处可听到较尖锐而连续的“镳镳”声或“咔啦”声。柴油机降低转速时，可听到“喋喋”的敲击声，此响声由凸轮轴传到齿轮室外壳。

（16）机油泵内敲击声。机油过稀会发出“嗡嗡”的声音。

（17）喷油时间过早的敲击声。喷油时间过早会造成气缸内发出有节奏的清脆的“当当”声。

（18）喷油嘴滴油的敲击声。无节奏的清脆响亮的金属敲击声（有时出现相隔很近的两下响声），与此同时，排气管也有放炮声和冒灰白烟，运转不稳定。可用断油法检查，当松开某一缸高压油管接头螺母时，响声消除，说明该缸的喷油器或喷油泵有故障。

（19）喷油泵的响声。如果工作中有“砰砰”的响声，而且响声总是在喷油开始时发出表明压力过高。如果喷油泵柱塞下端的凸块折断，会使气缸发出猛烈的金属敲击声。

（20）紧固连接件松脱的响声。紧固连接件松脱后与各运动件碰撞，发出刺耳的金属摩擦声或敲击声，应立即停车检查处理。

7. 齿轮异响的原因

（1）齿轮齿形不合格，个别齿形尺寸过大，致使在盘车过程中大部分齿隙正常，个别的齿隙过小，容易引起齿轮异响。

（2）机油泵中心高及位置偏移，造成齿隙过小或啮合线不正确，引起齿轮异响，一般机油泵与机体之间垫片不超过两个。

（3）机油管过长或过短，法兰平面位置度偏差，拧紧螺栓后硬拉机油泵，造成机油泵变形，位置度变化，引起齿轮异响。

（4）惰齿轮与定位轴之间轴向间隙过小，穿心螺栓紧固后，使惰齿轮卡滞，引起齿轮异响。

（5）齿面因磕碰损伤，个别点齿隙过小引起齿轮异响。

（6）空气压缩泵轴锥度偏差过大，空压泵齿轮装配后跳动过大或空压泵齿轮紧固螺母未拧紧，引起空压泵处齿轮异响。

（7）后置正时的柴油机后端钢板形位公差不符合要求，致使空压泵传动齿轮无侧隙，引起齿轮异响。

（8）空压泵齿轮与飞轮壳相碰，干涉引起齿轮异响。

（9）起动机齿轮与飞轮起动齿圈的齿形不符，引起起动时齿轮异响。

8. 柴油机敲缸的原因

（1）从进气管或气缸盖气道内掉入螺母、垫片，甚至双头螺栓，引起敲缸。

（2）气道内铸造缺陷残留的疵缝铁瘤，振动后掉入气缸中，引起敲缸。

（3）气门下沉量过小引起敲缸。

（4）传动齿轮正时配合记号错装，或齿轮制造记号标错引起敲缸。

（5）气门间隙调整不当，间隙过小或无间隙，引起敲缸。

（6）气门座圈内杂质，锈蚀，或过盈尺寸不足，粗糙度差；机体上水孔内腔水道不通畅，柴油机过热时未经怠速运转突然停车等原因造成气门座圈脱落引起敲缸。

（7）气门因材质和热处理不当，工作时断头引起敲缸。

（8）活塞与连杆组装位置错误或活塞连杆组件总装位置错误，致使活塞碰撞喷油器，引起敲缸。

（9）连杆大端下瓦片漏装，连杆螺栓未拧紧或断裂后引起敲缸。

（10）气门导管内孔尺寸超差偏小或气门撞弯，运转受热后导致气门卡死引起敲缸。

9. 摇臂衬套咬死的原因

（1）如6110系列的机体上第六缸中心线靠排气管一侧的一个气缸盖螺栓孔是机油从机体到气缸盖的上油孔，共计只有一个上油孔，并由三个工艺闷销封死，由于加工工艺孔未钻穿，致使上油孔中无油，机油无法从机体到气缸盖进入摇臂座，导致摇臂不上油，会很快引起摇臂早期磨损及咬死。X4125及4120S柴油机共有2个机体上油孔，机油从机体上的上油孔经两个气缸盖上油孔到摇臂座、摇臂。一旦铸件偏移，上油孔钻穿造成豁口引起漏油，致使摇臂不上油。

（2）摇臂上衬套的油孔与摇臂油孔压装时未对准相通，引起摇臂不上油。

（3）摇臂衬套内孔的油槽过浅，润滑油不能进入转动部位，致使摇臂衬套咬死早期磨损。

（4）X4125型及4120S型柴油机摇臂轴两端的碟形堵塞脱落，引起摇臂轴中心孔中的机油从两端泄漏，致使摇臂润滑不良造成磨损。

（5）机油质量差或过脏，未及时更换，致使摇臂衬套油槽内油胶堵塞，机油流通不畅，润滑不良，引起摇臂早期磨损。

10. 机油压力过低的原因

（1）主油道限压阀因脏物或机体上的定位孔与螺孔同轴度超差，造成阀芯卡滞，引起机油压力过低或过高。

（2）主油道限压阀因螺孔口及倒角太小、有毛刺，造成橡胶密封圈安装损伤，引起低速时油压正常，高速满负荷时因油温较高而泄油加快，引起油压过低。

（3）机油粗滤器调压阀因零件尺寸不符，致使油压过低或过高。

（4）机体主油道上有砂眼漏油，引起油压过低。

（5）机油粗滤器因垫片装反，引起油压过低或无油压。

（6）机油泵垫片因机油管法兰平面不平而密封不良，引起油压过低。

（7）机油泵进、出油口因塑料堵塞未拆掉引起无油压。三通接头未钻通，引起无油压。

（8）机油泵油管螺栓未拧紧引起无油压。

（9）因曲轴轴颈表面粗糙度不佳、同轴度超差，造成刮瓦，机油大量泄掉，引起油压过低。

（10）使用过程中，常因机油中纤维状杂质过多，密封胶清漆过多，或机油过脏胶质太多，造成集滤器网堵塞，引起油压过低甚至烧瓦抱轴。此类事故在用户中常有发生。

（11）操作时不注意观察仪表，油底壳因螺堵振动松脱，大量漏油或机油粗滤器 O 形密封圈损坏，大量漏油，引起油压过低及烧瓦抱轴。

（12）发动机使用过久，磨损间隙过大，引起油压过低。

（13）因质量问题机油压力报警传感器及仪表显示不正确，误认为油压过低。

11. 气门漏气的原因

（1）气门凡尔线角度与气门锥面角度不吻合，铰制凡尔线后，容易引起气门漏气。根据目前使用经验，凡尔线铰刀的锥角在 $90°26' \pm 2'$ 为宜。陶瓷单刃铰刀刃口支撑面在 0.02 mm为宜。

（2）气门凡尔线同心度差及振纹将引起气门漏气。

（3）气门杆及气门导管碰撞弯曲、变形引起气门漏气。

（4）气门导管内孔超差尺寸偏小，致使配合间隙过小，运转时受热膨胀卡死气门漏气。

（5）气门间隙过小，运转时受热膨胀，摇臂顶开气门，致使关闭不严，引起气门漏气。

（6）旧机气门凡尔线积炭、磨损为凹槽或烧蚀，以及磨损后气门杆与气门导管间隙过大，气门上下运动时歪斜，引起气门漏气。

（7）气门锥面磕碰损伤引起气门漏气。

12. 出水温度过高

（1）风扇 V 带过松。一般以 3 ~ 5 N 力在带中段能按下 10 ~ 15 mm 的距离为宜。

（2）水管中有空气。一般积聚在气缸盖上部造成气囊，出水管不出水或水量很少，水温不断上升。此时应松开出水管上的温度传感器，放出空气直到出水畅通为止，再拧紧水管各接头。

（3）水泵漏水。应及时更换水封。平时应按规定周期从水泵上的黄油嘴对水泵轴承腔加注钙基润滑脂。一般车辆每行驶 2 000 ~ 2 500 km 应加注一次润滑脂。

（4）柴油机水腔及水箱内腔积垢过多，水垢的主要成分是碳酸钙、硫酸钙、二氧化硅。尤其是使用硬水、脏水的车辆，积垢严重，从而减少冷却水流量并影响散热，出水温度过高。为此可按如下方法清洗：

将烧碱（苛性钠）750 ~ 800 g 配煤油 150 g 置于桶内加水一起制成混合液，晚上加入水箱内，第二天早上起动柴油机运转 10 ~ 15 min，然后将水放出，再加入清水清洗水箱。当水中含有钙和镁等盐类时，水便有了硬性，这种水叫硬水。含盐量越多，水质越硬。反之，不含此种盐类或者是含量很少的水叫软水。

（5）节温器失灵，脏物堵塞，应及时清理或更换。

（6）水温表、水温感应器失灵，应及时更换。

（7）风扇不匹配或误装反向。

（8）柴油机长期超负荷运行。

（9）柴油机通风系统气流不畅，排气管辐射热量没有隔离，从而引起出水温度过高，水箱开锅。因此，必须重视柴油机在车上气流的畅通，及时清理机器表面的灰尘污垢。

（10）寒冷冬天应放尽冷却系统中的水，以免结冰时胀坏机体、气缸盖、冷却器等零件。

第四章　拖拉机的类型、结构与工作原理

学习目标：

- 掌握拖拉机的分类及型号编制的原则。
- 掌握不同型号拖拉机的技术参数，以便于选用。
- 掌握拖拉机的结构及工作原理。

了解拖拉机的型号，可对用户选购拖拉机提供很好的帮助。用户可通过拖拉机的铭牌标识掌握拖拉机的性能以及各项性能指标，充分提高拖拉机动力性的利用率，使用户花最少的钱选购最实用的机械。

第一节　拖拉机的分类及型号编制

一、按拖拉机的用途分类

拖拉机的分类方法有很多种，根据 2009 年 1 月 1 日开始实施的国家标准（GB16151.1—2008）《农业机械运行安全技术条件》的规定，拖拉机按其用途不同可分为普通型拖拉机、园艺型拖拉机、中耕型拖拉机和特殊用途型拖拉机 4 类。

1. 普通型拖拉机

普通型拖拉机主要用于整地、播种、收获、运输及农田基本建设等作业。其特点是行走装置较宽，接地压力较小，地隙不高，轮距一般不需调整或调整范围不大，具有良好的平地通过性能、牵引性能和稳定性能。普通型拖拉机如图 4—1 所示。

2. 园艺型拖拉机

园艺型拖拉机主要用于果园、葡萄园、茶园和苗圃的中耕管理，如耕耘、施肥和喷药等作业。在株间或树冠下作业的果园拖拉机具有轮距小，地隙低，外形窄、矮等特点，有良好的转向机动性和较好的牵引性能。园艺型拖拉机如图 4—2 所示。

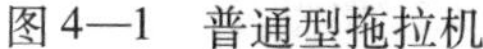

图 4—1　普通型拖拉机

图 4—2　园艺型拖拉机

3. 中耕型拖拉机

中耕型拖拉机主要用于中耕作物行间管理，如除草、松土、追肥和喷药等作业。其特点是行走装置较窄，农艺地隙较高，轮距可在较大范围内调整（专用中耕型拖拉机轮距可固定），具有良好的行间通过性、转向操纵性和视野。中耕型拖拉机如图 4—3 所示。

图 4—3　中耕型拖拉机

万能中耕型拖拉机兼有中耕型拖拉机和一般用途拖拉机的功能，农艺地隙为 400 ~ 800 mm。高地隙中耕型拖拉机的农艺地隙达 800 ~ 1 000 mm。

4. 特殊用途型拖拉机

特殊用途型拖拉机适用于在特殊工作环境下作业或适用于某种特殊需要的拖拉机，如山地作业用拖拉机、沤田作业用拖拉机（船形）、水田作业用拖拉机和葡萄园作业用拖拉机等，如图4—4所示。

图4—4　特殊用途型拖拉机

二、按拖拉机行走装置的分类

按行走装置的形式不同，拖拉机可分为履带式（或链轨式）拖拉机及轮式拖拉机两类，半履带式拖拉机则是这两种拖拉机的变型。

1. 履带式拖拉机

履带式拖拉机主要用于土质黏重、低洼地块田间作业，农田水利、土方工程等农田基本建设作业，如东方红—802、东方红—1002/1202等型号拖拉机。履带式拖拉机如图4—5所示。

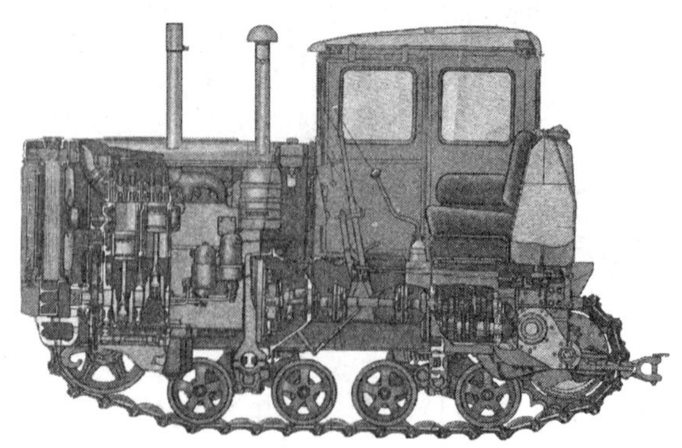

图4—5　履带式拖拉机

履带式拖拉机的特点是：行走时与地面的接触面积大，对耕地比压小，对土壤结构破坏较轻，防陷性、牵引附着性好；但是，因为制造时金属耗量大，成本高，在农业生产中的主要优点已被改进型（宽轮胎、辅加轮、半履带等）及造价低廉的轮式拖拉机所替代，所以在现代农业生产中履带式拖拉机已处于劣势。

2. 半履带式拖拉机

半履带式拖拉机主要用于低洼地块的田间作业，特别适用于耕整地作业和收获作业。其特点是行走时与地面的接触面积大，对耕地比压小，防陷性和附着性好，操作方便，转弯半径小等。半履带式拖拉机如图 4—6 所示。

图 4—6　半履带式拖拉机

3. 轮式拖拉机

轮式拖拉机的行走装置是车轮。按行走装置的车轮或轮轴的数量不同又可分为单轴两轮手扶拖拉机和双轴四轮拖拉机两种。

（1）单轴两轮手扶拖拉机。如图 4—7 所示，手扶拖拉机的行走轮轴只有一根。如轮轴上只有一个车轮的称为独轮拖拉机，有两个车轮的称为双轮拖拉机。由于它们只有一根轴，因此，在农田作业时操作者多为步行，用手扶持操纵拖拉机工作，所以习惯上将其称为手扶拖拉机。如工农—12 型、东风—12 型等手扶式拖拉机。

图 4—7　单轴两轮手扶拖拉机

（2）双轴四轮拖拉机。它的行走轮轴有两根，如轮轴上有三个车轮的称为三轮拖拉机，有四个车轮的称为四轮拖拉机。平常所说的轮式拖拉机就是指上述两类拖拉机。目前应用最广泛的是四轮拖拉机，如图 4—8 所示。就其驱动形式不同，四轮拖拉机还可分为两轮驱动和四轮驱动两种。两轮驱动一般为两后轮驱动、两前轮导向，驱动形式代号用 4 ×2 来表示

（4×2 分别表示车轮总数和驱动轮数）。两轮驱动型拖拉机主要用于一般农田作业、排灌作业、农副产品加工以及运输作业等。四轮驱动型拖拉机的前、后四个轮子都由发动机驱动，驱动形式代号用 4×4 来表示。四轮驱动型拖拉机在农业上主要用于土质黏重、大块地深翻、泥道运输作业等，在林业上用于集材和短途运材。

图 4—8　双轴四轮拖拉机

三、按拖拉机的功率分类

按照发动机功率大小，拖拉机可分为大型拖拉机（功率在 73.6 kW 以上）、中型拖拉机（功率为 14.7 ~ 73.6 kW）和小型拖拉机（功率在 14.7 kW 以下）。

1. 大型拖拉机

大型拖拉机是根据拖拉机所配备发动机的功率（功率为 73.6 kW 即 100 马力以上）来确定的。由于发动机的功率大，因此拖拉机配备了较宽范围的转速和转矩，以适应各种不同的作业环境。大型拖拉机综合作业效率高，适用范围广泛，多项作业可一次完成，如图 4—9 所示。

图 4—9　大型拖拉机综合作业

2. 中型拖拉机

中型拖拉机所配备发动机的功率在 14.7 ~ 73.6 kW（即 20 ~ 100 hp），在该功率范围内的拖拉机均为中型拖拉机。中型拖拉机的特点是：经济适用，操纵灵活，适用于中、小地块作业或短途运输，如个体经营的中、小农户常使用此类拖拉机。东方红—250 型拖拉机如图 4—10 所示。

3. 小型拖拉机

小型拖拉机所配备发动机的功率在 14.7 kW（即 20 hp）以下。其特点是结构尺寸小，适用于水田作业、温室作业、果园和庭院作业等。小四轮拖拉机如图 4—11 所示。

图 4—10　东方红—250 型拖拉机

图 4—11　小四轮拖拉机

四、国产拖拉机型号的编制规则

根据机械行业标准（JB/T 9831—1999）《农林拖拉机　型号编制规则》的规定，拖拉机型号一般由系列代号、功率代号、形式代号、功能代号和区别标志组成，其排列顺序从左到右。

1. 系列代号

系列代号用不多于两个大写汉语拼音字母表示（后一个字母不得用 I 和 O），用以区别不同系列和不同设计的机型（旧标准允许使用汉字作为系列代号）。

2. 功率代号

功率代号用发动机标定功率值千瓦（kW）换算成马力（hp）取整数表示。

3. 形式代号

形式代号采用数字符号 0（后轮驱动四轮式）、1（手扶式、单轴式）、2（履带式）、3（三轮式或并置前轮式）、4（四轮驱动式）、5（自走底盘式）、9（船式）表示。

4. 功能代号

功能代号采用字母符号空白（一般农用）、P（坡地用）、G（果园用）、S（水田用）、H（高地隙中耕用）、T（运输用）、J（集材用）、Y（园艺用）、L（营林用）、Z（沼泽地用）表示。

5. 区别标志

结构经重大改进后，可加注区别标志，区别标志用阿拉伯数字表示。

例如，SH—500 型拖拉机，即 SH（上海）牌，发动机功率为 50 hp（36.8 kW）的后轮驱动式农用拖拉机。

东方红—554 型拖拉机，即东方红（一拖）牌，四轮驱动，发动机功率为 50 hp（36.8 kW）

第二节　拖拉机的发动机和底盘

根据用途及功率的不同，拖拉机的发动机和底盘的结构有很大差异，主要体现在发动机的功率、底盘的形式及变速器的变速范围等方面。

一、发动机

用于拖拉机上的柴油机与汽车上的柴油机有很大区别，拖拉机用的柴油机均为全程调速器，即拖拉机在任何转速下的工作都由驾驶员控制，可确保拖拉机的输出转矩（驾驶员所控制的转矩）不变。这也正是农田作业所必须满足的要求。而汽车所用的柴油机均为两级调速器，驾驶员只控制最低转速和最高转速。

拖拉机用的柴油机油底壳一般为铸铁铸造，具有足够的强度，以替代汽车的主顺梁，还可增大拖拉机的配重和附着力，同时提高拖拉机的地隙。

二、底盘

拖拉机上除发动机和电气设备以外的其他系统和装置统称为底盘。底盘将发动机和拖拉机各个系统和装置连成一体，将发动机的动力变成拖拉机行驶的驱动力，以保证拖拉机能根据使用要求进行田间作业或运输作业，或输出动力进行固定作业。

底盘一般由传动系统（包括离合器、变速器、中央传动和最终传动）、转向系统（包括转向器、转向拉杆、转向轮等）、制动系统（包括制动器、制动操纵机构）、行走系统（包括前桥、转向驱动桥、车轮等）和工作装置组成。

1. 传动系统

拖拉机的传动系统是在发动机与驱动轮之间的所有传动件的总称。其主要作用是将发动机的动力传给驱动轮，并满足以下要求：减速增扭，变速变扭，逆转传动，平顺接合，改变转矩传递方向等。如图 4—12 所示为轮式拖拉机传动系统。

传动系统包括离合器、变速器、中央传动、最终传动和差速器。

离合器是传动系统与发动机的连接部件，起接合动力和切断动力的作用。变速器用来实现变速变扭（换挡）、倒车和停车（空挡）的作用。中央传动一般是一对锥齿轮传动，起到降低转速、增大转矩的作用；同时还可改变动力的传递方向，将动力传递和分配给左、右最终传动或驱动轮，通过差速器并在转向、路面不平或轮胎气压存在差异等情况下，允许两驱动轮以不同的转速旋转。

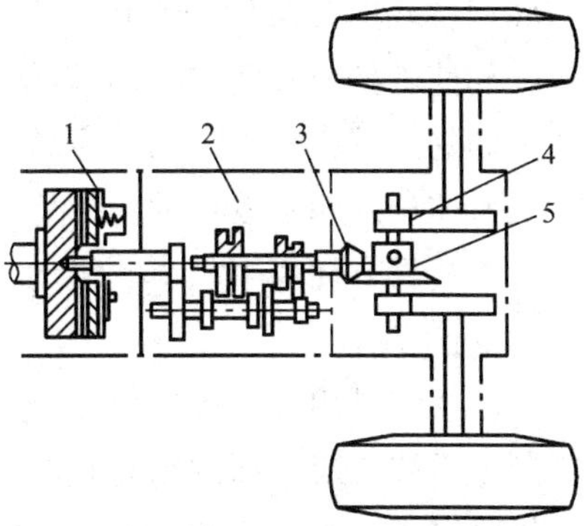

图 4—12　轮式拖拉机传动系统
1—离合器　2—变速器　3—中央传动
4—最终传动　5—差速器

2. 行走系统

行走系统支撑整车质量，将驱动力矩转变成推动车辆行驶的牵引力，承受并传递地面传来的各种反力及所形成的力矩，起到缓和冲击、减少振动等作用。

行走系统包括车架、前桥、前轮定位、转向驱动桥、车轮和轮胎等。

轮式拖拉机一般多采用半架式车架和无架式车架。如铁牛—654 型轮式拖拉机即采用半架式车架。目前无架式车架用得更多些，如东方红—250 型、东方红—500 型、上海纽荷兰—800 型和上海纽荷兰—1004 型等拖拉机。无架式车架如图 4—13 所示。

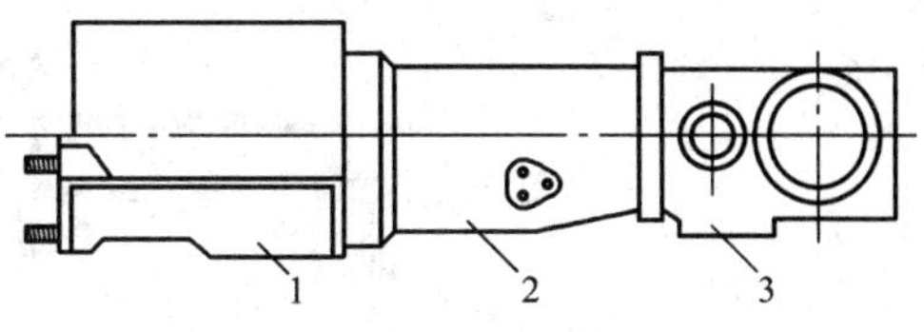

图 4—13　无架式车架
1—发动机油底壳　2—变速器壳体　3—后桥壳体

3. 转向系统

转向系统是驾驶员借以纠正和改变车辆行驶方向，以保证车辆的正确行驶和安全的操纵系统，如图 4—14 所示。轮式拖拉机一般多采用偏转前轮的转向方式。

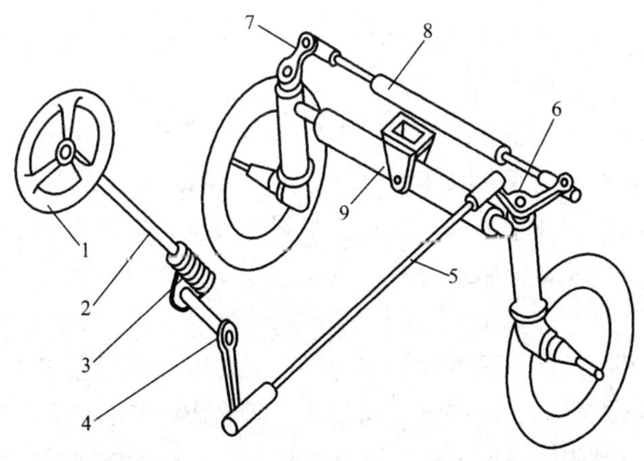

图 4—14　转向系统
1—方向盘　2—转向轴　3—转向器　4—转向垂臂　5—纵拉杆
6—转向节臂　7—转向梯形臂　8—横拉杆　9—前轴

转向系统由方向盘、转向轴、转向器、转向垂臂、纵拉杆、转向节臂以及转向梯形臂、横拉杆和前轴构成的转向梯形组成。

大型的工程机械则采用折腰转向，折腰转向方式还用于一些大功率基本型四轮驱动拖拉机。其机体分成相互铰接的前、后两部分，转向时用液压缸推动前、后机体做相对摆动。折腰转向方式具有转弯半径小、机动性能好的特点。

4. 制动系统

制动系统是用来保证车辆安全行驶的重要系统，其主要作用是强制车辆迅速减速或停车。制动系统一般包括制动器和制动器传动装置两部分。制动器由旋转元件、制动元件和调整机构等组成。旋转元件随车轮一起旋转，制动元件则与车桥相联系，是其非旋转部分。摩擦式制动器就是利用制动元件对旋转元件造成的摩擦力矩而使车轮迅速停止转动的。调整机构的作用是调整制动元件和旋转元件之间的间隙，使之保持在一定范围之内。制动器的作用简图如图 4—15 所示。

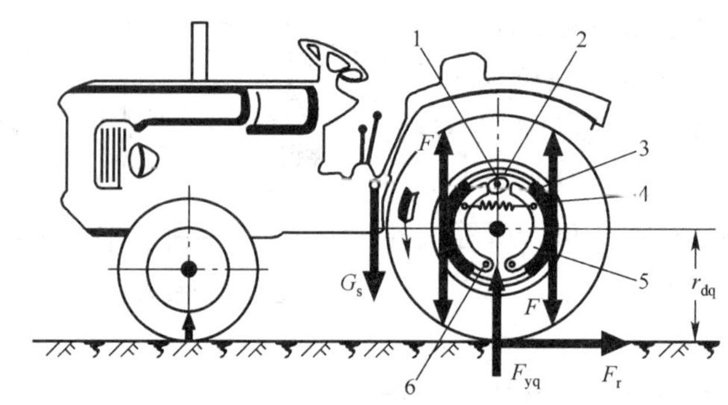

图 4—15 制动器的作用简图

1—制动凸轮 2—制动鼓 3—摩擦片 4—回位弹簧 5—制动蹄 6—支撑销

制动传动装置则用以传递操纵力，使制动器产生制动作用。传动装置中也设有调整机构，用以调整行程、压力、作用顺序等。

拖拉机的安全行驶很大程度取决于制动系统工作的可靠性。对制动系统的基本要求是：具有足够的制动力；具有良好的制动稳定性；前、后制动力矩分配合理，左、右轮制动一致；操纵轻便，经久耐用，便于维修；具有挂车制动系统。挂车制动应早于主车制动。当挂车与主车脱钩时，挂车应能自行制动停车，以防止意外事故的发生。

5. 工作装置

拖拉机的工作装置包括动力输出轴、带轮、牵引装置和液压悬挂系统。拖拉机的动力可以经过这些装置传递给农机具，以进行田间作业、运输作业和场地固定的各种作业。

拖拉机牵引装置主要用以连接牵引式农具和挂车，其连接农具的铰链点称为牵引点。为适应牵引多种农具的需要，牵引点的位置应在高度和横向均能调节。牵引装置有固定式和摆杆式两种类型，固定式牵引装置的牵引点在驱动轮轴线之后，转向时农具阻力会形成一定转向阻力矩；摆杆式牵引装置的摆动中心在驱动轮轴线之前，转向时农具不会产生转向阻力矩，因此转向轻便。由于摆杆式牵引装置结构较复杂，仅为大功率拖拉机所采用。

动力输出轴一般布置在拖拉机后面，也有横置和前置的。为了便于与农具合理配套，动力输出轴的转速、旋转方向及轴的结构尺寸等均有统一的国家标准，并与国际标准相一致。

后置动力输出轴离地高度规定为（600 ± 100）mm，布置在拖拉机纵向对称平面内，左、右偏置不超过 50 mm。轴端的花键为 8—38 × 32 × 6。

动力输出轴的旋转方向，从轴端看为顺时针。动力输出轴的标准转速为（540 ± 10）r/min，有些拖拉机的转速则为（1 000 ± 25）r/min。

为保证机组转弯时传动轴能伸缩自如，并使从动部分转速均匀，动力输出轴通过传动轴和双万向节与农具相连接。动力输出轴与农具连接形式如图 4—16 所示。

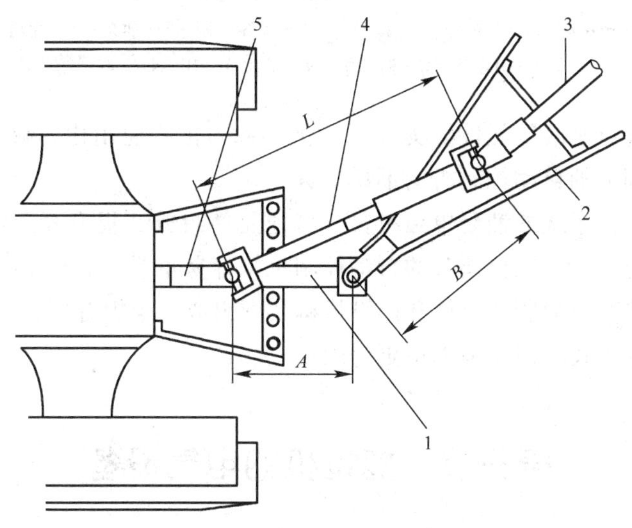

图 4—16　动力输出轴与农具连接形式

1—拖拉机牵引杆　2—农具牵引架　3—农具输入轴　4—传动轴　5—动力输出轴

拖拉机牵引杆的挂接点与动力输出轴的轴端距离 A 规定为（355 ± 10）mm。挂接点与农具输入轴轴端距离 B 应尽可能与 A 相等。传动轴与万向节叉应安装在同一平面内。

动力输出轴应尽量满足下列要求：拖拉机起步、换挡、停车时农具工作机构不停转；拖拉机的起步和农具工作机构的起动互不影响；停止工作机构时，不影响拖拉机的正常行驶。

在拖拉机上用液压提升、悬挂并操纵农具作业的整套装置称为液压悬挂系统。其主要功用是：用液压操纵农具升降和自动控制或调节农具的工作位置（深耕）。此外，液压悬挂系统还可用于连接和牵引农具，给驱动轮增重和输出液压能等。与牵引式机组相比较，悬挂式机组具有结构简单、紧凑、质量轻、操作灵活、节省人力和可以改善拖拉机牵引附着性能等优点。液压悬挂系统的整体结构如图 4—17 所示。

按组成液压系统的主要元件的组合方式或在拖拉机上布置的不同，液压悬挂系统分为分置式、半分置式和整体式 3 种。

分置式液压悬挂系统的油泵、液压缸、分配器和油箱分别布置在拖拉机的不同部位，并

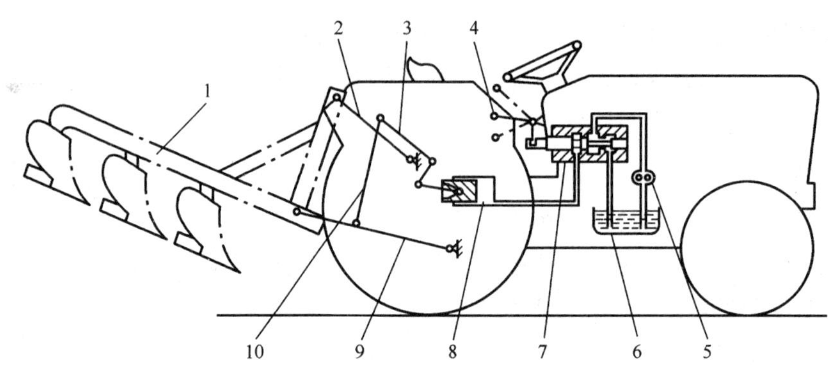

图 4—17　液压悬挂系统的整体结构

1—农具　2—上拉杆　3—提升臂　4—操纵手柄　5—油泵　6—油箱
7—分配器　8—液压缸　9—下拉杆　10—提升杆

用油管相连接。其优点是液压元件易实现标准化、系列化和通用化；缺点是管路长，防尘、防漏困难，力、位调节的自动控制机构不易布置。

半分置式液压悬挂系统的油泵单独布置，其他元件组成“提升器总成”。其优点是结构紧凑，油路短，密封好，力、位调节的自动控制机构容易布置；缺点是拆检不方便。

整体式液压悬挂系统的所有元件和操纵机构共同组成一个提升器，布置在传动箱上方或后部。其优点与半分置式相似，但拆检更为困难。

第三节　拖拉机的电气设备

拖拉机电气设备分为电源设备（包括蓄电池、发电机、调节器）、用电设备（包括点火、起动、照明、信号仪表及其他辅助装置）和配电设备（包括配电导线、接线板、开关和熔断器）。

电气设备是拖拉机的重要组成部分，主要用于发动机的起动、汽油机的点火、安全行驶信号的传递和夜间行驶的照明等。

一、拖拉机电气系统的特点

1. 低压

车用电气系统额定电压有 6 V、12 V、24 V 三种。目前，汽油车普遍采用 12 V 电源，而柴油车则多采用 24 V 电源。

2. 直流

发动机是靠电力起动机起动的，起动机是直流串激电动机，必须由蓄电池供电，而向蓄电池充电又必须用直流电，所以拖拉机电气系统为一直流系统。

3. 单线制

所有用电设备均并联，即从电源到用电设备只用一根导线连接，而用拖拉机底盘、发动机等金属机体作为另一公共“导线”。

由于单线制导线用量少，且线路清晰，安装方便，因此广为现在汽车、拖拉机所采用。

采用单线制时，蓄电池的一个电极必须接至车架上，俗称“搭铁”。若蓄电池的负极接车架就称为“负极搭铁”；反之，则称为“正极搭铁”。汽车、拖拉机电气系统一定为负极搭铁。

二、拖拉机电源电路的组成

拖拉机电源电路由蓄电池、发电机、调节器和配电部分组成。

在拖拉机上，蓄电池与发电机并联连接，发电机是主电源，蓄电池是辅助电源。当发电机转速升到一定程度时，与发电机配用的调节器可自动调节发电机输出电压，使其保持稳定，以满足用电设备的用电需求。充电线路的连接图如图4—18所示。

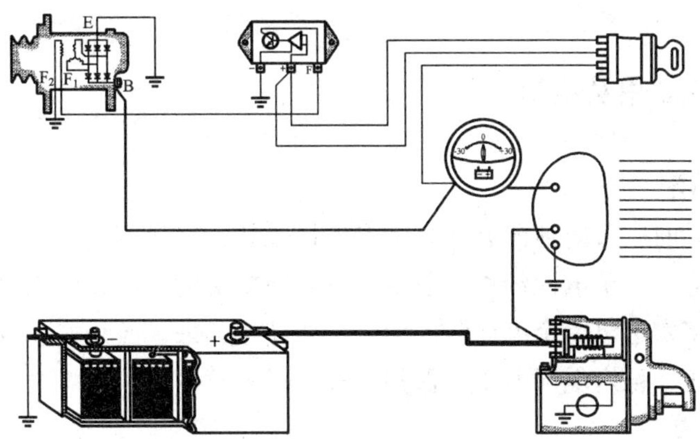

图4—18　充电线路的连接图

三、对拖拉机电源电路的要求

1. 蓄电池必须满足发动机起动的需求

要求蓄电池内阻小，大电流输出时电压稳定，以保证发动机有良好的起动性能；此外，还要求发电机充电性能良好，维护方便或少维护，使用寿命长，以满足拖拉机的使用性能要求。

2. 发电机应能满足用电设备用电的需求

要求发电机在发动机转速变化范围内能正常发电且电压稳定；此外，要求发电机体积小，质量轻，发电效率高，故障率低，使用寿命长等，以确保拖拉机使用性能要求。

在现代的拖拉机上，所有用电设备所需的电能都是由蓄电池和发电机两个电源供给的。蓄电池是一种可逆的化学电源，既能向用电设备供电，也能在充电时将电源的电能转变成化学能储存起来。发电机、蓄电池和全车大部分用电设备均为并联连接，其基本电路如图4—19所示。

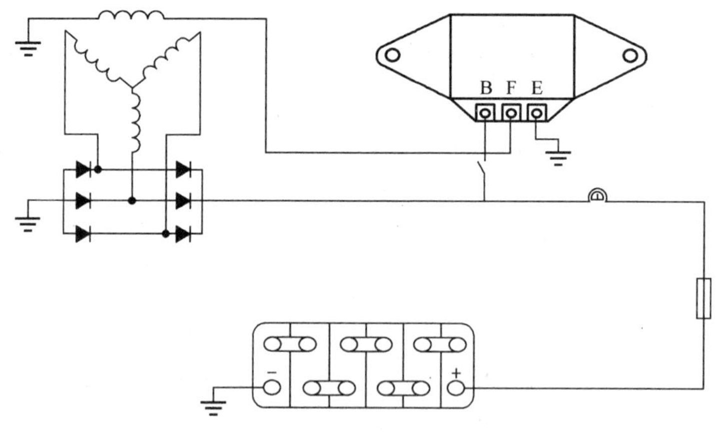

图4—19　电源与负载连接电路

四、蓄电池的功用及构造

1. 蓄电池的功用

一是发动机起动时，蓄电池向起动机和发电机以外的其他电气设备供电；二是发电机电压低于蓄电池电动势时，蓄电池给用电设备供电并向交流发电机磁场绕组供电；三是当发电机超载时，蓄电池将发电机剩余电能转换为化学能储存起来；四是能吸收整车电气系统电路中出现的瞬时过电压，稳定电网电压，保护电气元件不被损坏。

2. 蓄电池的构造

蓄电池一般由6个（或3个）单格串联而成。每个单格电池的电压为3 V左右，6个单格电池串联后对外输出的额定电压为12 V。

蓄电池主要由极板、隔板、电解液和容器四部分组成，其构造如图4—20所示。

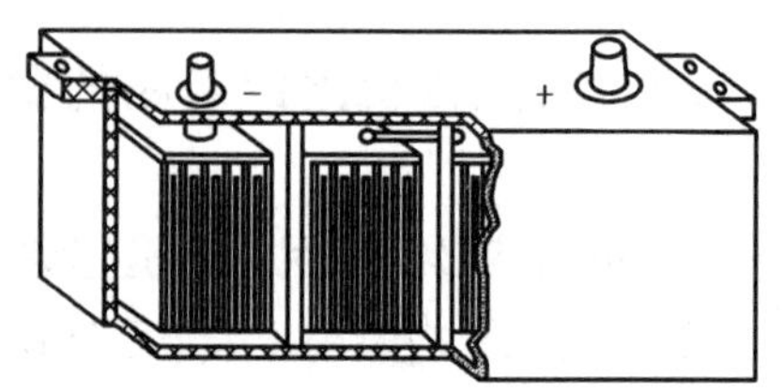

图4—20　蓄电池的构造

（1）极板。蓄电池的极板分为正极板和负极板。为了增大蓄电池容量，正极板通过汇流条焊接在一起为正极板组，负极板通过汇流条焊接在一起为负极板组，正、负极板组交叉组装在一起，正、负极板间用隔板隔开。负极板比正极板多一片，使得每片正极板均处于两片负极板之间，可使正极板两侧放电均匀，防止极板拱曲及活性物质脱落。

（2）隔板。隔板的作用是将正、负极板隔离，防止正、负极板间短路。隔板应具有多孔性，以便于渗透电解液，还应具有良好的耐酸性和抗氧化性。目前广泛应用微孔塑料隔板和微孔橡胶隔板。

（3）电解液。电解液由蓄电池专用硫酸和蒸馏水按一定比例配制而成，其相对密度一般为1.24～1.30（298 K）。电解液相对密度大，可减少结冰的危险，并提高蓄电池的容量；但相对密度过大，黏度增加，流动性差，不仅会降低蓄电池容量，还会由于腐蚀作用增强而缩短极板和隔板的使用寿命。因此，电解液的相对密度对蓄电池的性能和使用寿命是有影响的，应按地区、气候条件和制造厂的要求来选用电解液的相对密度。

（4）容器。容器（即壳体）是用来盛装电解液和极板组的，应耐酸、耐热、耐振动和抗冲击。目前，蓄电池容器多用工程塑料聚丙烯制成，不仅制作工艺简单，外型美观，质量轻，更主要是易于热封合，生产效率高，便于表面清洁，减少自行放电。

在每个单格顶部都设有加液口，以便于加入电解液、补充蒸馏水和检测电解液相对密度。加液口上的旋塞上制有通气孔，使用中该孔应保持畅通，以便于随时排出水被电解所产生的氢气和氧气，防止容器胀裂和发生爆炸事故。

> ⚠ 注意：蓄电池正常使用过程中会产生氢气和氧气，其混合气体如果在蓄电池附近遇到火苗、火花和任何燃烧物都可能造成爆炸。当维修蓄电池时，切勿吸烟，要佩戴安全眼镜，并选择空气流通的地方。

五、硅整流交流发电机的构造

硅整流交流发电机的作用是当发电机电压高于蓄电池电动势时，除向起动机以外的所有用电设备供电，同时还能向蓄电池充电。

20世纪60年代开始，拖拉机上使用了硅整流交流发电机，逐渐取代直流发电机。硅整流交流发电机具有结构简单、维修方便、使用寿命长，体积小、质量轻、功率大、低速充电性能好、只配用电压调节器等优点。

发电机将发动机的机械能转变为有用的电能。发电机利用电磁感应的原理产生交流电。由于发电机产生的是交流电，因此，需要利用其内部的整流器将交流电转变为直流电。

拖拉机用硅整流交流发电机是三相同步交流发电机。JF132型交流发电机如图4—21所示，发电机由转子、定子、整流器、端盖及其他部分组成。

1. 整流器

整流器的作用是将三相定子绕组产生的三相交流电变为直流电。

整流器由压装在元件板上的3只正硅二极管和端盖上的3只负硅二极管组成。元件板装在整流端盖内并与其绝缘。6只二极管中3只为正二极管，其引线为二极管的正极，管壳为负极；另外3只为负二极管，其引线为二极管的负极，管壳为正极。如图4—22所示为6只整流二极管的安装图，此种接法构成一个三相桥式整流电路。

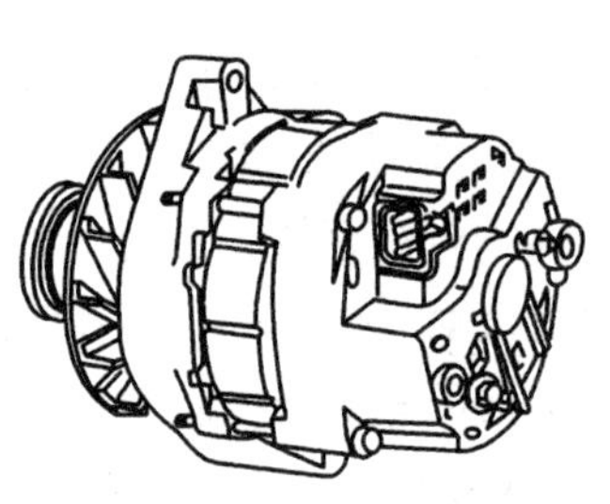

图 4—21　JF132 型交流发电机

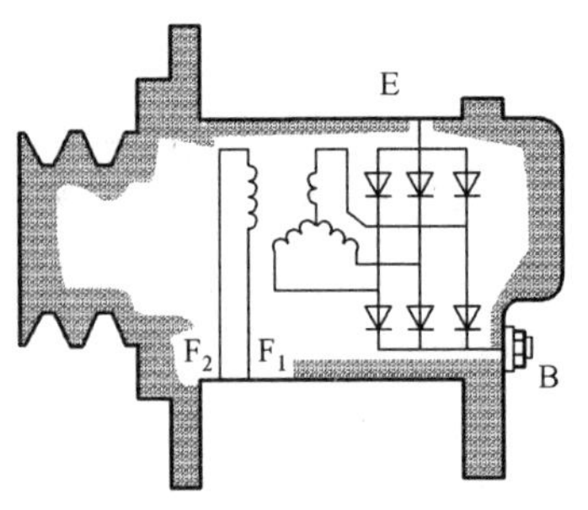

图 4—22　整流二极管的安装图

2. 励磁方式

交流发电机磁极的保磁能力很差，基本上没有剩磁，因此发电机在中、低速时剩磁所建电压很小，以至于难以通过硅二极管（对二极管施加正向电压时）输出供自励使用。为此必须用蓄电池供给转子励磁电流以加强磁场，当发电机端电压超过蓄电池端电压时，励磁电流由发电机本身供给。

交流发电机在建立电压前是他激，即蓄电池供给励磁绕组直流电，以增强磁场，使发电机电压很快上升；当发电机转速达到一定值后，发电机达到正常电压，发电机转为自励，即发电机自身产生的直流电供给励磁绕组。

当交流发电机运行时，由定子绕组产生交流电，整流器把交流电转换成直流电，直流电从发电机的 B + 接线端子输出。励磁二极管接线端 D + 输出与发电机正极电压相等的直流电通过电压调节器送到转子励磁绕组，进行励磁。

3. 注意事项

（1）不要用溶剂或蒸汽清洗发电机，这样会破坏发电机内部元件的绝缘，使发电机损坏。

（2）发动机工作时不要让油进入发电机内部，这将会使发电机的电刷与转子滑环接触不良，转子励磁电流时通时断，发电机出现充电故障。

（3）发动机工作时，不要将钥匙开关拧到“关闭”位置，也不要突然断开蓄电池电缆线，以免产生较高感应电动势，将发电机或调节器击穿。

（4）交流发电机必须与蓄电池配合使用，如果没有蓄电池提供励磁电流，发电机不能发电或不能建立工作电压。

（5）交流发电机为负极搭铁，故蓄电池的搭铁极性与发电机一致；否则，会使整流二极管损坏。

六、电压调节器

电压调节器的作用是在发电机转速变化时自动调节发电机输出电压，使之保持稳定，以防止发电机输出电压过高而烧坏用电设备或使蓄电池过充电。发电机输出电压与发电机的磁通和转速成正比。因为拖拉机的发电机转速是经常变化的，要使发电机输出电压稳定，必须相应地改变磁通，而磁通的大小取决于励磁电流。显然，在转速变化时，只要能通过电压调节器自动调节励磁电流，就能使发电机输出电压保持稳定。

电压调节器安装在交流发电机后端盖上，用来控制发电机的输出电压，使发电机输出电压稳定。一般交流发电机的输出电压被调整为13.4～13.8 V。

如果由于某种原因交流发电机需要维修，蓄电池的维护也应作为维修的一部分。如果一台新的或维修过的交流发电机投入使用，蓄电池也必须在良好的充电状态下。对于混合型和免维护型蓄电池，蓄电池的维护很容易被忽略。检查蓄电池的液面，对蓄电池进行充电，清除蓄电池顶盖上的污物，这些都能确保蓄电池保持正常的工作。

1. 交流发电机配用的调节器

若交流发电机转速变化时，为维持发电机输出电压恒定，就必须相应地改变磁极磁通 Φ。电压调节器就是利用自动调节磁场电流使磁极磁通改变这一原理来调节发电机输出电压的。按磁场电流的调节方式不同，可分为连续作用式调节器和脉宽调制式调节器两类。由于后者电路简单，容易实现，所以在车辆上得到广泛的应用。

常用的硅整流交流发电机配用的电压调节器有电磁振动式电压调节器和集成电路式电压调节器等。

（1）电磁振动式电压调节器

电压调节器以给定值保持蓄电池充电电路的电压，以防止发电机的电力波动或过载。由于发电机是直接与电瓶相连接的，因此其过载会引起火灾。现在常将电压调节器与发电机制造成为一个整体，而20世纪70年代所生产的车辆，其电压调节器通常是一个独立装置。

当发电机发出足够的电流对蓄电池进行充电时，电压调节器会接通至蓄电池的电路进行充电并监测电压。一般来说，一个12 V蓄电池需要约14 V的输入电压进行充电。当发电机速度下降或停止运转时，电压调节器则切断蓄电池的充电电路。

发电机由发动机的传动带带动。发电机产生的交流电通过6只二极管转变为直流电输送到充电系统。电压调节器通过自动调节发电机的磁场电流来控制电压输出，使其保持在合适的充电范围内。电压调节器分外部电压调节系统和内部电压调节系统两种。外部电压调节系统的电压调节器是与发电机分开的，车型不同，其安装的位置不同，可根据发电机的线路查找。内部电压调节系统在发电机内部有一个固态电压调节器。

此外，还有双级电磁振动式电压调节器和附加磁场继电器的电压调节器。

（2）集成电路式电压调节器

集成电路式电压调节器可分为全集成电路式电压调节器和混合集成电路式电压调节器两类。全集成电路式电压调节器是将三极管、二极管、电阻、电容等元件同时制在一块硅基片上。混合集成电路式电压调节器是由厚膜或薄膜电阻与集成的单芯片或分立元件组装而成的。目前最广泛使用的是厚膜混合集成电路式电压调节器。例如，JFT151和JFT152等型混合集成电路式电压调节器与国产交流发电机配套使用，组成整体式交流发电机。

混合集成电路式电压调节器具有以下特点：

1）这种电压调节器（见图4—23）一般采用树脂封装，能防潮及防止泥土、油污等侵入，并能在403 K的高温环境下正常工作。

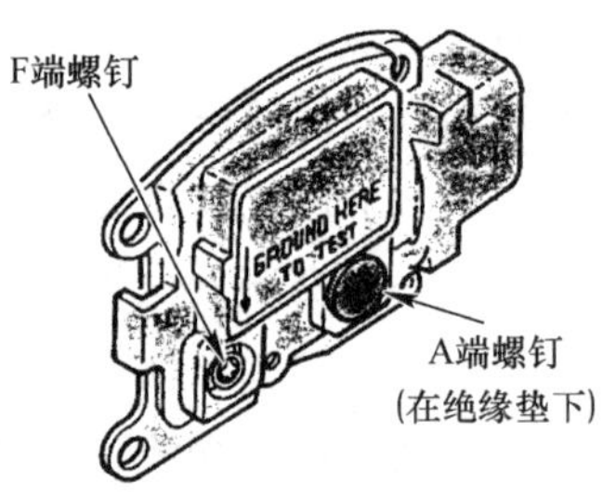

图4—23　电压调节器

2）由于内部元器件固化，能承受较大的振动和冲击。

3）体积小、质量轻，可作为一个标准件装到发电机内，省去外部接线，减少线路损失，无须保养，性能十分可靠。

4）电压调节精度高，在调节转速范围内其电压波动不大于0.1 V。

5）使用方便，工作可靠、稳定，使用寿命长。

一体式交流发电机/调节器（IAR）装在发电机壳的后部。这个位置使它在大多数汽车上都能方便地得到检测和更换。

> ⚠ 注意：IAR——内带风扇与调节器式发电机带有一个内部调节器，这种调节器不是装在发电机的后壳上，而是与发电机的壳体设计成一体。

2. 使用注意事项

（1）硅整流交流发电机为负极搭铁，蓄电池的搭铁极性必须与此相同；否则会立即烧坏整流器中的二极管。

（2）检查交流发电机是否发电，不允许使用试火法检查，否则易损坏二极管。应该采用万用表法或试灯法检查。

（3）交流发电机不发电或充电电流很小时，应立即排除故障，不应再长期继续使用。因为如有一只二极管短路，发电机就不能发电，发电机继续运转就会引起其他二极管或电枢绕组被烧坏。

（4）交流发电机熄火后，应及时关闭点火开关，以免蓄电池电流流经磁场绕组和电压调节器磁化线圈，将线圈烧坏。

（5）交流发电机应与电压调节器匹配使用；否则，会由于发电机电压过高而烧毁发电机及用电设备。

（6）在配用晶体管式电压调节器时，接线必须正确，否则易损坏晶体管。

3. 电压调节器的代用原则

有时，因备件供应不足或在缺少进口配件的情况下，需选用其他型号的电压调节器进行代用，此时应注意以下几点：

（1）电压调节器的标称电压必须相同。

（2）电压调节器的限流值应等于或略大于被代替的电压调节器。

（3）发电机的搭铁极性与电压调节器的搭铁极性必须相同，否则将使触点的使用寿命缩短。

（4）代用电压调节器必须与原电压调节器的搭铁极性相同；否则，发电机则由于磁场电路不能构成回路而不能正常工作。

（5）代用电压调节器与原电压调节器的功能完善程度上应尽量相近，这样可使线路变动较小，代换易成功。

电压调节器的作用是当发电机输出电压达到调压值时，发电机向用电设备供电的同时，蓄电池将多余的电能储存起来。如因负载增加，耗电量超过发电机的供电能力，蓄电池将协同发电机对全车电气设备供电。

当发电机输出电压低于蓄电池电动势时，全车电气设备用电由蓄电池供给。该车电源电路的特点是：用发电机中性点电压控制充电指示灯灭或亮，来表示蓄电池充、放电状态；蓄电池充、放电电流的大小由电流表指示，并用 30 A 快速熔断器来保护发电机和充电线路；发电机的磁场电流受点火开关控制，停车时应将点火开关断开；发电机为外搭铁发电机，应注意与外搭铁晶体管式电压调节器匹配，接线时应正确连接各导线。

七、控制电路和保护电路

1. 接地通路

如图 4—24 所示，地线使电路通路回到电源，以构成一个完整的回路。电路地线侧的电位差最低。在绝大多数车辆上，蓄电池的负极侧与地线连通。

在一台车辆上，使用独立的接地导线将每个系统与蓄电池相连接是不实际的。一个“车体地线”即可以使绝大多数的车辆电路形成完整的回路。车体地线是利用车辆的车体、发动机或车架使电路通路回到电源。

2. 控制装置

诸如开关或继电器等控制装置通过在电路中的某个特定点接通或切断电流，使得一个电路更具有使用性。一个电路中处于闭合状态的开关可形成一个完整通路，使电流顺畅流过。开启开关断开通路，即切断电流。

在一个简单电路中，开关的位置无关紧要。如图 4—25 所示，如果断开通路，电流就无法流过。除非形成一个完整的回路；否则即使将开关置于地线侧，灯泡也不会点亮。

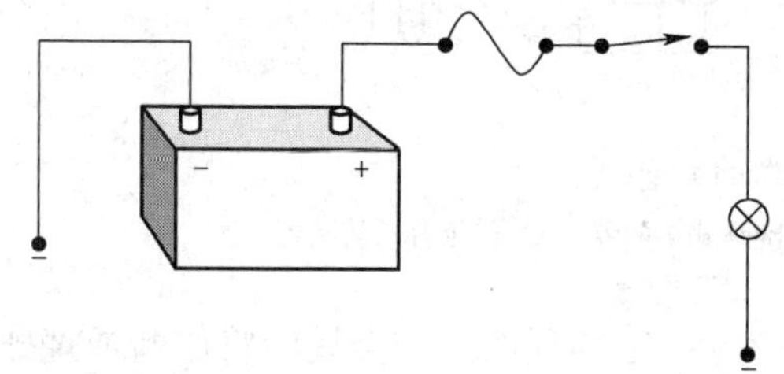

图 4—24　地线回路的作用

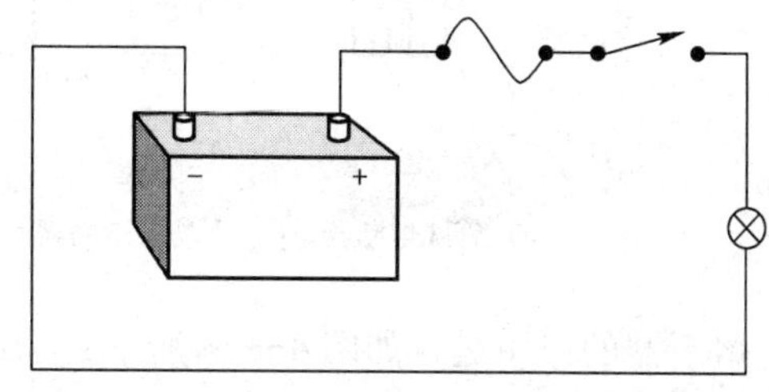

图 4—25　断开开关的作用

3. 电路保护装置

在有些情况下，电路中将出现大电流。若没有电路保护措施，仅可以在短时间内允许一定量的电流流过。假如电流超过了电路的设计承载能力，将会导致导线过热并烧毁。

每个电路均配备有一个或多个电路保护装置，以防止损坏导线和电气部件。如图 4—26 所示，这些装置包括熔断器、易熔线、电路断路器，或是上述装置的综合应用。在拖拉机上有些电路保护装置通过计算机在过载或电压超过允许值时关闭来保护自己。

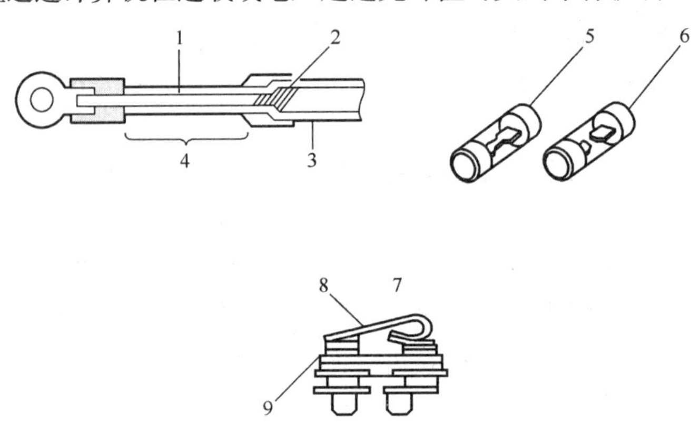

图 4—26　常见的电路保护装置

1—细导线　2—接合片　3—电路导线　4—易熔线　5—良好的熔断器
6—熔断的熔断器　7—电路断路器　8—双金属臂　9—触点

（1）熔断器

熔断器是插接式装置，通过超过额定电流就熔断（烧毁）的导体将两个端子相连接。电路故障修复后必须更换熔断器。

如图 4—27 所示，有 4 种基本类型的熔断器，即管式熔断器、大电流（大功率）熔断器、标准片式熔断器和微型片式熔断器。片式熔断器的应用最为广泛，并具有规定的电流值和颜色编码。熔断器上标有额定电流和电压。熔断器外壳体上的两个小孔可以使维修人员很方便地检查电压降、工作电压或导通性。

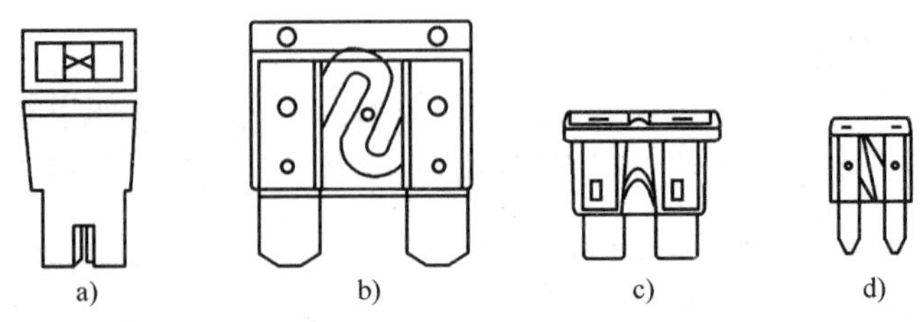

图 4—27　熔断器的类型

a）管式熔断器　b）大功率熔断器　c）标准片式熔断器　d）微型片式熔断器

熔断器的作用是，如图 4—28 所示：当电流超过一定的程度后，金属线将熔断或烧毁，以将电路断开，使电路导线和部件免受过大电流的损坏。

熔断器按照承载额定电流的能力分类。例如，一个 10 A 的熔断器在电路电流超过 10 A 至一定时间后将断开。

一定不要换用更高额定值的熔断器。一般应参阅维修手册或使用说明书，以确认所更换的电路保护装置符合规定的规格。

（2）易熔线

易熔线的安装位置接近电源。易熔线通常在不宜采用熔断器或电路断路器的情况下保护较大范围的车辆电路。易熔线的结构如图 4—29 所示，若发生过载，易熔线较细的导线将熔断，以在发生损坏前断开电路。

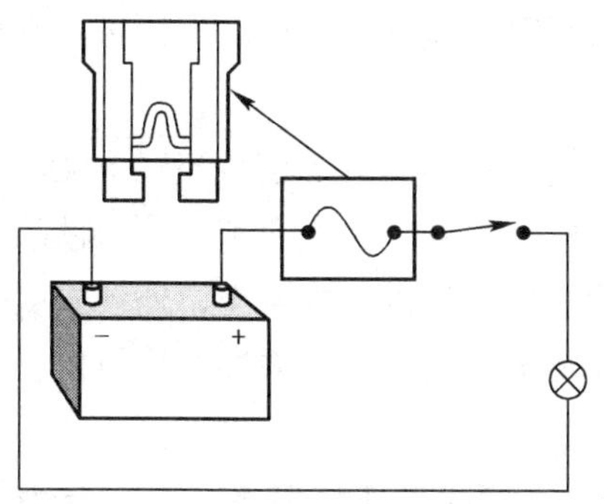

图 4—28　熔断器在电路中的保护作用

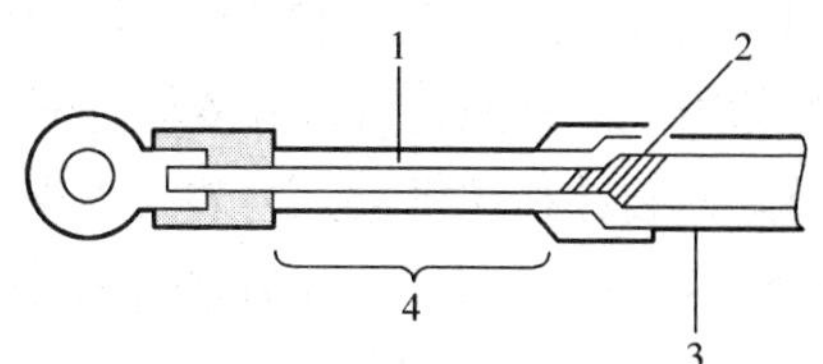

图 4—29　易熔线的结构

1—细导线　2—接合片

3—电路导体　4—易熔线

（3）电路断路器

电路断路器可以是一个单独插接的总成，或是安装在开关内或电刷支架上。若超出额定电流，该装置内的一组触点将瞬时断开电路。与熔断器不同，每次断开后，不必更换电路断路器。但是，在每次发生电路断开后，一定要查清造成电路过载或短路的原因并进行修理；否则，还将会造成电路损坏。一般来说，有两种类型的电路断路器，即循环式和非循环式。

4. 线路修理

电路中线路的故障可以出自导线本身，也可以出自接头。维修人员必须能进行这两方面的修理。导线的修理有两种方法：一是将导线的两端连接起来；二是接入一段新导线。

修理线路时，必须注意到更换的导线至少应同原导线质量相同。导线规格号与其质量成反比（如 14 号导线比 18 号的质量小）。

导线有两种连接方法：一是将断线两端焊接起来；二是使用平接头将断线连接起来。使用平接头较快也较容易，只要将剥去绝缘层的导线夹于管中，然后将接头接于线端即可。

第四节　拖拉机的照明、信号、仪表、报警装置

一、拖拉机灯具的分类、作用及要求

1. 拖拉机灯具的分类

拖拉机照明设备和灯光信号装置总称为拖拉机灯具，其作用是保证拖拉机正常行驶和在夜间行驶安全。

按其作用不同，拖拉机灯具可分为外部照明、内部照明和灯光信号装置 3 类。

（1）外部照明装置。拖拉机外部照明装置简称外照明，由前照灯、前侧灯、前小灯、后照灯等组成。外照明灯按其安装方式不同可分为外装式和内装式两类，外装式就是将整个车灯外露地装在拖拉机上；内装式则把灯圈和散光玻璃外露，灯壳嵌装在拖拉机上。按灯光组的结构分，外照明灯又分为半封闭式和全封闭两类。

（2）内部照明装置。内部照明装置由顶灯、仪表灯和工作灯等组成，主要为驾驶员提供方便。

（3）灯光信号装置。灯光信号装置由转向信号灯、危险报警信号灯、示宽灯、后灯、制动灯等组成。

2. 照明设备与灯光信号装置

为了保证拖拉机夜间行驶的安全和使用可靠，以及提高拖拉机的行驶速度，在拖拉机上装有照明设备和灯光信号装置，其中照明设备是为保证拖拉机在夜间及能见度较低的情况下安全行驶；灯光信号装置是通过声、光等信号向其他车辆的驾驶员和行人发出警告，以引起注意，确保拖拉机行驶安全。

（1）拖拉机对照明设备的要求

1）行进时的道路照明。这是拖拉机夜间安全行车的必备条件。现在拖拉机车速较高，要求照明设备能提供车前 100 m 以上的明亮、均匀照明，并且不应对迎面来车的驾驶员造成炫目。随着车速的不断提高，要求道路照明的距离也相应增加。

2）倒车场地照明。让驾驶员在夜间倒车时能看清车后的情况。

3）牌照照明。让其他行驶车辆驾驶员和行人能看清车辆的牌号，以便于安全管理。

4）车内照明。车内照明包括仪表照明、驾驶室照明以及夜间工作照明等，这些都是拖拉机夜间行车不可缺少的。

（2）拖拉机对灯光信号装置的要求

1）转向信号。拖拉机转弯时，左侧或右侧的转向信号灯会发出明暗交替的闪光信号，以示拖拉机转向，拖拉机的转向信号灯大都采用橙色，无论是白天还是夜间，要求其能见距

离不小于 35 m。

2）制动信号。拖拉机制动时，其尾部的制动信号灯应发出较强的红光，以示制动。两个制动信号灯的安装位置应与拖拉机的纵轴线对称并在同一高度，制动信号灯为红色信号，应保证夜间 100 m 以外的人能够看清。

3）危险报警信号。危险报警信号由左、右转向信号灯同时闪烁表示，与转向信号具有相同的要求。

4）示宽信号。示宽灯装在拖拉机前、后两侧的边缘，在拖拉机夜间行驶时以提示拖拉机的宽度。

（3）拖拉机对前照灯的要求。前照灯应保证使驾驶员能辨明拖拉机前 150 m（或更远）内道路上的任何障碍物，并保证拖拉机前明亮而均匀地照明。

二、信号系统电路及信号装置

1. 示宽灯

示宽灯又称小灯，用于指示车辆的轮廓，夜间行驶及停车时，向其他车辆显示该车所在位置，以便保证行车安全。示宽灯受总开关控制，其灯罩为白色或橙色。

2. 制动灯

制动灯又称刹车灯，当车辆行驶中要停车或减速时，通过制动总泵的动作使制动灯亮，以引起后车驾驶员的注意，防止发生撞车事故，其灯罩为红色。

3. 转向信号装置

（1）转向信号灯。转向信号灯简称转向灯，用于指示车辆的行驶方向，用以向交通指挥人员、周围车辆、行人发出转向信号，保证交通安全，受转向开关控制。通常在车辆前后、左右共安装四个转向信号灯，有些车身较长的车，在左、右侧也各安装一个或两个转向信号灯。当汽车转弯时，通过闪光继电器使转向灯闪烁发光，无论是白天还是夜间，要求其能见距离不小于 35 m；而在右偏 30°至左偏 30°的视角范围内，要求能见距离不小于 10 m。有些汽车在行驶过程中如遇危险或紧急情况，可由该车的信号系统、转向灯同时发出闪光信号或由蜂鸣器发出响声，以作为危险报警的信号。

为便于驾驶人员监视转向信号灯工作，在驾驶室仪表板上设有两个转向信号指示灯，与左、右转向信号灯并联，同步闪烁。

（2）电子闪光器。目前电子闪光器种类繁多，但大体分为有触点式与无触点式两种类型。

（3）电喇叭。电喇叭用以引起行人和其他车辆的注意，保证行车安全。电喇叭是用电磁控制金属膜片振动而发声的装置，有螺旋形（蜗牛形）、筒形和盆形等不同的结构形式。由于盆形电喇叭具有结构简单、尺寸小、质量轻、声束的指向性好等特点，因此在汽车和拖拉机上普遍采用。

三、拖拉机仪表装置

1. 拖拉机仪表

为了正确使用发动机并了解其主要部分工作情况，以便于及时发现、排除和避免可能出现的故障，保证车辆正常运行，拖拉机上装有多种检查及测量仪表，如温度表、油压表、燃油表、电流表。

对拖拉机仪表的一般要求是：结构简单，体积小，工作可靠，耐振动，抗冲击性好；显示的数据必须准确、清晰；在电源电压波动时，对其所引起的变化应尽可能得小，而且不随环境温度的变化而变化。

拖拉机仪表按其结构形式不同可分为独立式和组合式两种。独立式仪表是将各独立的仪表固定在同一块金属板上，使用时可单独安装或者更换；组合式仪表是将各仪表封装在一个壳体内，具有结构紧凑、美观大方的特点，为现代拖拉机普遍采用。

2. 拖拉机仪表的布置

拖拉机仪表的布置如图 4—30 所示。

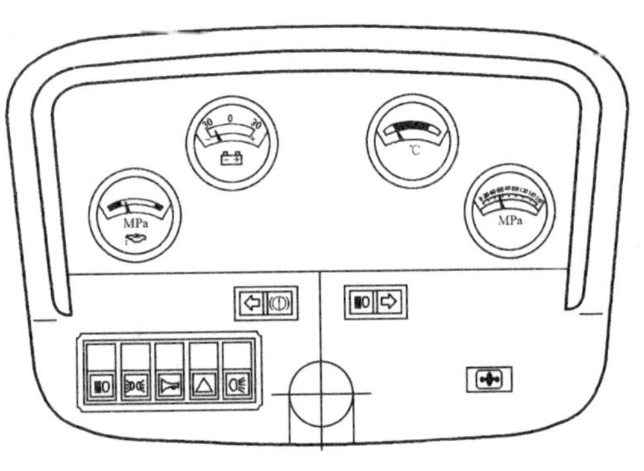

图 4—30　拖拉机仪表盘

（1）电流表。电流表串联在发电机充电电路中，用来指示蓄电池充电或放电的电流值，故电流表多为双向工作方式，刻度盘上中间位置为“0”位，两边各标有“＋”和“－”的符号，当指针向“＋”偏转表示充电，当指针向“－”偏转表示放电。电流表充电和放电的指示范围为 0 ~ ±20 A 或 0 ~ ±30 A 等。电流表根据结构形式不同可分为电磁式和动磁式两种。

（2）温度表。温度表用于指示发动机冷却水（冷却液）的工作温度是否正常（发动机工作时，水温应在 353 ~ 363 K）。温度表由装在仪表板上的温度指示表和装在发动机气缸盖水套上的温度传感器（俗称感温塞）两部分组成，两者用导线相连接。常用温度表可分为电热式（包括双金属片式温度表和热敏电阻式温度表）和电磁式（包括双线圈式温度表和三线圈式温度表）两种，水温传感器有双金属片式和热敏电阻式两种。

（3）燃油表。燃油表用来指示拖拉机燃油箱内储存燃油量的多少，它由装在仪表板上的燃油指示表和装在燃油箱内的传感器两部分组成。燃油指示表有电热式和电磁式两种，传感器均为可变电阻式。

（4）油压表。油压表（又称机油压力表）是用来指示发动机机油压力大小和发动机润滑系统工作情况的。它由装在仪表板上的油压指示表和装在发动机主油道中或粗滤器上的传感器两部分组成，两者用导线相连接。

油压表按其工作原理不同可分为双金属片式、电磁式和动磁式等几种。通常双金属片式油压表与双金属电热脉冲式传感器配套使用；电磁式油压表和动磁式油压表与可变电阻式传感器配套使用。

四、拖拉机报警装置

现在拖拉机为了保证行车安全，提高车辆的可靠性，安装了机油压力过低、制动气压过低、水温过高、制动液液面过低等报警装置，一旦出现异常情况时，这些报警装置便发出相应的报警信号。报警装置通常由传感器和红色报警灯组成，新型的电子式报警装置则将显示与报警功能结合在一起。例如，电子燃油量显示器既可以显示燃油量，又可以在燃油量过少时发出报警信号。

1. 油压过低报警装置

在发动机润滑系统的机油压力降低到允许值时，报警灯即亮，提醒驾驶员引起注意。该报警装置由报警指示灯和报警开关组成。一般报警灯装在仪表板上，报警开关则安装在发动机的主油道上。

当机油压力高于0.2～0.4 MPa时，管形弹簧产生的弹性变形量大，使触点断开，将报警灯电路切断；若报警灯不亮，则表示润滑系统工作正常。

2. 燃油低液位报警装置

燃油低液位报警装置类型多，它的主要作用是当燃油箱内燃油减少到规定值以下时，报警灯即亮，从而引起驾驶员注意。

当燃油液面高时，负温度系数的热敏电阻浸在燃油中散热快，其温度低。这时，热敏电阻具有一定的电阻，通过的电流较小，触点处于断开状态，报警灯不亮。当燃油液位低于规定值时，则热敏电阻露出液面，散热慢，温度升高，引起电阻值下降。通过的电流较大时，使触点闭合，接通了报警电路，使报警灯发亮。

第五章　拖拉机的选购

学习目标：

- 能根据用户的需要选择拖拉机的动力。
- 能根据用途选择拖拉机的行走方式。
- 掌握选择拖拉机的注意事项。
- 掌握对所选择拖拉机的外观及操作性的检验。

我国幅员辽阔，各地的自然条件千差万别，特别是农田作业机具的选择就更显得困难一些。我国农机具的品种繁多，所适用的地区和作业条件也不尽相同，即使是同一型号的农机具，由于生产企业不同，其性能指标和适用范围也有所区别。为帮助广大农民了解和掌握农机具的选购，尤其是初次购机的用户，有必要了解和掌握一些基本知识和选购原则，以便购机时心中有数。

第一节　拖拉机选购的方法

一、拖拉机选购的原则

在确定了所要完成的作业任务之后，选购何种型号、如何着手是每一个农机用户首先要遇到的问题。一般来说，选购拖拉机可以按下述原则进行考虑：

1. 适用性原则

拖拉机品种繁多，性能各异，购机之前首先要尽量多地收集不同拖拉机的资料，如使用说明书、宣传资料等，以便进行初步的比较。着重从以下几个方面考查：

（1）拖拉机的适用范围。适用范围包括作业对象和适用环境条件，应选取适用环境条件符合当地使用要求、能保证完成所要求的作业内容的机型。

（2）拖拉机的配套机具。选购拖拉机时，尤其要注意对配套机具进行考虑，如配套机具是否相近，挂接装置能否保证有效连接，作业速度、装机容量等是否与使用条件相当等。

（3）作业性能。拖拉机的作业性能要与当地的农艺要求相适应，不同的地区耕作习惯不同，对拖拉机的要求也不一样。此外，还有作业质量的要求。为了保证作业质量达到要求，一般选购拖拉机时，应使其性能指标略高于作业对象所要求的性能指标。这是因为拖拉机在一定的使用时间内，由于机件的磨损，其性能指标是在一定范围内变化的，特别是农田作业，受作物及田间条件的影响很大，偶然性因素很多，往往都会使拖拉机的性能指标降低。

（4）能源消耗和人力占用量。能源消耗是指工作过程中所消耗的燃料；人力占用量是指完成作业所需要的人数及劳动强度的高低。能源消耗应以完成相同的作业耗能低的为好，人力占用量应根据自己的条件考虑。

2. 经济性原则

经济性，通俗点讲就是“值不值”。一般从两方面来考虑，首先是现实效益，也就是直接效益；其次是潜在能力。购机时要着重从现实生产规模、经济条件考虑，不要片面地追求自动化程度和多功能。大多数情况下，自动化程度和功能齐全往往与拖拉机的价格和繁杂程度有密切的关系，就目前拖拉机生产水平和用户使用水平来看，拖拉机的功能越多，发生故障的机会就越大，可靠性也就越低，其作业成本也就越高。

拖拉机的潜在能力是指进一步扩大再生产的能力，从生产能力的角度看，选购拖拉机时要在满足当时生产规模要求的基础上留有一定的余地，以便进一步扩大生产规模。

3. 配套性原则

在选购新的拖拉机时，要考虑的另一个方面是准备购置的拖拉机与已有的农机具的配套性，要搭配合理，相互适应，特别要注意以下几点：

（1）生产能力要大体上一致或相容（成倍数关系），减少不必要的浪费。

（2）作业程序上要尽可能不交叉，不互相干涉。

（3）相互间的连接要恰当，以便于装卸，特别是与拖拉机配套的农田作业机具，要注意挂接方式、挂接点位置等要能满足作业要求，并且要有一定的调整范围。

（4）动力配套要留有一定的余地，动力输出部位要与农机具一致，功率大小要协调。

4. 标准化原则

标准化是指拖拉机的结构参数、动力参数及零配件的标准化、通用化程度，这一点对用户来说很重要。通用性好、标准化程度高的拖拉机，维修方便，配件易购，相对维修成本降低，有效利用时间多，经济效益高。

5. 安全性原则

安全性一般指作业安全性和人身安全性两个方面。作业安全性是拖拉机具有维持正常生产的属性，即机器的内部属性。例如，工作中防止过热现象的热保护，防止有害物质的外漏及对加工对象损坏的措施等。人身安全性主要是指避免有碍人体安全的缺陷。例如，是否有必要的安全防护措施，环境噪声、安全警示标志是否合格、齐全等。

6. 企业信誉原则

拖拉机的型号、规格确定之后，购机时还要看企业的信誉程度、实力和用户服务情况。

应尽可能购买信誉高、实力强、用户服务好的企业产品，这对维护购机者自身的利益是有好处的。

7. 考虑合适的型号及功率

选购时要考虑拖拉机的用途及使用的自然条件，即购买拖拉机主要用途是什么，在什么条件下使用。这就要求知道当地作业量的多少和地形状况等。田块大、地平、作业量多时，特别是运输作业量多时，应选购功率大一些的四轮拖拉机；反之，选购手扶式或功率小些的拖拉机。

8. 考虑拖拉机的各种性能

拖拉机的性能包括动力性能、经济性能以及使用性能。在选购小型拖拉机时应考虑选择各方面性能优良的机型。动力性能好，即反映拖拉机的发动机功率足，牵引能力强，加速能力好，克服超负荷的水平高；经济性能好，即反映拖拉机的燃油消耗量少，使用、维修费用低，经济合算；使用性能好，即拖拉机操作灵活，方便可靠，安全舒适，使用中故障少，效益高，零部件的使用寿命长，能适合农户各种类型的作业，使农户增产增值。

9. 考虑两轮驱动还是四轮驱动

拖拉机的驱动形式有两轮驱动和四轮驱动两种，两轮驱动就是发动机的动力只传递给两个后轮，四轮驱动是指把驱动力传递给前、后轴四个车轮。两轮驱动是小型拖拉机应用最广泛的方式，大功率的拖拉机多为四轮驱动。两轮驱动的拖拉机具有效率高、结构紧凑的优点。四轮驱动的拖拉机具有优越的行驶稳定性和强大的通过性，适合大面积的作业，可使多种作业一次完成，具有较高的作业效率。

二、选购拖拉机的注意事项

1. 注意收集和了解各制造厂的情况，如企业的信誉、产品的质量稳定与否、售后服务如何等。

2. 注意所购机型的零配件供应是否充足，购买是否方便。

3. 注意配套农具是否齐全，性能是否可靠等。

4. 查看质量认证标志。好的农机产品大多获得国家有关技术鉴定部门颁发的合格证书和证章，如农业机械推广许可证、生产许可证和强制性产品认证标志等，这样的产品是有质量保证的，但要注意识别证章的真伪。

5. 注意查看是否有齐全的随机文件、备件。主要包括使用说明书、三包凭证（保修卡）、产品合格证、随机备件及工具等。要注意使用说明书上的型号、指标要与产品对上号，如拖拉机产品装配的发动机型号和功率等。

三、选购拖拉机时的技术检查

拖拉机出厂以后，一般到销售部门要经过运输、装卸，有时会由于挤压、碰撞而使外部零件变形或损失，也可能丢失。因此，在选购时，需经过技术检查才能购买。选购时，要从整机性能和整机质量两个方面进行衡量，具体做好以下几个方面的检查：

1. 外观质量检查

外观质量检查主要是检查整机的装配质量和外观质量。在进行小型拖拉机选购时，一是注意检查外观质量，包括覆盖件的涂漆质量和各机件的制造质量。拖拉机应外表清洁，涂层和电镀表面均匀、光亮，没有漏喷、起皮、脱落和生锈等缺陷；零部件应齐全、完整，无损伤和残缺，安装正确；各铸件的表面光滑，不得有裂缝，焊接部件的焊缝要平整、牢固；对于发动机与机体、发动机气缸盖、高压油泵和油路接头、驱动轮、机架与变速器等重要部件，要检查其连接螺栓是否齐全、可靠，不能有渗油、漏油现象。二是看各仪表及灯具是否齐全、有效。可以用打开发动机减压杆，慢慢摇动发动机的方式，查看油压表或其他机油压力指示装置有没有压力上升的显示。此外，在机架、油箱等明显位置贴有安全警示标志的小型拖拉机，可以说是有安全保障、能够让用户放心的机型。

2. 起动检查

起动检查主要是检查发动机安装质量和起动性能。在起动发动机之前，应先检查发动机机油、齿轮润滑油的油面高度以及是否有燃油及冷却水。然后用手横向和纵向扳动飞轮，应转动自如，无卡滞、明显晃动和间隙。减压后，一只手摇转起动手柄，感觉应不轻不重。快速摇动起动手柄，放开减压手柄，活塞应能越过一次压缩行程。一切正常后，再进行起动，检查发动机起动是否困难。加油后，油门供油并减压，摇动起动手柄，应听到清脆的喷油声。起动时，应能一次着火。环境温度在10℃以上，起动时间不超过1 min。发动机运转后，机油指示浮标应当升起，排气呈浅灰色，声音清脆、无异响，突加油门后黑烟很快消失，各仪表电器工作正常。发动机空转时，各部位应无异常声响，无漏油、漏水、漏气现象。任何转速下应无游车、严重冒烟和烧机油现象。

3. 操作机构检查

操作机构检查主要是检查各操作机构有无卡碰现象，操作是否有效、可靠。扳动离合器手柄，放到“分离”位置时，分离应该彻底；在“接合”位置时，不应有打滑现象；在“制动”位置时，可在原地用人力推动轮胎转动来检查制动器是否可靠。变速杆在挂挡时应有明显的手感，不应有卡碰、挂挡困难或是挂不上挡现象，在停止状态下主变速杆只能从空挡位置挂上一个或不超过两个挡，在行进时不自动脱挡或乱挡。检查转向离合器时，挂上挡，主离合器放在接合位置，握住手柄，驱动轮可以轻便地滚动，扳开转向离合器手柄，则感到推动困难，也可以左右分别检查，握住一侧的手柄，便可向相反方向转动。

4. 起步检查

起步检查主要是检查拖拉机底盘安装质量和各部件性能。拖拉机应转向灵活，离合器分离、接合正常，换挡变速轻便，制动可靠，直线行走不跑偏。另外，还应检查轴承盖是否发热，发电照明是否良好，液压悬挂是否正常，轮胎气压是否标准。

5. 其他检查

主要是检查拖拉机的随车附件、配件和工具，以及说明书、合格证等技术资料是否齐全。选定好机型后，要对照装箱单清点使用说明书和随机物品，验证产品合格证与机型的编号是否一致，还要让销售单位或生产企业开具销售发票。销售发票不仅是用户购机付款的凭证，还是用户将来办理牌照等手续所必需的单据。一定要查验和填写三包服务卡，国家对农机产品的维修有明文规定，三包服务卡是用户购买的产品发生质量问题时向生产企业要求保修和索赔的依据。

四、核对票据

检查拖拉机与其铭牌是否相符。发动机号、车架号、产品合格证以及出厂日期等都是一台拖拉机的身份特征。核对时，一定要注意合格证上的号码要与拖拉机上的发动机号和车架号一致，从拖拉机出厂日期中了解拖拉机从产到销的大致时间，判别其是否为积压存货等。另外，车型、排量、功率、发动机类型等均要与使用说明书一致，否则可能是用高价钱买了低价货，甚至可能导致无法办理正规手续。

第二节　拖拉机机型推荐

一、履带式拖拉机机型推荐

东方红—C1002/C1202/C1302 系列拖拉机是中国一拖集团有限公司根据市场和国内外用户对中等、大功率履带式拖拉机的使用要求，针对东方红—1002/1202 系列拖拉机存在的不足而推出的农业通用型履带式拖拉机。该系列拖拉机采用了中国一拖集团有限公司与英国里卡多公司合作开发的具有国际先进水平的东方红—LR6105 系列柴油发动机。该系列发动机油耗低，起动方便；整机动力性、经济性、零部件可靠性、操纵舒适性都有较高水平；外形美观，操纵舒适，工作效率高；驾驶室具有弹性支撑，为焊接式、全密封驾驶室，可选装空调系统；驾驶座为双座位，主驾驶座为活动双扶手、高度可调、靠背可调且带头枕的弹性座位；电气设备为单线制，系统工作电压为 24 V。履带式拖拉机的主要技术参数见表 5—1。

表 5—1　　履带式拖拉机的主要技术参数

型号	东方红—C1002	东方红—C1202	东方红—C1302
轮廓尺寸（mm）长×宽×高	5 344×1 835×2 786		
使用质量（kg）	6 800		
轨距（mm）	1 435		
轴距（mm）	2 774（拐轴中心至驱动轮中心）		

续表

型号		东方红—C1002	东方红—C1202	东方红—C1302
履带宽度（mm）		390		
接地比压（kPa）		44.4		
变速器	形式	6 F+2 F（啮合套换挡）		
	挡次	速度 km/h，牵引力 kN		
	Ⅰ	3.20/49.3	3.50/49.0	3.71/49.0
	Ⅱ	5.91/34.1	6.47/37.9	6.85/38.9
	Ⅲ	6.72/29.3	7.35/32.6	7.79/33.5
	Ⅳ	7.75/24.6	8.48/27.5	8.99/28.3
	Ⅴ	9.11/20.0	9.99/22.5	10.58/23.1
	Ⅵ	11.85/13.0	13.13/14.8	13.90/15.3
	倒Ⅰ	2.85	3.13	3.31
	倒Ⅱ	5.41	5.93	6.28
柴油机型号		LR6105T21 型柴油机	LR6105ZT13 型柴油机	LR6105ZT14 型柴油机
柴油机形式		直列、水冷、直喷	直列、六缸、四冲程、水冷、直喷、废气涡轮增压	
缸径×行程（mm）		105×125		
标定功率/转速（kW，r/min）		74/2 100	88/2 300	95.6/2 200
燃油消耗率（g/kW·h）		≤242	≤238	≤238
机油消耗率（g/kW·h）		≤2.04	≤2.04	≤2.04

二、手扶式拖拉机机型推荐

GN—121/151 型手扶式拖拉机的性能特点是：GN—121 型手扶式拖拉机为牵引、驱动兼用型拖拉机，结构紧凑，耐用可靠，操作灵活，通过性好，并备有乘坐装备。GN—151 型手扶式拖拉机与 GN—121 型手扶式拖拉机相比，功率更大，效率更高，适用于水田、旱地以及果园、菜园和丘陵地的耕作；配上相应的农机具及附件可以进行犁耕、旋耕、旋田、开沟、播种、运输和其他作业，还可作为排灌、喷灌、脱粒、磨粉、饲料加工等固定作业的动力。

GN—121/151 型手扶式拖拉机可配套以下农机具：100—640 型防滑轮、100—640N 型防滑轮、1LS—220 型双铧犁、1LS—220Y 型圆盘犁、1LYQ—320 型驱动圆盘犁。手扶式拖拉机的主要技术参数见表 5—2。

表 5—2 手扶式拖拉机的主要技术参数

手扶式拖拉机型号		GN—121	GN—151
结构质量（kg）	无旋耕机	350	360
	含旋耕机	460	470
使用质量（包括耕机）（kg）		503	513
犁刀轴转速（r/min）		199/250	
外形尺寸（mm）（长×宽×高）		2 680×980×1 240	
犁刀数（pcs）		18	
旋耕耕幅（mm）		600	
手扶式拖拉机形式		单轴、驱动牵引兼用型	
行驶速度（km/h）	前进	1. 39，2. 47，4. 15，5. 14，9. 12，15. 30	
	后退	1. 10，4. 10	
轮胎规格		6. 00—12	
轮距（mm）		810，750，690，570	
最小离地间隙（mm）		210	
最小转弯半径（m）		1. 1（不带旋耕机状态）	
发动机型号		S159N	S1100A2N
发动机形式		卧式、四冲程	
缸径×冲程（mm）		95×115	100×115
活塞总排量（L）		0. 815	0. 903
压缩比		20∶1	19. 5∶1
转速（r/min）		2 000	2 000
1 h 功率（kW/hp）		9. 07/13. 2	10. 50/14. 30
12 h 功率（kW/hp）		8. 82/12	9. 8/13. 33
燃油消耗率（g/kW·h）		258	
机油消耗率（g/kW·h）		≤2. 04	
冷却方式		冷凝器（散热器）	

三、轮式拖拉机机型推荐

东方红—SA500 系列轮式拖拉机是中国一拖集团有限公司第二装配厂开发的产品，该系列机型有大功率拖拉机、中功率拖拉机和小功率拖拉机。特点是功率大，油耗低，牵引力大，作业挡次多（共有 8 +4 个挡位），并装有按国际标准制造的后置动力输出轴。因此，该系列拖拉机的作业性能好、生产效率高、用途广泛，能有效进行多种田间作业（如耕地、耙地、旋耕、播种、收割、田间管理、开沟等）、固定作业（如抽水、喷灌、发电、磨面、碾米等）及运输作业等；能在小块土地上作业和在较窄的道路上行驶，既可满足平原、丘陵、牧区、菜园、果园的机械化作业要求，又能满足用户所需的功率要求。东方红—SA500系列轮式拖拉机的主要技术参数见表5—3。

表5—3　东方红—SA500系列轮式拖拉机的主要技术参数

型号	东方红—500	东方红—504
形式	4×2（两轮驱动）	4×4（四轮驱动）
轮廓尺寸（mm）长×宽×高	3 882×1 715×1 650	
轴距（mm）	1 975	2 010
前轮轮距（mm）	1 350～1 450	1 250
后轮轮距（mm）	1 300～1 600	1 300～1 600
最小离地间隙（mm）	400	300
最小转向半径（单边不制动）（m）	3.8±0.3	4.2±0.3
拖拉机结构质量（kg）	1 590	1 780
最小使用质量（kg）	1 830	1 980
额定牵引力（kN）	10	11.2
挡次	理论速度（km/h）	
Ⅰ	2.37	
Ⅱ	3.44	
Ⅲ	5.53	
Ⅳ	7.23	
Ⅴ	10.18	
Ⅵ	14.76	
Ⅶ	22.79	
Ⅷ	31.06	
倒Ⅰ	3.52	
倒Ⅱ	5.10	
倒Ⅲ	7.94	
倒Ⅳ	10.72	
发动机型号	498BT型柴油机	
发动机形式	直列、水冷、四冲程、直喷燃烧室	
标定功率/转速（kW，r/min）	36.8/2 200	
标定工况燃油消耗率（g/kW·h）	≤255.7	
最低燃油消耗率（g/kW·h）	≤238	
额定工况机油消耗率（g/kW·h）	≤2.04	
压缩比	18.5∶1	
发动机总排量（L）	3.17	
气缸工作顺序	1—3—4—2	

续表

型号		东方红—500	东方红—504
配气相位	进气门开	上止点前 11°	
	进气门关	下止点后 41°	
	排气门开	下止点前 49°	
	排气门关	上止点后 11°	
进气门间隙（冷态）（mm）		0. 3 ~ 0. 4	
排气门间隙（冷态）（mm）		0. 4 ~ 0. 5	
冷却方式		强制循环水冷	
喷油泵型号		4I367—85 左 1 200	
调速器形式		机械离心式全程调速器	
机油泵型式		齿轮泵	
喷油嘴喷油压力（MPa）		20. 3 ~ 20. 8	
柴油滤清器形式、型号		旋转式　C0708	
水泵形式		离心式	
机油滤清器型号		J0810H	
空气滤清器型号		KL1526	
起动方式		电起动（不用减压）	
起动电动机功率（kW）		3	
电压（V）		12	
发动机净质量（kg）		330	
外形尺寸（长 × 宽 × 高）（mm）		810 × 865 × 828	
空气压缩机型号		TY302	
平均排量（L/min）		70	
额定压力（kPa）		686	

第六章　拖拉机的使用

学习目标：

- 掌握拖拉机的正确操作和操作的相关知识。
- 正确选用燃油、润滑油、齿轮油、液压油、制动液和冷却液。
- 掌握发动机起动前的相关要求，确保拖拉机行驶的安全性。

拖拉机在生产制造过程中均采用新加工的各种零部件，各种零部件在加工的过程中存在着不同程度的表面粗糙度，导致相互运动的摩擦条件下降，接触面积减小，承载能力下降，短时间内配合间隙变大，润滑变差，缩短拖拉机的使用寿命。因此，对新的拖拉机在使用前必须进行磨合，以提高拖拉机的动力性和经济性，并能延长拖拉机的修理间隔。除了正确地磨合外，正确使用拖拉机也可以延长拖拉机的使用寿命。

第一节　拖拉机的基本操作

一、拖拉机的磨合

新出厂的拖拉机或经过大修的拖拉机，在使用前必须按拖拉机使用说明书规定的磨合程序进行磨合试运转；否则，将会引起零部件的严重磨损，使拖拉机的使用寿命大大缩短。

⚠ 注意：所选择的产品应符合国家相关的安全规定。在拖拉机第一次起动前，要仔细阅读使用说明书，包括柴油机的安装、使用以及安全事项的相关说明。按照使用说明书的内容和要求进行磨合、使用和保养。

1. 拖拉机磨合的目的

（1）形成适应工作条件的配合性质。

1）扩大配合表面的实际接触面积。由于新零件表面微观粗糙和各种误差，装配后配合副的实际接触面积仅为设计面积的1/1 000～1/100，配合表面上单位实际接触面积的载荷就会超过设计值的百倍甚至千倍。微观接触面积在高应力、高摩擦热作用下就容易产生塑性变形和黏着磨损，引起咬黏等破坏性故障。因此，使新零件在特定的磨合规范下运动，粗糙表面的微观凸点镶嵌其上并产生微观机械切削现象，使实际接触面积不断扩大，在短期内形成适应正常工作条件的配合表面。

2）形成适应工作条件的表面粗糙度。每一种工作条件均有其相应的表面粗糙度，零件的表面粗糙度与工作条件的要求差距甚大。在磨合中才能形成适应工作条件的表面粗糙度。

3）改善配合性质。由于磨合磨损形成了适应工作条件的实际接触面积和表面粗糙度以及配合间隙，不但显著地提高了零件综合抗磨损性能，也减小了其摩擦阻力与摩擦热，故障率降低，提高了拖拉机的可靠性与耐久性。

（2）改善配合副的润滑效能。磨合使配合间隙增大到适应正常工作条件的配合间隙，改善了润滑油的泵送性能，增大了配合副间润滑油的流量，不但改善了配合副的润滑效能，也有利于保持正常的工作温度和配合表面的清洁。

（3）提高拖拉机的可靠性与耐久性。金属零件在低于或接近疲劳极限下磨合一定的时间，“实现次负荷锻炼”，可以明显提高其抗磨损能力和抗疲劳破坏能力，从而提高机械的可靠性和耐久性。

拖拉机全部磨合过程由微观几何形状磨合期、宏观几何形状磨合期、适应最大载荷表面准备期 3 个时期组成。在微观几何形状磨合期内（第一时期），微观粗糙表面因微观机械加工作用逐渐展平，表面金属被强化，显微硬度成倍地提高，产生剧烈的磨损，增大配合间隙，形成适应摩擦状态下的工作表面质量。在宏观几何形状磨合期内（第二时期），零件表面形位误差部分得以消除，磨损量逐渐减小，机械损失减弱。在适应最大载荷表面准备期内（第三时期），零件磨损率和拖拉机动力性、经济性逐渐稳定，故障率降低，可靠性提高。后两个磨合时期拖拉机需限速，在限速、限载条件下的运行过程中完成的磨合称为“车辆走合”。

2. 磨合前的准备

对拖拉机进行磨合前，要完成以下准备工作：

（1）检查拖拉机外部螺栓、螺母及螺钉的拧紧力矩，若有松动应及时拧紧。

（2）在前轮毂、前驱动桥主销及水泵轴的注油嘴处加注润滑脂。

（3）检查发动机油底壳、传动系统及提升器、前驱动桥中央传动及最终传动油面，不足时按规定加注。

（4）按规定加注燃油和冷却水。

（5）检查轮胎气压是否正常。

（6）检查电气线路是否连接正常、可靠。

（7）将四轮驱动拖拉机分动箱操纵手柄置于工作挡位。

3. 磨合的内容和程序

（1）柴油机的空转磨合。按使用说明书规定顺序起动发动机。起动后，使发动机怠速运转 5 min，观察发动机运转是否正常，然后将转速逐渐提高到额定转速进行空运转。在柴油机空转磨合过程中，应仔细检查柴油机有无异常声音及其他异常现象，有无渗漏，机油压力是否稳定、正常。当发现不正常现象时，应立即停车，排除故障后重新进行磨合。柴油机空转磨合规范见表 6—1。

表 6—1　　柴油机空转磨合规范

转速（r/min）	800 ~ 1 000	1 400 ~ 1 600	1 800 ~ 2 000	2 300
时间（min）	5	5	5	5

（2）动力输出轴的磨合。将发动机置于中油门位置，分别使动力输出轴处于独立及同步位置各空运转 5 min（同步磨合可结合拖拉机空驶磨合进行，或将后轮抬离地面进行），检查有无异常现象。磨合后必须使动力输出轴处于空挡位置。

（3）液压系统的磨合。起动发动机，操纵液压位调节手柄，使悬挂机构提升、下降数次，观察液压系统有无顶、卡、吸空现象及泄漏。然后挂上质量为 500 kg 左右的重块，在发动机标定转速下操纵位调节手柄，使重块平稳下降和提升。操作次数不少于 20 次，并能停留在行程的任何一个位置上。

磨合时，挡位应依次由低向高，负荷由轻到重逐级进行。空负荷、轻负荷磨合时柴油机的油门为 3/4 开度，其余两种磨合工况柴油机的油门为全开。

（4）拖拉机的空驶磨合。拖拉机按高、中、低挡和时间进行空驶磨合（将分动箱操纵手柄放在接合位置）。在空驶磨合过程中，发动机转速控制在 1 800 r/min 左右，同时注意下列情况：

1）观察各仪表读数是否正常。

2）离合器接合是否平顺，分离是否彻底。

3）主、副变速器换挡是否轻便、灵活，有无自动脱挡现象。

4）差速锁能否接合和分离。

5）拖拉机的操纵性和制动性是否完好。

（5）拖拉机的负荷磨合。拖拉机的负荷磨合是带上一定负荷进行运转，负荷必须由小到大逐渐增加，速度由低到高逐挡进行。拖拉机按表 6—2 所列的负荷、油门开度、挡次和时间进行负荷磨合（将分动箱滑动齿轮操纵杆放在接合位置）。

表 6—2　　负荷磨合规范

负荷	油门开度
拖车装 3 000 kg 质量	1/2
拖车装 6 000 kg 质量	全开
挂犁耕深 16 ~ 20 cm，耕宽 120 cm 以上	全开

4. 磨合后的工作

负荷磨合结束后，拖拉机应进行以下几项工作后方能转入正常使用：

（1）进行清洗

1）停车后趁热放出柴油机油底壳中的润滑油，将油底壳、机油滤网及机油滤清器清洗干净，加入新润滑油。

2）放出冷却水，用清水清洗柴油机的冷却系统。

3）清洗柴油滤清器（包括燃油箱中滤网）和空气滤清器。

（2）检查及调整

1）检查前轮前束、离合器、制动踏板的自由行程，必要时进行调整。

2）检查和拧紧各主要部件的螺栓、螺母。

3）检查喷油嘴和气门间隙及供油提前角，必要时进行调整。

4）检查电气系统的工作情况。

（3）进行润滑

1）趁热放出变速器、后桥、最终传动、分动箱、前驱动桥、转向器内机油，清理放油螺塞和磁铁上的污物，然后注入适量柴油，用Ⅱ挡和倒挡各行驶 2～3 min，随即放净柴油并加注新的润滑油。

2）趁热放出液压系统的工作用油，经清洗后注入新的工作用油。

3）向各处的注油嘴加注润滑脂。

二、拖拉机的起动

起动前应对柴油机的燃油、润滑油、冷却水等项目进行检查，并确认各部件正常，油路畅通且无空气，变速杆置于空挡位置，并将熄火拉杆置于起动位置，液压系统的油箱为独立式的，应检查液压油是否加足。

1. 常温起动

先踩下离合器踏板，手油门置于中间位置，将起动开关（见图 6—1）顺时针旋至第Ⅱ挡（第Ⅰ挡为电源接通）“起动”位置，待柴油机起动后立即复位到第Ⅰ挡，以接通工作电源。若 10 s 内未能起动柴油机，应间隔 1～2 min 后再起动，若连续三次起动失败，应停止起动，检查原因。

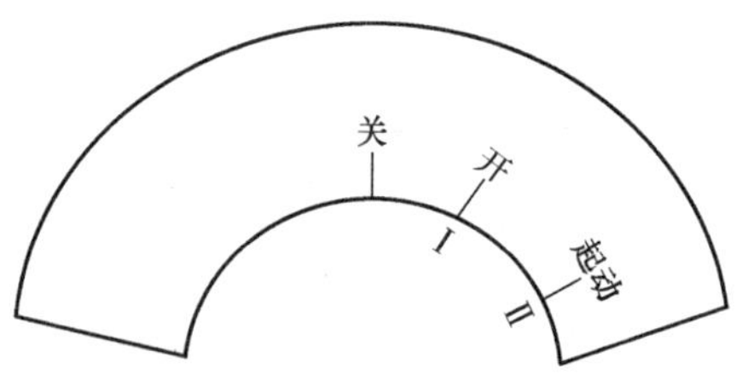

图 6—1　起动开关位置

2. 低温起动

在气温较低（－10℃以下）冷车起动时可使用预热器（有的机型装有预热器）。手油门置于中、大油门位置，将起动开关逆时针旋至“预热”位置，停留 20～30 s 再旋至“起动”位置，待柴油机起动后，起动开关立即复位，再将手油门置于怠速油门位置。

3. 严寒季节起动

按上述方法仍不能起动时，可采取以下措施：

（1）放出油底壳机油，加热至80～90℃后加入，加热时应随时搅拌均匀，防止机油局部受热变质。

（2）在冷却系统内注入80～90℃的热水循环放出，直至放出的水温达到40℃时为止，然后按低温起动步骤起动。

> 注意：（1）严禁在水箱缺水或不加水、柴油机油底壳缺油的情况下起动柴油机。
> （2）柴油机起动后，若将油门减小而柴油机转速却急剧上升，即为飞车，应立即采取紧急措施迫使柴油机熄火。方法为用扳手松开喷油泵通向喷油器高压油管上的拧紧螺母，切断油路或拔掉空气滤清器，堵住进气通道。

三、拖拉机的起步

1. 拖拉机起步

起步时应检查仪表及操纵机构是否正常，驻车制动操纵手柄是否在车辆行驶位置，并观察四周有无障碍物，切不可慌乱起步。

2. 挂农具起步

如有农具挂接的情况，应将悬挂农具提起，并使液压控制阀位于车辆行驶的状态。

3. 起步操作

放开停车锁定装置，踏下离合器踏板，将主、副变速杆平缓地拨到低挡位置，然后鸣喇叭，缓慢松开离合器踏板，同时逐渐加大油门，使拖拉机平稳起步。

> 注意：上、下坡之前应预先选好挡位。在陡坡行驶的中途不允许换挡，更不允许滑行。

四、拖拉机的换挡

1. 拖拉机的挂挡

拖拉机在行驶的过程中，应根据路面或作业条件的变化变换挡位，以获得最佳的动力性和经济性。为了使拖拉机保持良好的工作状况，延长拖拉机离合器的使用寿命，驾驶员在换挡前必须将离合器踏板踩到底，使发动机的动力与驱动轮彻底分开，此时换入所需挡位，再缓慢松开离合器踏板。

拖拉机改变进退方向时，应在完全停车的状态下进行换挡；否则，将使变速器产生严重机械故障，甚至使变速器报废。拖拉机越过铁路、沟渠等障碍时，必须减小油门或换用低挡通过。

2. 行驶速度的选择

正确选择行驶速度，可获得最佳生产效率和经济性，并且可以延长拖拉机的使用寿命。拖拉机工作时不应经常超负荷，要使柴油机有一定的功率储备。对于田间作业速度的选择，应使柴油机处于80%左右的负荷下工作为宜。

田间作业的基本工作挡如下：犁耕时常用Ⅱ、Ⅲ、Ⅳ挡，旋耕时常用Ⅰ、Ⅱ挡或爬行Ⅵ、Ⅶ、Ⅷ挡，耙地时常用Ⅲ、Ⅳ、Ⅴ挡，播种时常用Ⅲ、Ⅳ挡，小麦收割时常用Ⅲ挡，田间道路运输时常用Ⅵ、Ⅶ、Ⅷ挡，用盘式开沟机开沟（沟的截面积为0.4 m^2时）时常用爬行Ⅰ挡。

当作业中柴油机声音低沉、转速下降且冒黑烟时，应换低一挡位工作，以防止拖拉机过载；当负荷较轻而工作速度又不宜太高时，可选用高一挡小油门工作，以节省燃油。

 注意：拖拉机转弯时必须降低行驶速度，严禁在高速行驶中急转弯。

五、拖拉机的转向

拖拉机转向时应适当减小油门，操纵转向盘实现转向。当在松软土地或在泥水中转向时，要采用单边制动转向，即使用转向盘转向的同时，踩下相应一侧的制动踏板。

轮式拖拉机一般采用偏转前轮式的转向方式，特点是结构简单，使用可靠，操纵方便，易于加工，且制造成本低廉，如图6—2所示。其中前轮转向方式最为普遍，前轮偏转后，在驱动力的作用下，地面对两前轮的侧向反作用力的合力构成相对于后桥中点的转向力矩，致使车辆转向。

手扶式拖拉机常采用改变两侧驱动轮驱动力矩的转向方式，切断转向一侧驱动轮的驱动力矩，利用地面对两侧驱动轮的驱动力差形成的转向力矩而实现转向，如图6—3所示。

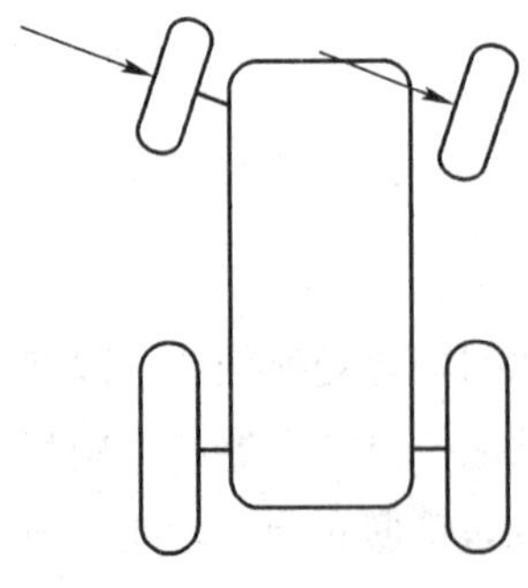

图6—2　偏转前轮式转向

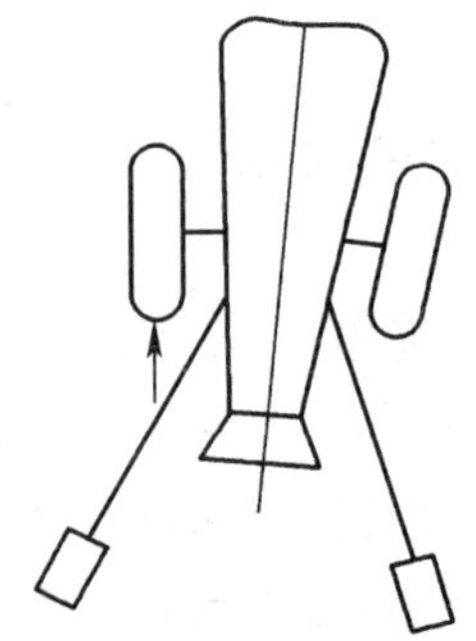

图6—3　改变两侧驱动轮力矩

手扶式拖拉机的转向特点是转弯半径小，操纵灵活，可在窄小的地块实现各种农田作业，特别是水田的整地作业更为方便。

六、拖拉机的制动

制动时应先踩下离合器踏板，再踩下制动器踏板，紧急制动时应同时踩下离合器踏板和制动器踏板，不得单独踩下制动器踏板。

制动的主要作用是迫使车辆迅速减速或在短时间内停车；还可控制车辆下坡时的车速，保证车辆在坡道或平地上可靠停歇；并能协助拖拉机转向。拖拉机的安全行驶很大程度上取决于制动系统工作的可靠性，因此要求具有足够的制动力；良好的制动稳定性（前、后制动力矩分配合理，左、右轮制动一致）；操纵轻便，经久耐用，便于维修；具有挂车制动系统，挂车制动应略早于主车（当挂车与主车脱钩时，挂车能自行制动）。

七、拖拉机的倒车

拖拉机在使用中经常需要倒车，特别是拖拉机连接挂车、换用农具时都要用到拖拉机的倒车过程。上述的挂接过程中易出现人身伤亡事故，应特别引起驾驶员的注意。挂接时一定要用拖拉机的低速挡操作，要由经验丰富的驾驶员来完成。

八、拖拉机的停车

拖拉机短时间内停车可以不熄火，长时间停车应将柴油机熄火。熄火停车的步骤是：减小油门，降低拖拉机速度；踩下离合器踏板，将变速杆置于空挡位置，然后松开离合器；停稳后使柴油机低速运转一段时间，以降低水温和润滑油温度，不要在高温时熄火；将起动开关旋至“关”的位置，关闭所有电源；停放时应踩下制动器踏板，并使用停车锁定装置。

注意：冬季停放时应放净冷却水，以免冻坏缸体和水箱。

第二节　拖拉机的基本作业

一、拖拉机的田间作业

1. 田间驾驶的基本要求

由于农业生产的季节性特点，各项田间作业必须在农业技术要求的适宜时期内进行，以保证提高产量，减少损失。

农业技术对不同的田间作业提出了不同的要求：

首先要求行间相等。如何保证行间相等，其关键是驾驶员操纵作业时必须确保每次行驶之间相互距离一致，这样才能保证行间相等。

其次要求株距一致。驾驶员操纵作业时，必须满足拖拉机的行驶速度一致，行驶速度不均匀，将导致作物株距不一致。

收获作业要求割茬一致，割茬高低不平将直接影响作物的晾晒和拾禾，从而影响产量。为了保证作物生长发育有适宜的苗床，对耕整地作业提出了不重不漏，深浅一致，速度适宜的要求。农业技术对不同作业提出了不同的速度范围，以保证播种作业应在规定的速度范围内恒速作业，工作行程中不得停车或变速，以防止播种量和播种均匀度发生变化。

（1）田间作业规程

1）驾驶、操作人员作业前必须查看作业现场，对于危险地段和不明显的石头、树根等障碍物必须做出标记或将其清除。

2）驾驶员与农具手之间必须有信号联系。

3）农具手必须坐、站在规定的操作位置上，其他位置不准坐、站人。

4）农具作业时，不准用手、脚或工具清除农具上的泥土、杂草；不准在作业中保养、调整和排除农具故障，需要时必须在停车和切断动力后进行。

（2）使用悬挂农具必须遵守的规定

1）拖拉机与农具挂接后，应插好安全销，调整限位链，下拉杆后端的横向摆动不得过大。

2）起步要平稳，转弯时必须减速，不准操作过猛。

3）作业时，分置式液压操纵手柄必须放在“浮动”位置，禁止放在“压降”位置；对于半分置式及整体式液压装置，应根据土壤比阻和地表起伏情况，正确使用位、力调节手柄。

4）地头转弯或过沟埂时，应将农具升到最高位置。

5）远距离运输农具时，必须调短上拉杆，同时用定位阀定位，并用锁紧装置将农具固定。

6）升起农具排除故障或更换零件时必须将其支撑牢靠。

7）机具不准悬挂停放。

（3）犁耕时的要求

1）拖带牵引犁运输时必须低速行驶，并调整丝杆将犁升至最高位置。

2）牵引装置的安全销折断后，不准用其他物品（如高强度的钢筋等）代替。

3）运输半悬挂犁时，必须调紧限位链，将液压缸定位卡箍挡块调至适当位置。

4）牵引犁不准倒退；犁出土前，拖拉机不准转弯。

5）在坡地作业时，必须慢速行驶，不准急速提升农具。

6）在沟壑作业时，地头必须留有足够宽度，起犁时必须及时减小油门。

7）犁架下面的部位需要进行检查或修理时，犁体必须落到地面或用木块垫起，必要时将拖拉机与犁分离或熄火。

（4）深松时的要求

1）拖拉机带深松机（含松耙机、联合深松整地播种机等变型机）运输时，应将其升到最高位置后低速行驶。

2）深松杆安全销折断后，不准用其他物品代替。

3）深松机入土后禁止倒退，地头转弯时应升起。

4）作业时应逐渐入土。

5）在坡地作业时必须慢速行驶，不准急速提升农具。

（5）旋耕时的要求

1）旋耕机作业必须先接合动力，然后将犁刀缓慢入土。

2）犁刀入土后禁止倒退、转弯；地头转弯未切断动力时，旋耕机不准提升过高，万向节两端传动角度不准超过30°。

3）转移地块或越过田埂沟渠时，必须切断动力后方可提升旋耕机。

4）作业时在旋耕机上不准站人。

5）长距离运输时必须拆下万向节。

6）不准拆除防护装置作业。

拖拉机在田间重负荷作业或在潮湿、松软土壤上工作时，为了改善拖拉机的附着性能，可接合前驱动桥实现四轮驱动。此时，将位于驾驶座左侧下方的操纵手柄向后拉，使动力经分动箱传至前驱动桥。离合器彻底分离后，才能将操纵手柄往后拉或往前推，使前驱动桥接合或分离。

2. 田间驾驶特殊状况的处理

> ⚠ 注意：四轮驱动型拖拉机在一般硬路面进行运输作业时不准使用前驱动桥，否则将会引起前轮轮胎的早期磨损。只有雨雪天路面滑或上大坡后轮打滑时才能使用前驱动桥，当拖拉机通过困难区段后，应立即脱开前驱动桥。

（1）过沟渠。一般深而宽的沟渠应先填平或用跳板铺垫后再通过；浅而窄的沟渠可用低速挡斜驶通过，即拖拉机机身与沟渠成一定斜角，让拖拉机左、右前轮和左、右后轮依次通过，以减轻机车振动和冲击。若受地形所限必须直驶通过时，则先让前轮缓缓下沟，然后加油门让前轮上沟，再让后轮缓缓下沟，最后再加大油门让后轮上沟。若拖拉机牵引农具，应先将农具调到最高运输位置；悬挂农具时，应调整限位链，以防止农具左右摇摆，并压下液压缸定位阀，以免油管内产生高压冲击而爆裂。后轮越沟时，不得猛抬离合器踏板，以防止拖拉机翘头。手扶式拖拉机过沟时，应用跳板铺垫或填平沟渠；也可将发动机熄火，摇转曲轴通过。

（2）爬田埂。一般较低的田埂可直驶或斜驶通过，通过方法与过沟渠相似，若田埂较高且陡，或拖拉机从较低的梯田向较高的梯田转移时，应先在田埂上填土堡、石块等，或用跳板引导，用低挡缓缓通过，以免拖拉机翘头或纵向翻车。下田埂时，或从较高的田块向较低的田块转移时，也应在埂下垫物或铺跳板引导，悬挂农具的，应用前进挡低速下埂。

（3）越泥泞。拖拉机在松软、潮湿的田块中作业时，若田中有积水，应先绕着走，先耕没有积水的部分，并尽量减少农具的耕幅和耕深，降低牵引力，以免打滑或陷车。通过泥泞道路时，应稳住方向，尽量选择干硬路面和在已有的车辙中行驶，并降低车速，尽量少用制动，避免使用紧急制动，以防机车侧滑横甩；若路中坑洼积水较深，应先填平后通过。

⚠ 注意：当差速锁接合时拖拉机不许转弯，否则有损坏机体或零部件的危险。

（4）陷车。当拖拉机驱动轮打滑或陷车时，应立即停车，升起农具，不得盲目加油门前冲后撤，否则会越陷越深。这时应用木板、石块、柴草等物垫在后轮下，用低速挡驶出；如果拖拉机半边驱动轮打滑，也可接合差速锁驶出。注意：在驶出滑陷区过程中切不可停车，因为机组在起步时需较大的牵引力，停车后重新起步会使拖拉机再次陷车。手扶式拖拉机陷车时，可挂低挡，减压摇转曲轴使拖拉机驶出陷坑；若手扶式拖拉机防滑铁轮陷入田间泥中，可用长竹竿穿过防滑轮辐条，摇转曲轴，利用竹竿的支撑作用使驱动轮（防滑轮）驶出泥坑。当然，也可以使用差速锁驶出泥坑，当拖拉机后轮单边打滑不能前进时，可按下列方法操纵差速锁：

1）踩下离合器踏板，挂上低速挡。

2）将手油门开至最大位置。

3）踩下位于驾驶座右下方的差速锁操纵踏板，缓慢地松开离合器踏板，离合器接合。此时，拖拉机两驱动轮同时转动，使拖拉机驶过打滑区的路段。

4）拖拉机驶过打滑区段后，应松开差速锁操纵踏板，否则将影响拖拉机的转向性能。

（5）飞车。拖拉机在田间作业中突然飞车时，应立即关死油门，同时加大拖拉机负荷（如不摘挡制动或加大农具耕深），将拖拉机憋熄火。切不要摘挡停车，否则发动机负荷减轻后转速还会急剧升高。若拖拉机在停驶中飞车，应立即关闭发动机油门，松开高压油管螺母，或用毛巾、旧布堵死滤清器进气口，或扳动减压手柄使发动机熄火。熄火后，应仔细查找出故障原因并予以排除。

（6）翻车。由于拖拉机的稳定性差，加上田间道路不平以及耕地时的倾斜，拖拉机（特别是手扶式拖拉机）容易发生翻车事故。拖拉机翻车后，应立即熄火，尽快将拖拉机扶正，并对机车进行全面检查。如检查油箱、曲轴箱、气缸、变速器内有无泥水进入，机体、缸盖、缸套、牵引框有无裂纹，曲轴、凸轮轴、连杆、气门推杆等有无弯曲变形，紧固件是否松动等，确无问题后方可重新起动。

二、拖拉机的运输作业

1. 基本要求

（1）拖拉机驾驶、操作人员必须按规定经县（含县）以上农机安全监理部门考试合格，领取驾驶操作证后，方可驾驶、操作与证件签注相符的农业机械或拖拉机。

（2）驾驶各种类型的拖拉机、农用运输车辆的人员，必须持有“中华人民共和国机动车驾驶证”。

（3）农业机械操作人员必须持有“中华人民共和国农业机械操作证”。参加农业机械作业的人员都必须经过安全教育学习，掌握本项作业的安全操作规程。

2. 驾驶、操作人员作业时必须遵守的规定

（1）携带驾驶证、操作证、行驶证、准用证、检验合格证。

（2）不准酒后驾驶、操作。

（3）不准跳上跳下及做其他有碍安全驾驶、操作的动作。

（4）不准吃东西、吸烟、闲谈、打瞌睡。

（5）夜间作业时，照明必须良好。

3. 驾驶、操作安全技术要求

（1）行车前按技术要求进行检查、保养，达到要求方可行驶。

（2）发动机起动时，必须将变速杆置于空挡位置；动力输出装置处于分离状态；严禁无冷却水起动；严冬季节起动时不准骤加沸水，不准用明火烤车。

（3）单缸二冲程汽油机应按 15 份汽油加入 1 份机油的体积比混合均匀后使用，不准用纯汽油。

（4）用摇把起动时，手要紧握摇把，不准一人摇机，一人拉拽传动带起动，起动后应立即取出摇把。

（5）用绳索起动时，绳索不准缠在手上；身后不准站人；不准脚踩在链轨板上；起动机空转时间不得超过 5 min，满负荷连续工作时间不得超过 15 min。

（6）电动机起动时，每次连续工作时间不准超过 5 s，一次不能起动发动机时，每次间隔 3 s 再起动；起动三次仍不能起动，要查明原因，排除故障后，必须间隔 5 min 后方可再起动；不准用导电物体在电动机上直接搭火起动。

（7）严禁用溜坡、向进气管注入汽油及引火等非正常方式起动。

（8）驾驶室内不准超员乘坐，不准放置有碍安全操作的物品。

（9）后安装的驾驶室必须骨架坚固，视野良好；刮水器、后视镜、风窗玻璃必须达到安全技术要求。

（10）轮式拖拉机使用差速锁时禁止转弯。

（11）发动机不准长时间怠速运转和超负荷作业。

（12）发动机发生飞车时不准卸掉负荷，应紧急采取断气、断油路等安全措施强行熄火。

（13）运输作业下坡过程中，如果拖车的惯性大于拖拉机并猛推拖拉机或路面较滑时，不允许猛踩制动器踏板，只能通过控制油门适当加快行驶速度的方法来解决，否则会引起拖车推翻拖拉机的事故。

（14）在不良路面上行驶或过小沟及其他障碍时，必须减小油门或换低挡，不允许用离合器来控制车速，也不允许用猛然接合离合器的方法来冲过障碍。

（15）若拖拉机作业时出现翘头现象，应立即踩下离合器踏板，卸掉超载负荷。

4. 停机时的要求

（1）动力机停机前应先卸去负荷，低速运转数分钟后方可停机，不准在满负荷工作时骤然停机。

（2）拖拉机停车后应锁定刹车；发动机熄火后要关闭电门，取走钥匙。

（3）拖拉机停放地点气温低于0℃时，若冷却系统中未加防冻液，待水温降至60℃以下后方可放净冷却水。

第七章　拖拉机的技术保养

学习目标：

- 掌握拖拉机的技术保养周期和内容。
- 掌握拖拉机主要零部件和系统技术保养的内容。
- 掌握拖拉机底盘主要零部件和系统技术保养的内容。
- 掌握拖拉机底盘主要零部件之间的调整。

在拖拉机使用过程中，由于各种恶劣因素的作用，零部件的工作能力会逐渐降低或丧失，使整机的技术状态失常。另外，燃料、润滑油、冷却水、液压油等工作物质也会逐渐消耗，使拖拉机的正常工作条件遭到破坏，加剧整机技术状态的恶化。针对拖拉机零部件技术状态恶化的表现形式以及工作物质消耗的程度，驾驶员、修理工适时采取清洗、紧固、调整、更换、添加等维护性能技术措施，以保持零部件的正常工作能力和拖拉机的正常工作条件，称为对拖拉机进行技术保养。

第一节　拖拉机技术保养的基础知识

一、拖拉机的技术保养周期和内容

拖拉机的技术保养是一项十分重要的工作。技术保养工作是计划预防性，不能认为“只要拖拉机能工作，保养不保养没有啥关系。”这种重使用、轻保养的思想是十分有害的。

为了使拖拉机正常工作并延长其使用寿命，必须严格执行技术保养规程。拖拉机技术保养规程按照累计负荷工作小时划分如下：

1. 每班（10 h）技术保养（每班或工作 10 h 后进行）。
2. 50 h 技术保养（累计工作 50 h 后进行）。
3. 200 h 技术保养（累计工作 200 h 后进行）。
4. 400 h 技术保养（累计工作 400 h 后进行）。

5. 800 h 技术保养（累计工作 800 h 后进行）。

6. 1 600 h 技术保养（累计工作 1 600 h 后进行）。

7. 长期存放技术保养（准备停车超过 1 个月以上）。

上述各种技术保养的内容见表 7—1 ~ 表 7—4。

表 7—1　　拖拉机每班（10h）技术保养

序号	技术保养具体内容
1	清除拖拉机上的尘土和污泥
2	检查拖拉机外部紧固螺母和螺栓，特别是前、后轮的螺母是否松动
3	检查水箱、燃油箱、转向油箱、制动器油箱及蓄电池的液面高度，不足时添加
4	按维护、保养图加注润滑脂和润滑油
5	检查并调整主离合器踏板高度
6	检查前、后轮胎气压，不足时按规定值充气
7	检查拖拉机有无漏气、漏油、漏水等现象，如有“三漏”现象应排除
8	按柴油机生产厂家的使用说明书中“日常班次技术保养”要求对柴油机进行保养

表 7—2　　拖拉机 50 h 技术保养

序号	技术保养具体内容
1	完成每班技术保养的全部内容
2	按维护、保养图和表加注润滑脂
3	检查油浴式空气滤清器的油面并除尘
4	按柴油机生产厂家的使用说明书中“一级技术保养”要求对柴油机进行保养

表 7—3　　拖拉机 200 h 技术保养

序号	技术保养具体内容
1	完成 50 h 技术保养的全部内容
2	更换发动机油底壳润滑油
3	对油浴式空气滤清器的油盆进行清洗、保养
4	清洗提升器机油滤清器，必要时更换滤芯
5	按柴油机生产厂家的使用说明书中“二级技术保养”要求对柴油机进行保养

表 7—4　　拖拉机长期存放技术保养

序号	技术保养具体内容
1	若发动机存放不到 1 个月，发动机机油更换不超过 100 工作小时，就不需任何防护措施。若发动机存放超过 1 个月，必须趁热车把发动机机油放净，更换新机油，并让发动机在小油门下运转数分钟
2	将燃油箱加满油，清洗、保养空气滤清器。将冷却系统的冷却水放出（如果使用的冷却液是防冻液则不必放掉）

续表

序号	技术保养具体内容
3	将所有操纵手柄放到空挡位置（包括电气系统开关和驻车制动器）。将拖拉机前轮放正，悬挂杆件放在最低位置
4	取下蓄电池，在其极桩上涂润滑脂，存放在避光、通风、温度不低于10℃的室内。对普通蓄电池，每月检查1次电解液液面高度，并用密度计检查充、放电状态。必要时，添加蒸馏水至规定高度，并用7 A电流对蓄电池进行补充充电
5	将拖拉机前、后桥支撑起来，使轮胎稍离地面，并把轮胎气放掉；否则，要定期将拖拉机顶起，检查轮胎气压
6	将整机擦洗干净，在喷漆件表面涂上石蜡，非喷漆件表面涂上防护剂，整机套上防护罩

二、换季保养

1. 拖拉机冬季保养

拖拉机在冬季使用时，由于气温很低，柴油、润滑油的黏度相对提高，流动困难，甚至发生凝结、堵塞等现象；同时，由于润滑油黏度提高，使拖拉机起动阻力增大，发动机起动转速偏低，在压缩行程时，由于气缸与活塞间隙增大而使压缩气体泄漏，并且散失热量相对增多，将造成发动机起动困难；而且道路常常积雪、结冰，增加行驶困难，降低牵引性能，并且容易发生事故。因此，在冬季要注意拖拉机的使用和保养。

（1）入冬前，拖拉机要做一次全面的技术保养，特别要注意燃油系统、润滑系统、变速器和后桥等部位的清洗工作。

（2）准备好冬季作业需用的燃油、机油和齿轮油。气候寒冷地区必须选用合适牌号的燃油。燃油的凝固点应比当地最低气温低3～5℃，以保证最低气温时柴油不至于因凝固而失去流动性。当气温过低时，即气温为－5℃时，可选用－10号的柴油；当气温为－14～－5℃时，可选用－20号的柴油；当气温为－30～－15℃时，可选用－30号的柴油。发动机油底壳、变速器及后桥等部位必须换用冬季润滑油；严禁在机油内掺入煤油、柴油或黏度低的润滑油进行稀释，以防止机油变质；对于变速器及后桥中的齿轮油，当气温过低时，可掺入低凝点润滑油。

（3）拖拉机发动机、水箱散热器、燃油箱等应做好必要的保温工作，如加装保温套等。

（4）注意拖拉机蓄电池的使用。一般蓄电池电解液的相对密度为1.28～1.30，应加大蓄电池电解液的相对密度，以避免冻结。将发电机充电电压提高0.5～1.2 V，以保证向蓄电池经常充足电；如气温过低，应对蓄电池采取保温措施。

2. 拖拉机夏季保养

（1）防止水箱水温过高。夏季，拖拉机的冷却水蒸发、消耗快，出车前必须加足冷却水，并在工作中经常检查水位。对于无水温表的单缸柴油机，要时刻注意水箱浮子的红标高度，如果浮子不能正常使用就应及时修理。

工作中若出现开锅现象，则不要直接加冷却水，应停止工作，使发动机减速运转，待水温降低（约60℃）后再慢慢添加冷却水，以免水箱遇冷产生裂纹。在打开散热器盖时，要用毛巾等遮住散热器盖或站在上风位置，脸不要朝向加水口，以免被喷出的高温水汽烫伤。

（2）做好冷却系统的保养工作。夏季到来之前要对冷却系统进行彻底的除垢清洁工作，使水泵和散热器水管畅通，保证冷却水的正常循环。此外，还应把黏附在散热器表面的污物及时清除干净。

冷却系统漏水多发生在水泵轴套处，针对履带式拖拉机，应将水封压紧螺母适当拧紧，如无效，表明填料已失效，应及时更换。填料可用涂有石墨粉的石棉绳绕成。轮式拖拉机要注入足够的润滑脂，以确保水泵的正常工作。

（3）调整传动带的张紧度，检查轮胎气压。若风扇传动带过松，易打滑，使风扇和水泵的转速下降，风力不足；若风扇传动带过紧，则轴承负荷过大，使磨损加剧，功率消耗增加。一般要求是：用拇指在传动带中部按压时，传动带下垂量应为10 ~ 15 mm。传动带过松或过紧都应及时调整。

夏季，为避免爆胎，给拖拉机的轮胎充气时以低于标准压力的2% ~3% 为宜。

（4）正确使用调温装置。调温装置有自动式（如节温器等）和手动式（如保温帘和百叶窗等）两种。夏季天热，水温越低越好，常将节温器拆去，这样做，在冷车起动时将大大延长发动机的预热时间，加速零件的磨损。因此，在夏季也不应把节温器拆下。保温帘和百叶窗用来调节通过散热器的风量。夏季一般可不用保温帘，百叶窗也应置于全开位置。

（5）选用黏度高的润滑油。润滑油黏度高可提高其性能，增加密封性。更换拖拉机的润滑油时，要对机油滤清器、集滤器、油底壳彻底清洗一遍。装有转换开关的柴油机，夏季应将其转到“夏”的位置，使机油经过散热再进入主油道，以免润滑油黏度降低。

（6）注意蓄电池的保养。夏季，蓄电池电解液中的水分容易蒸发，应注意液面的检查，正常液面应高出极板1 ~ 15 mm。蓄电池电解液的相对密度应按规定调小。加液口盖上的通气小孔要多加疏通。暂时不用的蓄电池要存放在阴凉、通风的地方。蓄电池要经常保持充足的电量，拖拉机长时间不工作时，应将蓄电池拆下，放在通风、干燥的室内，每隔15 ~ 20天充一次电。此外，还要保持蓄电池的外部清洁，合理使用和存放。在盛夏时节，拖拉机的作业时间最好安排在早上和晚上，中午尽量不出车。

（7）防止燃油气阻。温度越高，燃油蒸发越快，越容易在油路中形成气阻。因此，夏季应及时清洗燃油滤清器，保持油路畅通；行车中可将一块湿布盖在燃油泵上，并定时淋水以保持湿润，减少气阻的产生。一旦燃油系统产生气阻，应立即停车降温，并用手油泵使油路中充满燃油。

（8）防止发动机爆燃。若发动机因过热产生爆燃，会使气缸上部的磨损增加3 ~5 倍，因此，要彻底清除燃烧室、气门头部等处的积炭，并检查及调整供油量和供油时间，以防止爆燃。

（9）合理存放。停车后，最好将拖拉机停放在树阴或通风、阴凉处，在烈日下停放时，要用稻草等将轮胎遮住。夜间最好将拖拉机停放在车库内，露天存放时要用塑料布将其罩好。

三、拖拉机主要零部件和系统技术保养方法

拖拉机主要零部件和系统技术保养包括发动机的各部件保养、拖拉机底盘的各部件保养和电气设备的各部件保养。有关发动机的保养在第二章的第三节中已做了详细的叙述，本节不再叙述，重点介绍底盘各系统的保养。

每班次保养时，首先要清除拖拉机上的尘土和污泥，检查拖拉机外部紧固螺母和螺栓，特别是前、后轮的螺母是否松动，发现松动应及时紧固。检查水箱、燃油箱、转向油箱、制动器油箱及蓄电池的液面高度，不足时应添加。按维护、保养图加注润滑脂和润滑油，以保证各相对运动部件的最佳润滑。

以东方红—X 系列拖拉机和纽荷兰 SNH 系列拖拉机为例，拖拉机的维护及保养部位、操纵内容、保养周期如图 7—1 所示，东方红—X 系列拖拉机维护及保养项目见表 7—5，纽荷兰 SNH800/804、900/904、1000/1004 型拖拉机润滑与维护、保养项目见表 7—6。

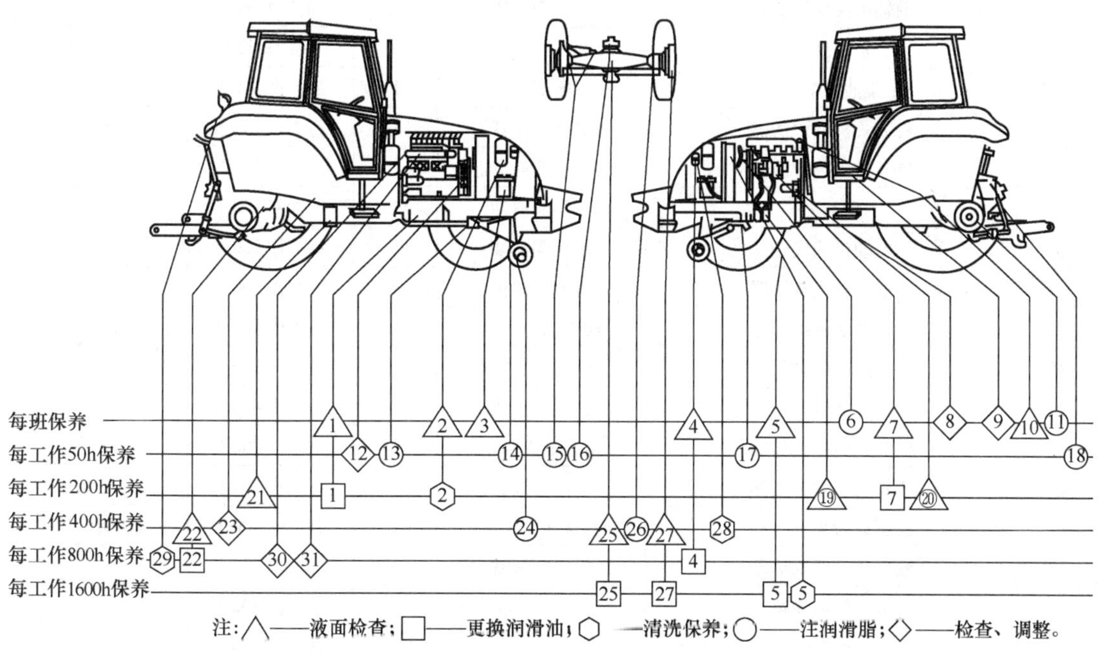

图 7—1　拖拉机的维护及保养部位、操纵内容、保养周期

表 7—5　　东方红—X 系列拖拉机维护及保养项目

编号	维护及保养润滑部位	操作内容	数量	保养时间（h）	备注
1	发动机油底壳	检查油面高度	1	每班	
2	油浴式空气滤清器	检查油面高度	1	每班	必要时
3	蓄电池	检查液面高度	1	每班	必要时
4	液压转向油箱	检查油面高度	1	每班	必要时

续表

编号	维护保养润滑部位	操作内容	数量	保养时间（h）	备注
5	散热器（水箱）	检查液面高度	1	每班	
6	发动机水泵轴	加注润滑脂	1	每班	
7	喷油泵	检查油面高度	1	每班	
8	动力输出轴离合器操纵手柄	检查限位销行程	1	每班	
9	主离合器踏板	检查踏板高度	1	每班	必要时
10	制动器油箱	检查油面高度	1	每班	需要时加注
11	后轮毂	加注润滑脂	2	每班	
12	风扇传动带	检查张紧度	1	每工作 50 h	
13	两轮驱动转向液压缸连接处	加注润滑脂	1	每工作 50 h	无 15 项
14	前轴主销套管	加注润滑脂	1	每工作 50 h	无 16 项
15	四轮驱动转向液压缸连接处	加注润滑脂	2	每工作 50 h	无 13 项
16	四轮驱动前桥摆轴	加注润滑脂	2	每工作 50 h	无 14 项
17	前轴中央摆销套管	加注润滑脂	1	每工作 50 h	
18	悬挂杆件	加注润滑脂	3	每工作 50 h	
19	柴油滤清器	更换滤清器	1	每工作 200 h	
20	旋装式机油滤清器	更换滤清器	1	每工作 200 h	
21	提升器机油滤清器	清洗或更换滤芯	1	每工作 200 h	
7	喷油泵	更换润滑油	1	每工作 200 h	
1	发动机油底壳	更换润滑油	1	每工作 200 h	
2	油浴式空气滤清器	保养、清洗	1	每工作 200 h	
22	传动系统及提升器	检查油面高度	1	每工作 400 h	需要时加注
23	驻车制动器	调整自由行程	1	每工作 400 h	
24	前轮	加注润滑脂	2	每工作 400 h	
25	前驱动桥中央传动	检查油面高度	1	每工作 400 h	需要时加注
26	四轮驱动主销油杯	加注润滑脂	2	每工作 400 h	
27	前驱动桥最终传动	检查油面高度	2	每工作 400 h	需要时加注
28	液压转向油滤清器	保养、清洗	1	每工作 400 h	
4	液压转向油箱	更换液压油	1	每工作 800 h	
29	燃油箱	保养、清洗	1	每工作 800 h	
30	发动机进、排气门	调整气门间隙	8	每工作 800 h	
31	喷油器	调整喷油压力	4	每工作 800 h	
22	传动系统及提升器	更换润滑油	1	每工作 800 h	
5	发动机冷却系统	保养、清洗	1	每工作 1 600 h	
5	用防冻液的发动机冷却系统	更换防冻液	1	每工作 1 600 h	
25	前驱动桥中央传动	更换润滑油	1	每工作 1 600 h	
40	前驱动桥最终传动	更换润滑油	1	每工作 1 600 h	

表 7—6　纽荷兰 SNH800/804、900/904、1000/1004 型拖拉机润滑与维护、保养项目

保养时间	序号	保养操作	检查	加注	清洁	润滑	调整	更换
灵活保养	1	发动机离合器					√	
	2	风扇传动带					√	
报警灯亮起	3	制动液压缸	√	√				
每工作 10 h	4	发动机机油	√	√				
	5	蓄电池	√	√				
	6	转向液压缸	√	√				
	7	风窗玻璃刮水器	√	√				
	8	驾驶室空气滤清器			√			
	9	空调冷凝器			√			
	10	空调及无水滤清器	√					
每工作 50 h	11	轮毂				√		
	12	紧固连接件				√		
	13/14	四轮驱动前轴主销				√		
	15	两轮驱动转向液压缸				√		
	16	两轮驱动转向节轴				√		
	17	两轮驱动转向轴				√		
	18	两轮驱动前轴主销				√		
	19	燃油滤清器（冷凝排泄）			√			
每工作 300 h	20	发动机机油						√
	21	燃油滤清器						√
	22	燃油泵过滤器			√			
	23	液压悬挂系统机油滤清器						
	24	发动机机油滤清器						
	25	液压转向（独立油箱）机械油滤清器			√			
	26	干式空气滤清器（外筒体）			√			
	27	后变速器及悬架	√	√				
	28	前轴壳	√	√				
	29	驻车制动器	√				√	
	30	前轴减速轮毂	√	√				
	31	两轮驱动前轮				√		
	32	四轮驱动转向轴				√		
每工作 900 h	33	发动机气门	√				√	
每工作 1 200 h 或一年	34	驾驶室空气滤清器						√
	35	干式空气滤清器（外筒体）						√

续表

保养时间	序号	保养操作	检查	加注	清洁	润滑	调整	更换
	36	燃油箱			√			
	37	液压转向液压油（独立油箱）						√
每工作 1 200 h 或两年	38	喷油器	√				√	
	39	四轮驱动前轴壳机油						√
	40	四轮驱动前轴减速轮毂机油						√
	41	发动机冷却系统			√			√
	42	变速器润滑油及液压油						√
日常维护与保养	燃油系统排气，液压制动系统排气							
	电子设备							

第二节　传动系统的保养

动力机械的传动系统按结构和传动介质的不同分为机械式、液力机械式、静液压式和电力式等。目前，拖拉机主要采用机械式传动系统。传动系统的组成及其在拖拉机上的布置形式取决于发动机的类型和性能以及拖拉机的结构形式。一般拖拉机传动系统包括离合器、变速器和（主减速器）驱动桥等。

传动系统的任务是与发动机配合工作，以保证拖拉机能在不同使用条件下正常行驶和作业，并具有良好的动力性和经济性。因此，传动系统必须具备以下作用：

第一，减速增扭。由于拖拉机需要在低速大转矩状态下工作，而内燃机的工作特性无法满足这一需求，因此，必须通过传动系统进行减速增扭。

第二，变速变扭。拖拉机在各种不同的作业和行驶条件下，对驱动轮转矩和行驶速度的要求变动很大。尽管在一定负荷下可通过改变发动机油门来改变拖拉机的行驶速度和转矩，但远不能满足全部需求。此外，拖拉机作业时，为了降低油耗，要求使发动机尽可能在接近标定功率下工作，也需要改变行驶速度和转矩。为此，传动系统应能根据拖拉机不同工况的需要随时变速变扭。

第三，实现倒驶。拖拉机有倒驶要求，而内燃机不能逆转，所以，拖拉机传动系统应能在发动机旋转方向不变的情况下改变驱动轮的旋转方向。

第四，切断动力和平顺接合动力。发动机不能带负荷起动，拖拉机行驶时需要变换挡位（变速变扭），并能在发动机不熄火时临时停车。为此，传动系统应能切断动力的传递，并能平顺接合动力，以使拖拉机平稳起步，使发动机和传动系统免受冲击负荷。

一、离合器的维护与保养

保养离合器时应检查并调整主离合器踏板高度，在调整主离合器踏板高度前应掌握离合器的结构和离合器的工作过程，并将离合器其他间隙调整正常后进行。

离合器是指拖拉机用于接合或断开发动机与变速器之间动力传递的装置。因此，拖拉机上的离合器位于发动机与变速器之间。当拖拉机起步时，通过驾驶员的操纵，柔和地将发动机动力与变速器接合，以保证拖拉机的平稳起步；在拖拉机工作中，由于负荷的变化，需经常改变输出转矩，变换挡位时临时切断动力，以防止在变速器换挡时齿轮产生冲击；在发动机转速突变或传动系统转矩剧增时会出现打滑，以防止传动系统过载，使零部件不至于损坏。

离合器工作时的分离过程如图 7—2a 所示。踩下离合器踏板时，通过拉杆、分离拨叉等使分离轴承前移，并通过分离杠杆拉动分离拉杆，使压盘克服压紧弹簧的预紧力而后移，此时从动盘与飞轮及压盘间的接触面相互分离，摩擦力消失，动力被切断，离合器处于分离状态。

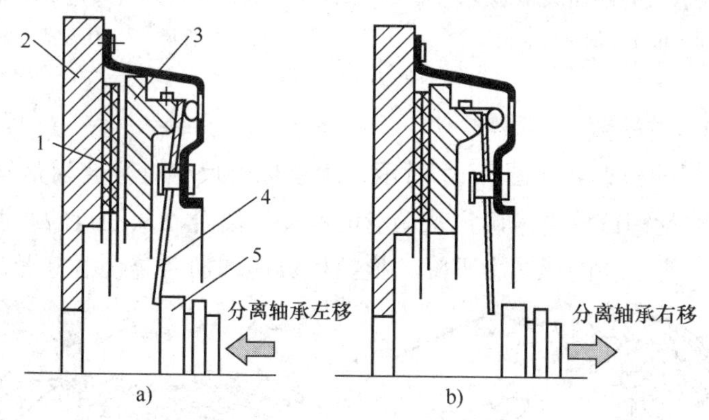

图 7—2　离合器的分离与接合过程
a）离合器分离过程　b）离合器接合过程
1—从动盘　2—飞轮　3—压盘　4—分离杠杆　5—分离轴承

离合器工作时的接合过程如图 7—2b 所示，即从分离状态重新恢复到接合状态，驾驶员应松开离合器踏板，控制操纵机械使分离拨叉带动分离轴承向后移动，压盘弹簧的张力迫使压盘和从动盘压向飞轮。发动机转矩再次通过摩擦力作用在离合器从动盘上，从而驱动离合器轴（变速器输入轴）将动力传给变速器。

1. 离合器飞轮和压盘的检查

（1）外观检查。保养时观察离合器压盘（压盘平面、分离杠杆、分离轴承、从动盘和从动盘花键鼓）的磨损情况，必要时进行修复或更换。

（2）飞轮和压盘翘曲检查。如图 7—3 所示，用磁力表座和百分表检查飞轮表面的端面圆跳动误差，端面圆跳动误差过大将导致离合器的分离不彻底，加速离合器和变速器的磨损，严重时拖拉机不能正常工作。用直尺检查压盘翘曲如图 7—4 所示，将直尺放在压盘工作平面上，选用塞尺测得直尺与压盘工作平面之间的数值，当压盘翘曲过大时应进行修复或更换；否则，将影响拖拉机的正常使用。

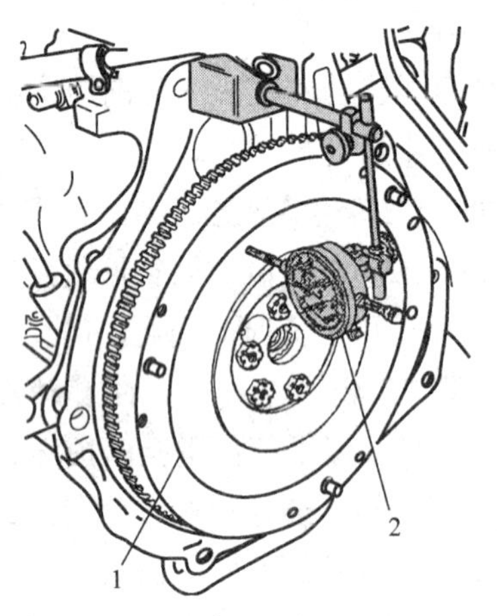

图 7—3　用百分表检查飞轮端面圆跳动误差

1—飞轮端面　2—带支架的百分表

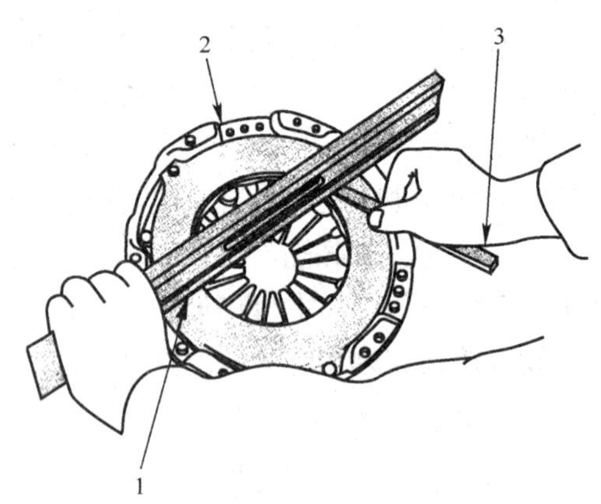

图 7—4　用直尺检查压盘翘曲

1—直尺　2—压盘 3—塞尺

2. 离合器从动盘的检查

（1）从动盘磨损的检查。如图 7—5 所示，用游标卡尺检查离合器从动盘的厚度，或用游标深度尺检测从动盘铆钉深度来确定从动盘的厚度。离合器从动盘的厚度应满足该拖拉机的规定要求；否则，离合器的压紧力下降，拖拉机负荷增加时离合器打滑。

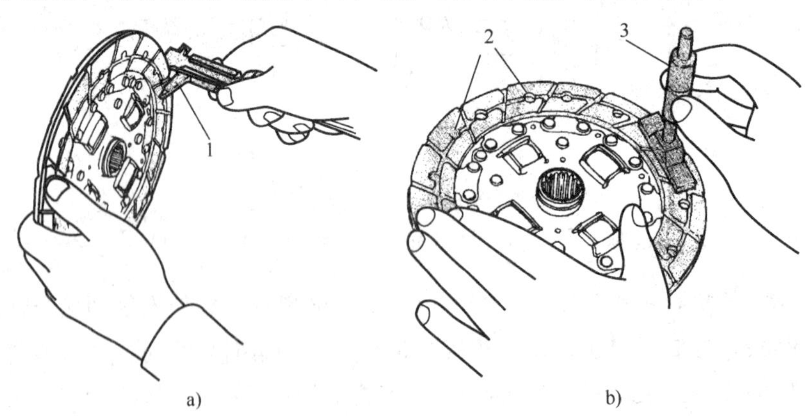

图 7—5　离合器从动盘的检查

a）用游标卡尺检查离合器从动盘厚度　b）用游标深度尺检查铆钉深度来确定从动盘厚度

1—游标卡尺　2—铆钉　3—游标深度尺

（2）从动盘翘曲的检查。从动盘端面圆跳动误差超过 0.5 mm 时，应更换离合器从动盘。离合器从动盘翘曲量过大也会导致离合器的分离不彻底，加速离合器各部件的磨损。

（3）分离杠杆和分离轴承的检查与保养。检查分离杠杆和分离轴承接触端面是否存在明显磨损。分离杠杆与分离轴承的磨损是由于分离轴承因润滑不良或高温烧蚀而无法灵活转动而引起的，磨损严重时应同时更换。分离轴承在日常使用中应经常注油。

3. 离合器的调整

（1）分离杠杆高度的调整。调整时应确保各分离杠杆与分离轴承接触端面位于同一平面上，确保 3 个分离杠杆高度一致。

调整方法如图 7—6 所示，将定中心器插入离合器从动盘轴座中，顺序旋动 3 个分离杠杆调整螺钉，改变主离合器分离杠杆高度，直至用塞尺测量分离杠杆端部与调准器定位之间的间隙为 0.1 mm 为止。副离合器分离杠杆的高度也照此方法调整即可。

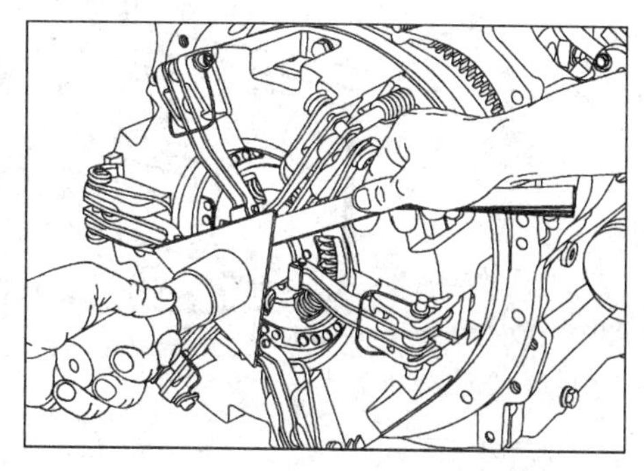

图 7—6 离合器分离杠杆高度的调整方法

（2）离合器自由行程的调整。移动离合器踏板至分离轴承刚好接触到分离杠杆。此时用尺测量踏板的位移，离合器自由行程的调整值为 15 ~ 30 mm。

（3）主离合器踏板高度的调整。如图 7—7 所示，首先测量主离合器踏板至底板间的距离（带驾驶室为 185 mm，不带驾驶室为 162 mm）。如图 7—8 所示，拧松锁紧螺母 1，逆时针方向旋转调整螺母 2（螺母每旋转一圈相当于踏板移动 9 mm）。

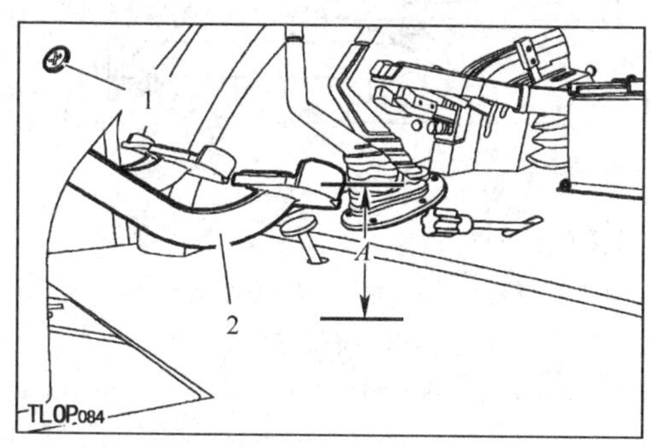

图 7—7 主离合器踏板高度的检查
1—仪表板固定捏手 2—离合器踏板

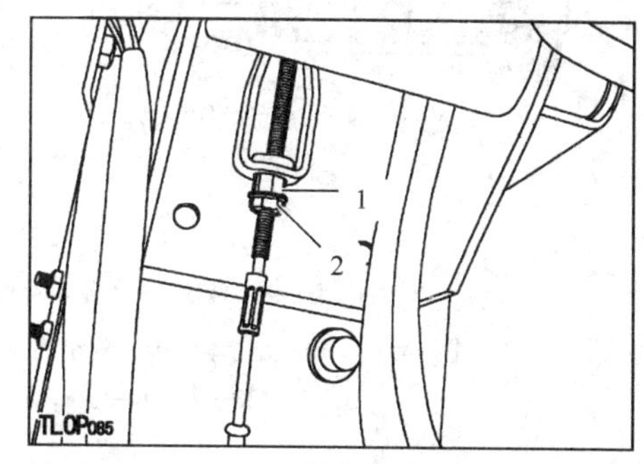

图 7—8 主离合器踏板高度的调整
1—锁定螺母 2—调整螺母

（4）副离合器（动力输出离合器）自由行程的调整。如图 7—9 所示，以纽荷兰 SNH800 型拖拉机为例，其自由行程在操纵拉杆处测量时应为 3.5 mm（反映在手柄握持处测量时为 55 ~ 60 mm）。调整时逆时针松开锁定螺母 3 和调整螺母 2（螺母每转一圈相当于手柄移动 1 mm），拧紧锁定螺母。调整之后，检查回位弹簧的长度，其值约为 140 mm。可通过改变弹簧安装孔 1 的位置来调整弹簧长度。

（5）液压操纵式离合器踏板自由行程的调整。以纽荷兰 M 系列拖拉机离合器为例，其

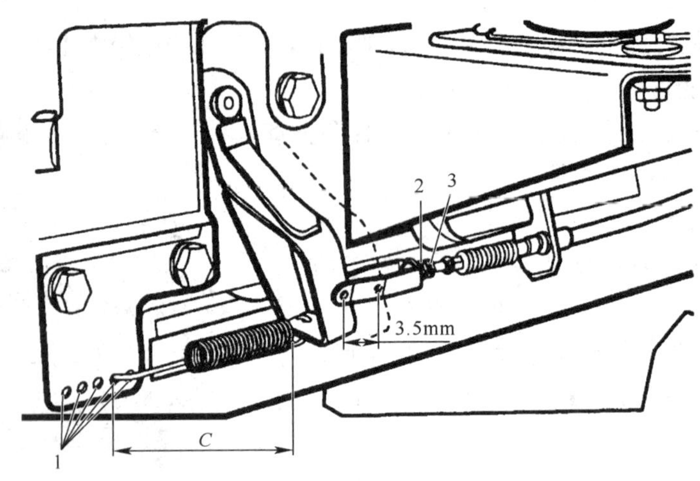

图 7—9　副离合器自由行程的调整

1—弹簧安装孔　2—调整螺母　3—锁定螺母　C—弹簧长度

踏板自由行程的调整步骤如下：装配主泵前，调整主泵推杆连接叉的位置，即尺寸 D，如图 7—10 所示。

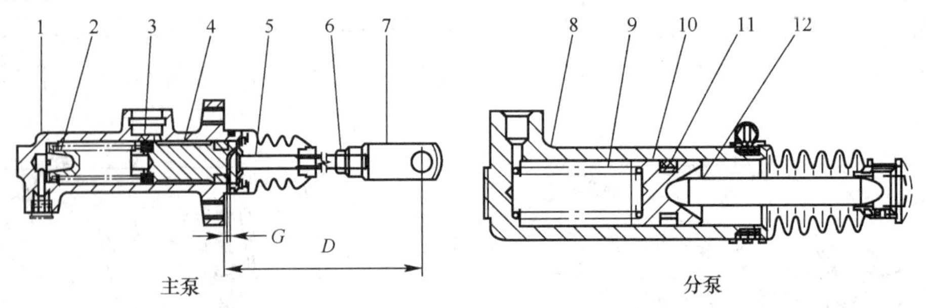

图 7—10　离合器主泵与分泵的结构与调整

1—主泵壳体　2，9—弹簧　3，11—密封圈　4—主泵活塞　5—主泵推杆　6—锁定螺母　7—连接叉　8—分泵壳体　10—分泵活塞　12—分泵推杆　D—连接叉中心至安装面距离，137.5～138 mm　G—离合器踏板松开时的推杆间隙，0.1～1.4 mm

将离合器踏板与连接叉连接后，检查踏板中央至底板顶面的距离 H，如图 7—11 所示，该距离约为 190 mm。若有必要进行调整，松开锁紧螺母，拆卸销，向内或向外拧动连接叉，使距离 H 合适。然后再检查踏板行程是否为 170 mm。

4. 离合器液压油路中空气的排放

对液压操纵式离合器的液压控制油路，每次保养和维修后，都必须排放其中的空气。以纽荷兰 M 系列拖拉机为例，如图 7—12 所示。操作步骤如下：放气前，确保油箱装满液压油。缓慢踩离合器踏板使油压升上来。踩住离合器踏板并松开放气螺塞 1，使油随气泡排出。紧固放气螺塞，抬起离合器踏板。重复上述步骤，直至排出的油液中没有气泡为止。放气后添加离合器液压油至规定高度。液压分泵的排气过程与此相同。

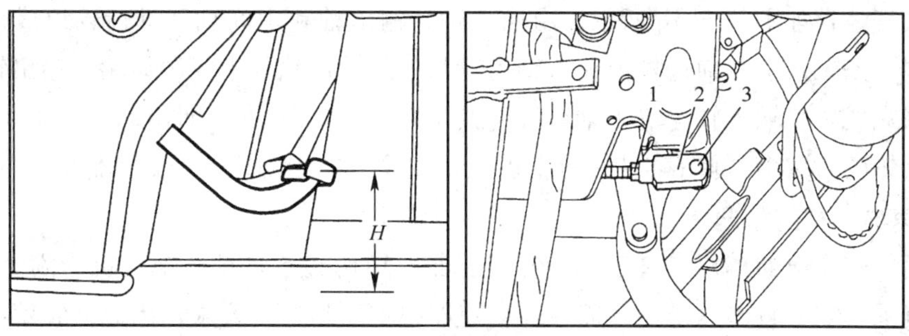

图 7—11　液压操纵离合器踏板自由行程的调整
1—调整螺母　2—连接叉　3—连接销　H—离合器踏板至底板的距离

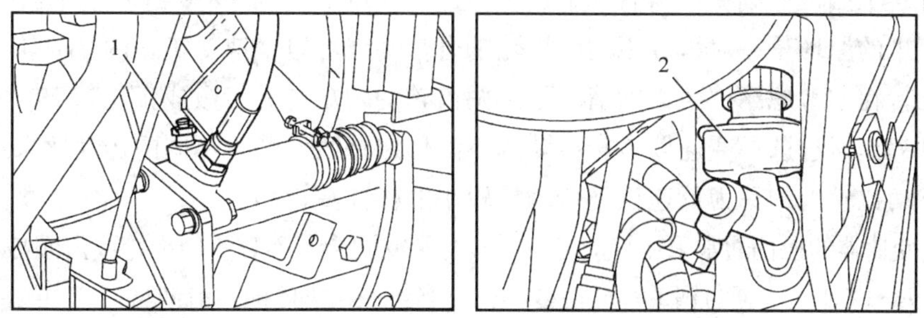

图 7—12　离合器液压油路中空气的排放
1—放气螺塞　2—液压油箱

二、变速器的维护与保养

拖拉机多采用有级式齿轮变速器，按操纵控制类型分为机械换挡式（又称人力换挡式）变速器、半动力换挡变速器和动力换挡变速器三大类，本书以介绍机械换挡式变速器为主。按变速器的结构和传动特点分为二轴式、三轴式和组成式 3 种。二轴式变速器和三轴式变速器统称为简单式变速器，两个简单式变速器串联在一起则为组成式变速器。

二轴式变速器如图 7—13a 所示，其前进挡由输入轴（也称为变速器一轴或离合器轴）和输出轴（也称为变速器二轴）及其齿轮组成。前进挡由输入轴齿轮与输出轴齿轮形成的单级齿轮传动来完成。这种变速器传动齿轮的对数少，效率高，但传动比不宜太大。

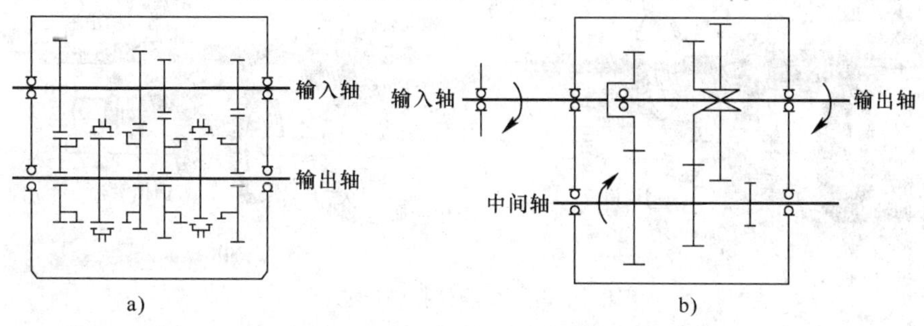

图 7—13　简单式变速器
a）二轴式变速器　b）三轴式变速器

三轴式变速器如图 7—13b 所示，由输入轴、输出轴和中间轴及其齿轮组成，输入轴与输出轴在同一条轴线上。前进挡由输入轴齿轮与中间轴齿轮、中间轴齿轮与输出轴齿轮两级齿轮传动来完成。将输入轴与输出轴直接连接可以实现直接挡（即传动比为 1∶1）。这种变速器传动齿轮的对数多（除直接挡外），可以实现较大的传动比，但效率低。

1. 变速与换挡的原理

一个简单式变速器挡位设置过多会使变速器的结构过于复杂。拖拉机为满足农艺要求，扩大使用范围，需要较多的排挡，简单式变速器很难满足这一要求。因此，农用拖拉机大多采用组成式变速器，即采用主、副两个变速器串联的方式，分别采用两套换挡装置。例如，主变速器有 4 个挡位，副变速器有 4 个挡位，这样就可以实现 4 × 4 = 16 个挡位。

变速变矩的原理是一对齿数不同的齿轮啮合传动就可以变速变矩，两个齿轮的转速与其齿数成反比，在不考虑摩擦阻力的情况下，两齿轮的转矩与其齿数成正比。

换挡过程是通过选择变速器齿轮传动的不同传递路线，获得不同的传动比来得到不同的挡位。把传动比较大的称为低速挡，传动比较小的称为高速挡。

机械式变速器的换挡通常采用滑动齿轮、接合套或同步器等装置使齿轮或齿圈啮合或脱开来实现。如图 7—14 所示，通过滑动齿轮改变挡位，当将一挡齿轮向左滑动与一挡中间齿轮啮合时，动力传递路线为：输入轴→常啮合齿轮→一挡传动齿轮→输出轴，实现一挡转矩；当将二挡和三挡齿轮向右滑动与二挡中间齿轮啮合时，动力传递路线为：输入轴→常啮合齿轮→二挡传动齿轮→输出轴，实现二挡转矩；当将二挡和三挡齿轮（左端为花键轴）向左滑动，使其左端花键轴与输入轴齿轮的内花键接合，动力直接从输入轴传递到输出轴，实现三挡（直接挡）转矩。

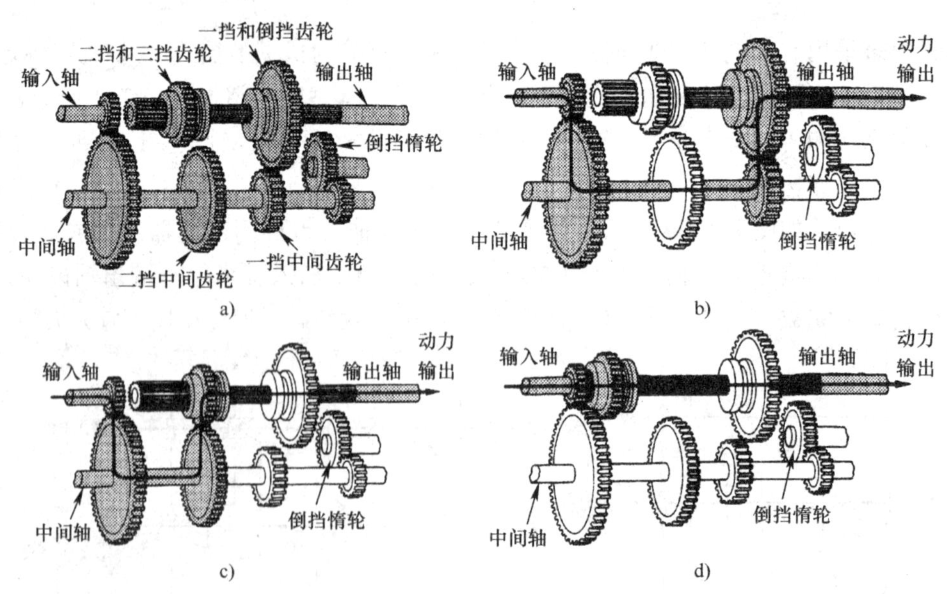

图 7—14 变速器挡位的选择

a）空挡 b）一挡 c）二挡 d）三挡

变速器的倒挡是根据齿轮传动的方向特性来实现的。由齿轮传动原理可知，一对相啮合的圆柱齿轮形成外啮合齿轮传动，圆柱齿轮与齿圈啮合形成内啮合齿轮传动。外啮合齿轮传动两个齿轮的旋向相反，而内啮合齿轮传动两个齿轮的旋向相同。因此，可以利用外啮合齿轮传动改变旋向的特点来实现倒挡。在实际变速器中，一般是通过在输入轴与输出轴之间加装一倒挡轴和倒挡惰轮，使倒挡比前进挡多一对（或少一对）外啮合齿轮，从而使倒挡的输出轴与前进挡的输出轴旋向相反，实现拖拉机倒向行驶，如图 7—15 所示。

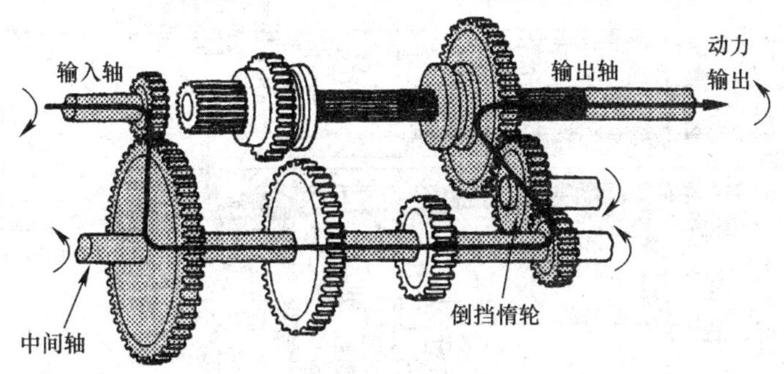

图 7—15　倒挡原理

2. FIAT90 系列拖拉机变速器

国产东方红—X/1004/1204 系列拖拉机和上海纽荷兰 SNH 系列拖拉机均采用 FIAT90 系列拖拉机变速器，其结构如图 7—16 所示。

该变速器是主、副两个变速机构安装在一个箱体内的组成式变速器，主变速器为斜齿轮。其中，齿毂以内花键与变速器轴连接。接合套套合于齿毂的外花键上，挂挡时可沿花键轴移动。三个滑块位于齿毂上相应的三条槽内。同步环（又称锁环）位于齿毂与变速齿轮之间，用软金属材料制成，通常是黄铜、铜或粉末冶金材料，其内锥面上的螺纹槽用于破坏锥面上的油膜，提高同步摩擦效果。滑块两端位于前、后同步环的缺口内，只有滑块端头位于同步环缺口的中央时，接合套才能与同步环上锁止齿啮合，继续移动，挂上新的挡位。

该变速器的操纵机构包括换挡机构、自锁机构、互锁机构，如图 7—17 所示。操纵机构的技术状态应保持完好，否则将影响变速器的换挡质量，造成拖拉机换挡困难，工作中拖拉机自动脱挡、乱挡等，严重时会导致变速器报废。

换挡机构由换挡操纵杆、外传动拨头、传动杆、内传动拨头、换挡拨叉及拨叉轴组成。图 7—18 所示为 SNH800 型拖拉机的主变速换挡机构，其副变速换挡机构与此相同。

自锁机构采用钢球式锁定机构，如图 7—17 所示，它由锁定弹簧 16、锁定钢球 17 和拨叉轴上的锁定凹槽组成。当任何一根拨叉做轴向移动到空挡或某个挡位时，必有一个凹槽正好对准锁定钢球，钢球在锁定弹簧压力的作用下嵌入凹槽内，防止拨叉轴自行移动。

互锁机构采用互锁销式互锁机构，如图 7—17 所示，它由互锁销 12、13 和拨叉轴上的互锁凹槽组成。互锁销安装于两拨叉轴之间的箱体壁内，其长度刚好等于相邻两根拨叉轴表面之间的距离加上一个凹槽的深度。在空挡位置时，两相邻拨叉轴上的互锁凹槽与互锁销处

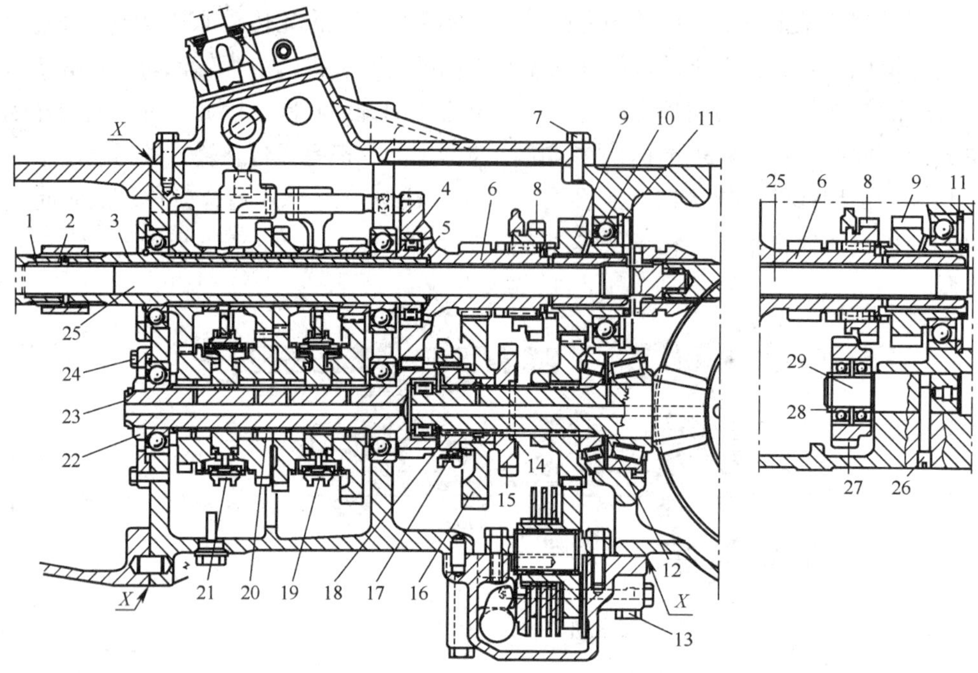

图 7—16　SNH800 型拖拉机变速器结构

1—动力输出轴支架轴套　2—油封　3—主变速机构主动轴　4—主动轴轴承垫　5、11、18、28—轴承卡环　6—副变速机构主动轴　7—顶盖固定螺钉　8—倒挡和中速挡接合套　9—中速挡主动齿轮　10—轴承　12—副变速机构从动轴（小锥齿轮轴）13—驻车制动器固定螺钉　14—止推环　15—倒挡从动齿轮　16—低速挡从动齿轮　17—高速挡和低速挡接合套　19—Ⅰ挡和Ⅱ挡同步器　20—主变速机构从动齿轮支架轴套　21—Ⅲ挡和Ⅳ挡同步器　22—主变速机构从动轴螺母　23—主变速机构从动轴　24—轴承盖固定螺钉　25—动力输出轴　26—螺钉　27—倒挡中间齿轮　29—倒挡轴　X—密封垫

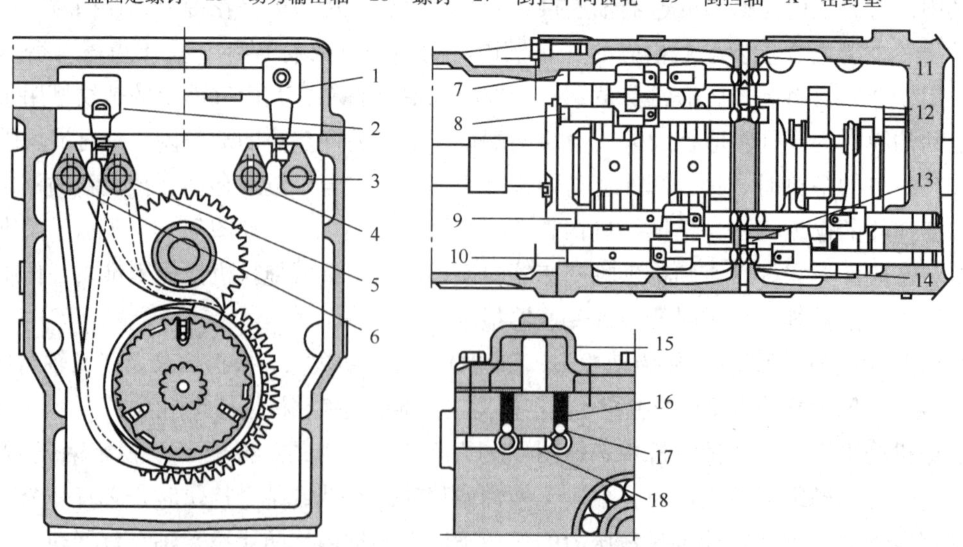

图 7—17　SNH800 型拖拉机变速器操纵机构

1—副变速机构内传动拨头　2—主变速机构内传动拨头　3—高速挡和低速挡拨叉　4—中速挡和倒挡拨叉　5—Ⅲ挡和Ⅳ挡拨叉　6—Ⅰ挡和Ⅱ挡拨叉　7—Ⅰ挡和Ⅱ挡拨叉轴　8—Ⅲ挡和Ⅳ挡拨叉轴　9—中速挡和倒挡拨叉轴　10—高速挡和低速挡拨叉轴　11、14—螺塞 12、13、18—互锁销　15—变速器盖　16—锁定弹簧　17—锁定钢球

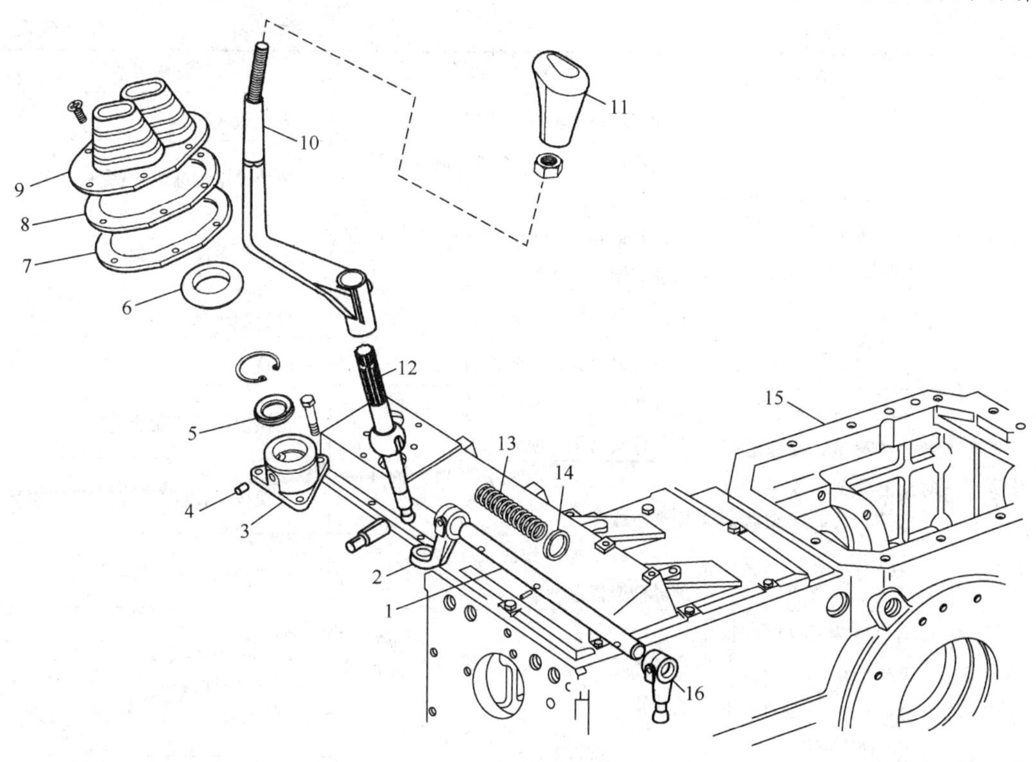

图 7—18　主变速换挡机构

1—传动杆　2—外传动拨头　3—变速杆支座　4—限位销　5—操纵杆密封圈　6—变速杆套　7—变速杆罩垫片　8—变速杆罩固定圈　9—变速杆罩　10—变速杆　11—变速杆手柄　12—操纵杆组合件　13—操纵杆回位弹簧　14—传动杆弹簧隔环　15—变速器箱体　16—内传动拨头

于同一直线上，互锁销在两个凹槽之间存有半个凹槽的空间，此时拨动任何一根拨叉轴，互锁销一端将被挤进另一根拨叉轴的凹槽内，使这个拨叉轴不能移动而被锁定，防止同时拨动两根拨叉轴，即可防止同时挂入两个挡位。

3. 变速器的故障诊断与排除

常见的变速器故障有换挡困难、跳挡、乱挡、异响及漏油等。变速器的故障诊断及排除方法见表 7—7。

表 7—7　　变速器的故障诊断及排除方法

故障	故障现象	可能的原因	排除方法
换挡困难	在进行正常变速操作时，可听见齿轮的撞击声，变速杆难以挂入挡位，或勉强挂入挡后又很难摘下来	主离合器分离不彻底	检查及调整离合器自由行程
		同步器磨损或破碎	更换同步器
		变速器拨叉轴或拨叉磨损	更换拨叉轴或拨叉
		外部操纵杆件调整不当或有卡滞现象	调整
		锁定机构弹簧过硬，钢球损坏	更换弹簧或钢球

续表

故障	故障现象	可能的原因	排除方法
跳挡	拖拉机在加速、减速或增大负荷时，变速杆自动跳回空挡位置	变速器拨叉轴凹槽磨损	更换拨叉轴
		锁定钢球磨损或破裂，锁定弹簧弹力不足或折断	更换锁定钢球或弹簧
		齿轮或接合套严重磨损，沿齿长方向磨成锥形	更换齿轮或接合套
		同步器磨损或损坏	更换同步器
		外部操纵杆件调整不当	调整
乱挡	在离合器技术状况正常的情况下，变速器同时挂上两个挡或虽能挂上挡，但不能挂入所需要的挡位	变速杆球头定位销磨损、折断或球孔与球头磨损、松旷	更换定位销或变速杆
		拨叉轴凹槽、互锁销、锁定钢球磨损严重或漏装	更换拨叉轴或互锁销、锁定钢球
		变速杆下端工作面或拨叉轴上导块的导槽磨损过度	更换换挡拨叉或传动拨头
挂入某个挡位有异响	当挂入某个挡位时，变速器发出不正常响声，如金属的干摩擦声、不均匀的撞击声等	该挡位传递路线上的某一对齿轮副轮齿损坏	更换该对齿轮
各挡都有异响	变速器在任何挡位均有异响	润滑油不足	加注润滑油至正确的油面高度
		中间轴（从动轴）轴承磨损或调整不当	按规定间隙调整轴承，必要时更换轴承
		变速器齿轮磨损严重或损坏	更换齿轮
空挡有异响	当变速杆置于空挡时，变速器有异响	润滑油不足	加注润滑油至正确的油面高度
		输入轴轴承磨损或损坏	更换输入轴轴承
		中间轴轴承磨损	更换中间轴轴承
变速器漏油	变速器壳体外围有油泄漏，变速器的齿轮油减少	变速器盖与壳体之间的配合松动或密封垫损坏	更换密封垫，涂上密封胶，按规定力矩紧固
		油封磨损、变形或损伤，通气口堵塞，放油螺塞松动	更换油封，疏通通气口，紧固放油螺塞
		齿轮油过多或齿轮油选用不当，产生过多泡沫	选用合适的齿轮油，放油至规定的油面高度
		变速器壳体裂纹	裂纹较小时，可用胶补或焊修方式修理；否则，箱体需报废

三、驱动桥（后桥）的保养

拖拉机的技术保养在工作 400 h 时，应检查前驱动桥中央传动及最终传动油面高度，必要时添加。具体保养内容见表7—8。

表7—8　　拖拉机400 h技术保养

序号	技术保养具体内容
1	完成200 h技术保养的全部内容
2	按维护、保养图加注润滑脂和润滑油
3	检查前驱动桥中央传动及最终传动油面高度，必要时添加
4	检查传动系统及提升器的润滑油油面高度，必要时添加
5	检查驻车制动器手柄自由行程，必要时调整
6	清洗、保养液压转向油箱滤清器
7	按柴油机生产厂家的使用说明书中“二级技术保养”要求对柴油机进行保养

1. 驱动桥（后桥）的作用

驱动桥将变速器传来的动力经降速增扭、改变动力传递方向后，分配到左、右驱动轮，使拖拉机行驶，并允许左、右驱动轮以不同的转速旋转。

轮式拖拉机的驱动类型分为两后轮驱动和四轮驱动两种。驱动桥按是否有最终传动分为有最终传动驱动桥和无最终传动驱动桥。

无最终传动驱动桥的用途是在驱动桥与车轮之间再增加一级减速机构，进一步降速增扭，可以使主减速器的传动比不必设计得太大。如图7—19所示，有最终传动驱动桥分为内置式和外置式两种。

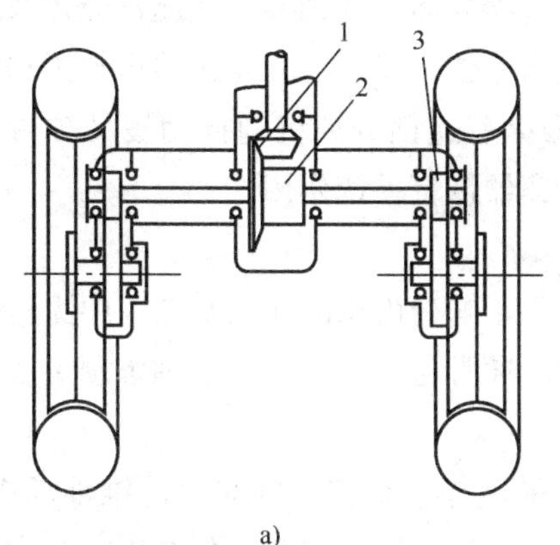

a)

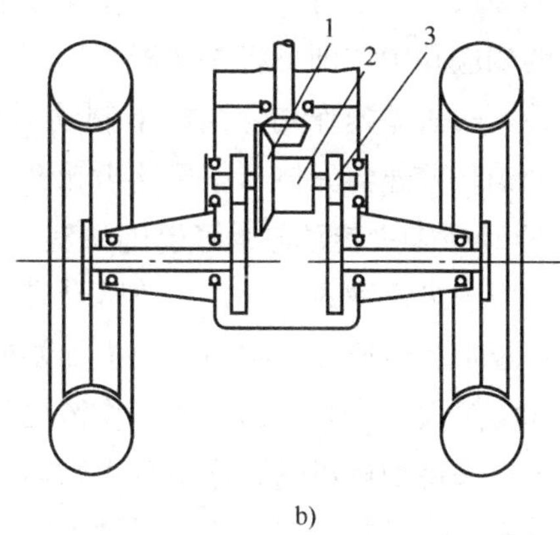

b)

图7—19　有最终传动驱动桥

a）外置式　b）内置式

1—中央传动　2—差速器　3—最终传动

2. 差速锁的作用

使两半轴输出转矩基本相等的差速器称为简单差速器。装有简单差速器的轮式车辆，当遇到左、右轮与路面之间的附着条件相差较大时，会出现附着条件较差的驱动轮高速滑转，而附着条件较好的驱动轮不转，车辆的驱动力下降的情况。为了解决简单差速器的这一问题，轮式拖拉机上一般常采用差速锁，即把差速器锁住，消除其差速作用，这种差速器又称

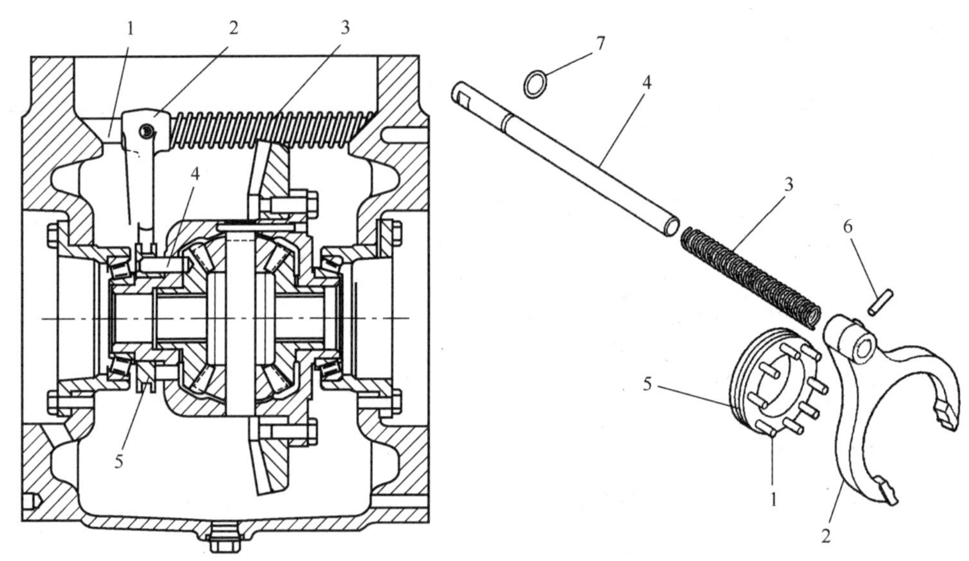

图 7—20　SNH800 型拖拉机防滑差速器差速锁的结构

1—差速锁销　2—差速锁拨头　3—弹簧　4—差速锁销　5—差速锁滑套　6—销　7—O 形圈

防滑差速器。SNH800 型拖拉机采用强制锁止式防滑差速器，其差速锁的结构如图 7—20 所示。该差速锁采用脚踏板操纵接合，制动器踏板操纵液压分离。当踩下差速锁踏板，拉动拨叉轴带动拨叉，将带有 8 个锁销的差速锁滑套推向差速器壳体，锁销插入差速器壳体及差速器齿轮的相应孔中，即可将差速器壳体与差速齿轮锁为一体，使左、右差速器齿轮无法实现差速运转，失去差速作用。当踩下制动器踏板时，操纵差速锁分离机构推动拨叉轴带动拨叉，将锁销从差速器壳体与差速器齿轮孔中退回，差速器恢复差速作用。

3. 驱动桥中央传动与差速器的调整

驱动桥中央传动大、小锥齿轮啮合是否正常，严重影响着齿轮的使用寿命。中央传动齿轮啮合不正常是造成传动噪声、磨损加剧的重要原因。通常通过啮合印痕、轴承预紧度、齿侧间隙和噪声大小来判断齿轮的工作情况。

由于中央传动锥齿轮工作中产生轴向力，所以常采用能承受较大轴向力的锥轴承支撑。这种轴承由于本身的结构特点，当轴承有少量磨损时，对齿轮轴向位置变化的影响极大，使齿轮离开原来正常啮合位置，需要加以调整。调整的目的是减小因轴承磨损而增大的间隙，使锥齿轮获得理想的啮合印痕。

（1）大、小锥齿轮啮合印痕的检查和调整。不同机型的拖拉机对锥齿轮传动啮合印痕的检查方法不同，有的机型检查大锥齿轮上的啮合印痕，有的机型检查小锥齿轮上的啮合印痕。但是，不管采用哪种检查方法，都是通过观察啮合印痕的形状和位置来判断啮合印痕的好坏，并决定如何进行调整的。

（2）小锥齿轮位置的调整和垫片厚度的测定。FIAT90 系列拖拉机变速器在安装中央传动与差速器时，是通过调整小锥齿轮的位置、锥齿轮传动齿侧间隙和轴承的预紧度等来确保锥齿轮传动获得理想的啮合印痕。为了调整小锥齿轮的位置，纽荷兰 SNH800 型拖拉机制备有专用的调整工具，其安装方法如图 7—21 所示。

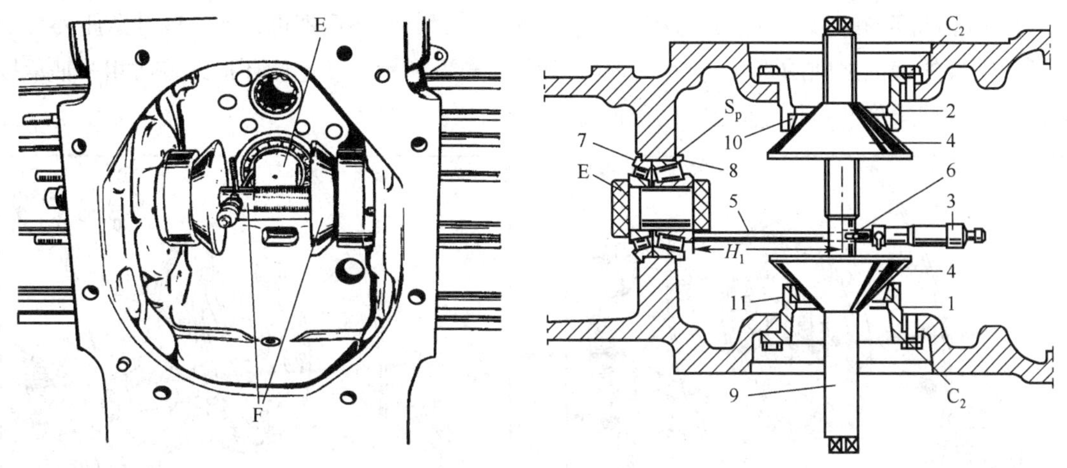

图 7—21　SNH800 型拖拉机小锥齿轮位置检查工具的安装方法

C_2—支架固定螺钉　E—专用工具（修理厂特制）　F—通用检查工具（生产厂家提供）　H_1—工具测量的尺寸　Sp—垫片　1、2—差速器轴承座　3—测微规　4—定中心锥套　5—测微规枢轴　6—测微规螺钉　7、8—小锥齿轮轴承　9—螺杆轴　10、11—圆锥滚子轴承外圈

（3）小锥齿轮轴轴承的调整。如图 7—22 所示，将小锥齿轮轴安装到带轴承内圈、已确定的定位垫片、齿轮和轴承调整螺母的壳体中。转动小齿轮轴使轴承安装到位，拧紧调整螺母，直至转动力矩为 1. 50 ~ 2 N · m。

如图 7—23 所示，使用弹簧秤和缠绕在低速挡齿轮上的缠绕绳索测量转动力矩值，测量时变速器轴不应随之转动（等效弹簧拉力为 17. 6 ~ 23. 5 N）。

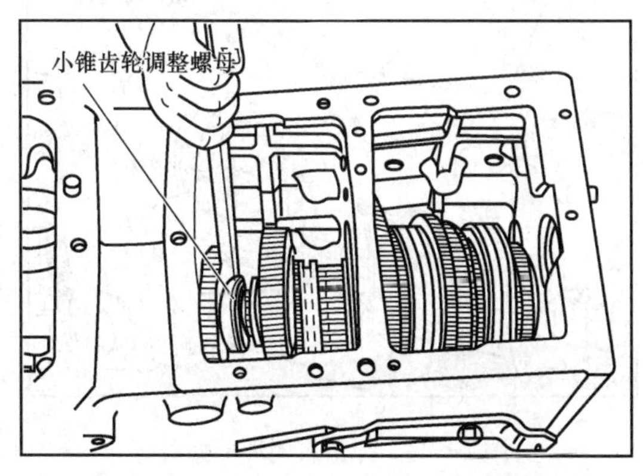

图 7—22　拧紧小锥齿轮调整螺母

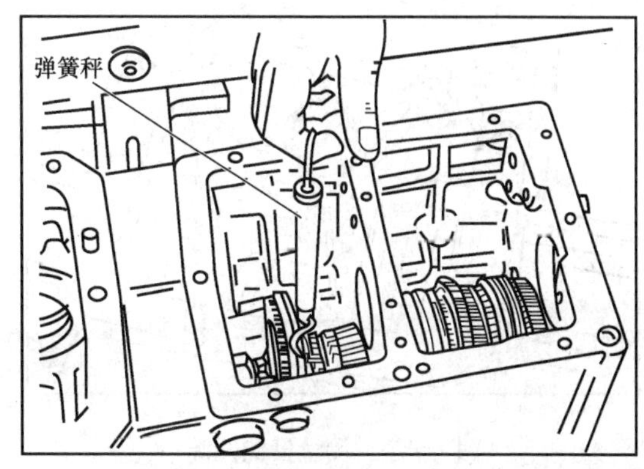

图 7—23　测量小锥齿轮轴转动力矩

（4）大锥齿轮及差速器轴承的调整和中央传动齿侧间隙的检查。步骤如下：小锥齿轮安装好后，将带大锥齿轮的差速器总成插入壳体内，将右侧轴承座 1 装到变速器上，放置环

形螺母 2 使其与轴承座平齐，如图 7—24 所示，安装左侧支架，用专用扳手拧紧环形螺母到 49 N·m，并使螺母进入轴承中。

拧松左侧环形螺母，直至其与相关支架平齐。拧紧右侧环形螺母，使右侧轴承座外表面和环形螺母外表面之间的距离 $A=6.5$ mm，如图 7—25 所示。使左侧环形螺母与相关轴承接触，并将其拧紧到 9.8 N·m 进行间隙调整。

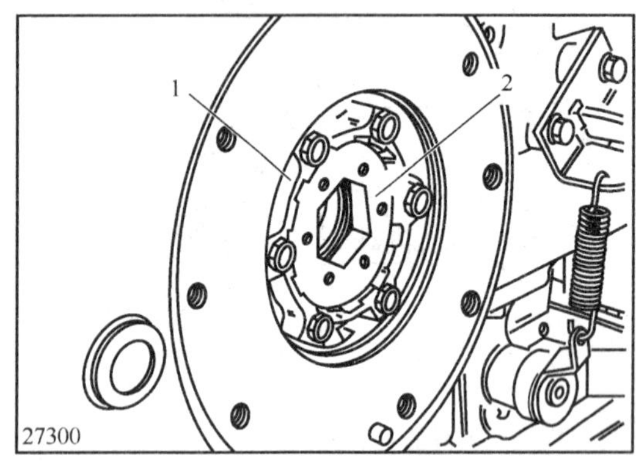

图 7—24 安装右侧轴承座和环形螺母

1—右侧轴承座 2—环形螺母

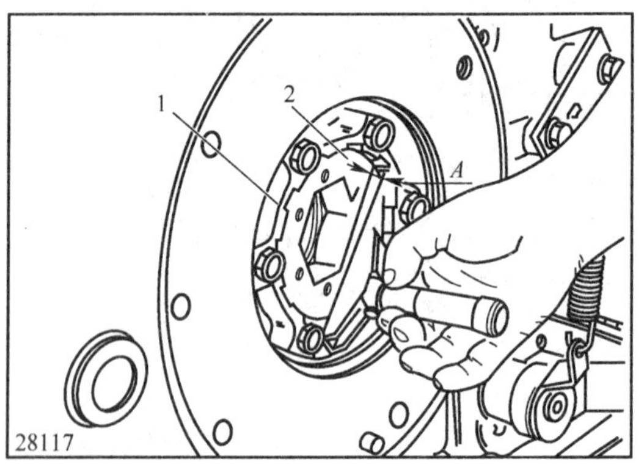

图 7—25 拧紧右侧环形螺母

A—环形螺母与轴承座之间的距离

1—右侧轴承座 2—环形螺母

如图 7—26 所示，用百分表测量锥齿轮传动齿侧间隙（每隔 120°进行一次测量，求出 3 个读数的算术平均值），并且将这个平均值与正常间隙值进行比较。

将左侧环形螺母拧松，相应拧紧右侧环形螺母，则可减小齿侧间隙；反之，则可增大齿侧间隙。最后，将右侧环形螺母拧进 0.10 mm，给各锥齿轮传动轴承预加载荷，如图 7—27 所示。

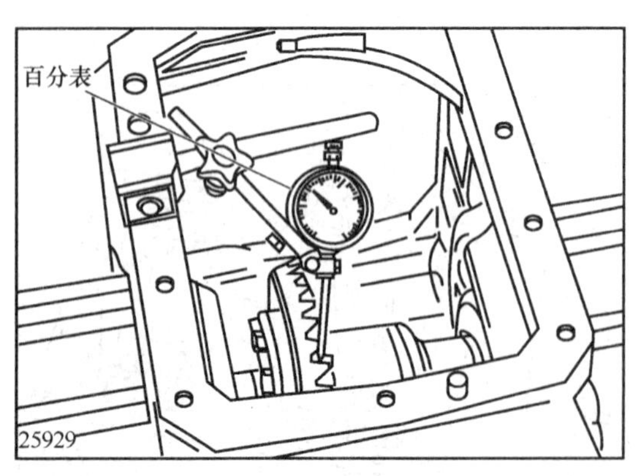

图 7—26 测量齿侧间隙

图 7—27 拧紧右侧环形螺母

1—环形螺母 2—工具扳手 50027

如图 7—28 所示，使用弹簧秤和缠绕在差速器保持架法兰上的缠绕绳测量传动力矩值（等效弹簧秤拉力为 98 ~ 147 N）。

用锁环将右侧和左侧的环形螺母锁定到位，如图 7—29 所示。

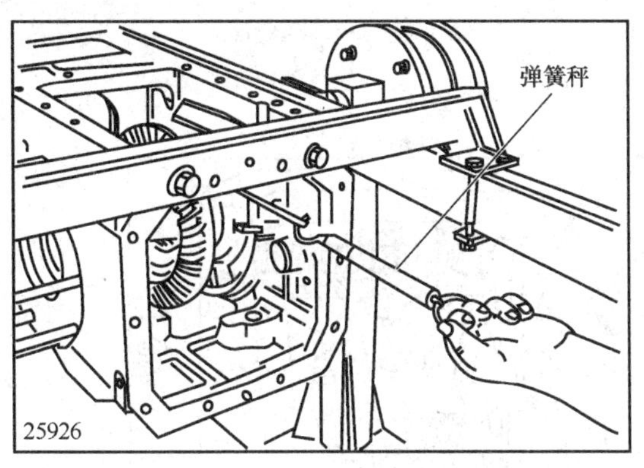

图 7—28　测量锥齿轮传动力矩

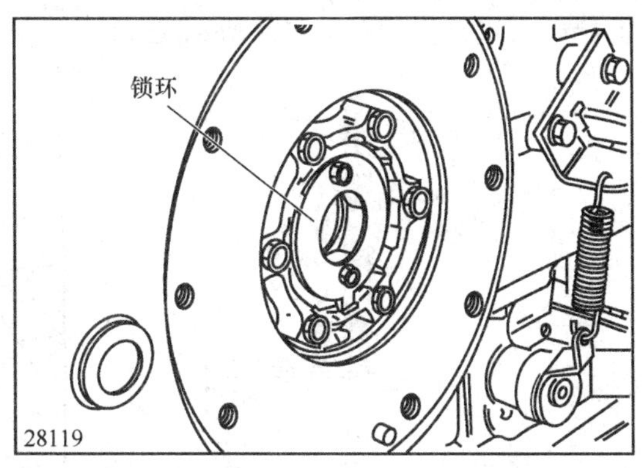

图 7—29　用锁环锁定左侧和右侧环形螺母

> ⚠ 注意：锥齿轮传动齿隙为 0.18 ~ 0.23 mm（取平均值 0.21 mm）。在调整过大或过小的齿隙时，应注意齿隙与等效大锥齿轮轴向移动量的区别，它们的平均比率为 1∶1.4，即齿隙变化 0.1 mm，相当于大锥齿轮轴向移动量为 0.14 mm。

（5）差速锁的安装与调整。差速锁的安装与调整如图 7—30 所示。

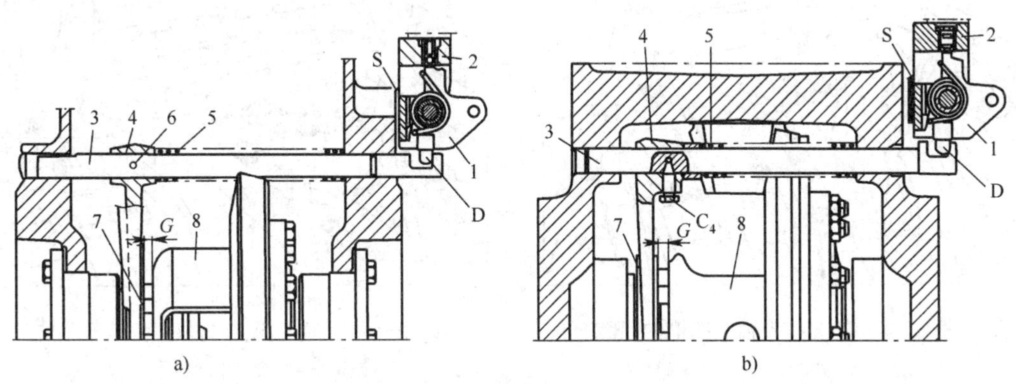

图 7—30　差速锁的安装与调整（液压操纵型）

a）SNH800 型拖拉机差速锁　b）东方红—1002/1004 型拖拉机差速锁

C_4—拨叉定位螺钉　D—摆动销　G—锁套行程，8.1 ~ 8.2 mm　S—垫片

1—差速锁手柄　2—液压锁定分离装置　3—拨叉轴　4—拨叉　5—弹簧　6—柱销　7—差速锁套　8—差速器壳体

如图 7—31 所示，首先用工具压紧回位弹簧，组装差速器锁释放装置（用于机械操纵型）或释放板（用于液压控制型），不加调整垫片。

如图 7—32 所示，将尺寸为 8.1 ~ 8.2 mm 的量规插入锁套和差速器壳体之间，以便它能接触到锁套在壳体上的滑动面。用一根撬棍使锁套接触到量规和差速器壳体，并将拨叉调到量规的位置。

检查差速锁套与差速器壳体之间的间隙，即差速锁套行程，该行程为 8.1 ~ 8.2 mm。用塞尺测量摆动销与拨叉轴上凹槽之间的间隙，如图 7—33 所示。将所需的垫片放到差速器锁定分离装置下，如图7—34所示。

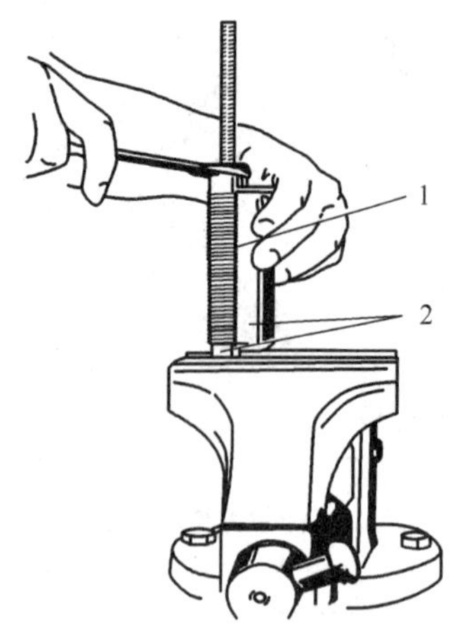

图7—31 差速锁的安装

1—回位弹簧 2—安装工具

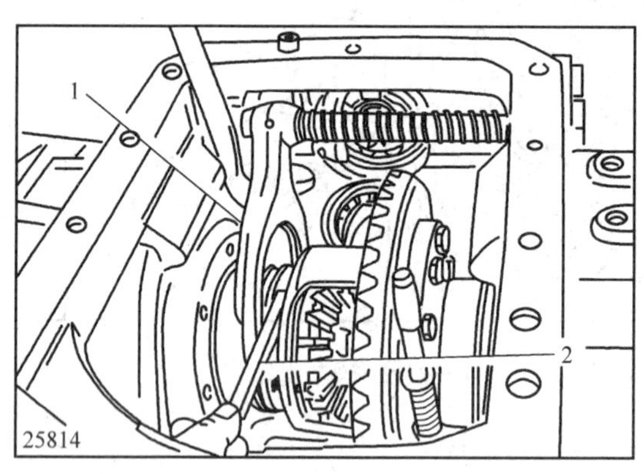

图7—32 插入量规

1—差速锁拨叉 2—量规

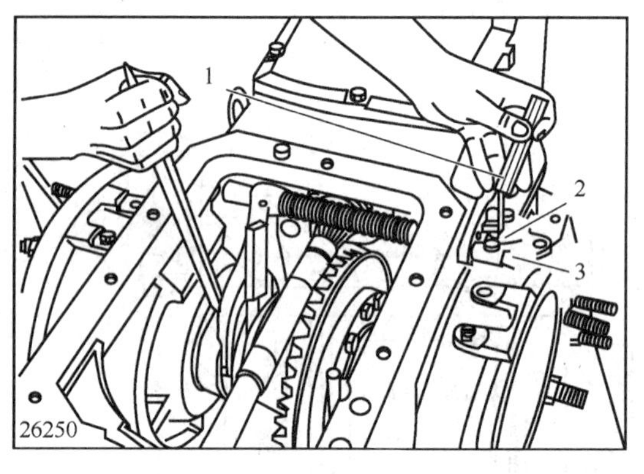

图7—33 摆动销与拨叉轴上凹槽的间隙

1—塞尺 2—摆动销 3—拨叉轴

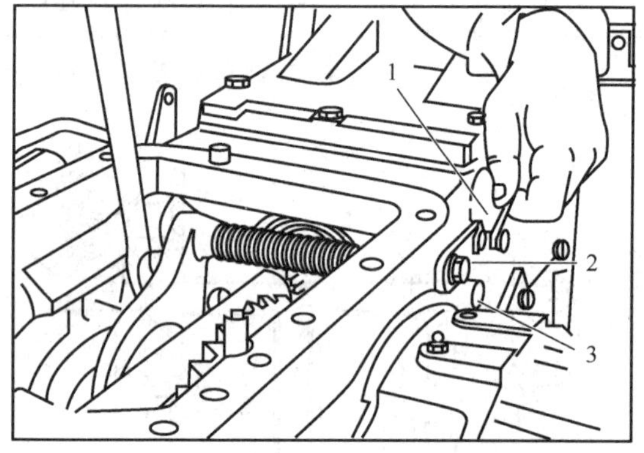

图7—34 在差速锁分离位置安装调整垫片

1—调整垫片 2—摆动销 3—拨叉轴

为确保差速锁套的接合，踏板到底板之间的距离 H 应为35～40 mm，如带驾驶室，到橡胶底板之间的距离 H_1 应为15～20 mm，如图7—35所示。

4. 锥齿轮传动及差速器组件的维护与调整

锥齿轮传动及差速器组件装配注意事项：在重新装配时，差速器轴承盖应对准所做的参考标记，并按下面的描述调整锥齿轮传动及差速器组件。重新装配锥齿轮传动及差速器组件的步骤与拆卸步骤相反。

装配前彻底清除配合表面上的油污，涂以 ϕ2 mm 的密封胶束（或加一密封垫），并将锥齿轮传动及差速器组件固定到桥壳上。装配结束后，向前桥中注入规定的润滑油。

（1）小锥齿轮轴轴承预紧度的调整。将小锥齿轮轴轴承的两个外圈正确地装到相应的位置上。将小锥齿轮轴连同一个锥轴承内圈和小锥齿轮轴安装距调整垫片，按上述的方法装

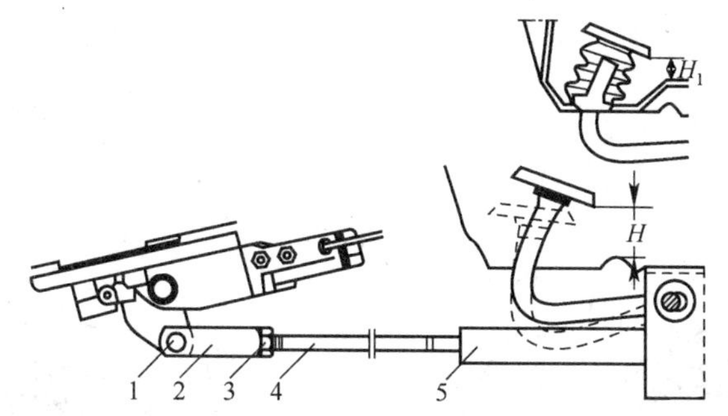

图 7—35　差速锁踏板的调整

1—前调节叉　2—锁定螺母　3—拉杆　4—后调节叉　5—销轴

H—踏板与底板的距离，35 ~ 40 mm　H_1—踏板与橡胶底板的距离，15 ~ 20 mm

到锥齿轮传动支座上。将后轴承内圈装到小锥齿轮轴上，不要装到位，使内圈和外圈有 2 ~ 3 mm 的距离（这个间隙用手很容易检查）。将外圆表面涂了油的油封垫圈、止动钢球、油封、油封挡圈和小锥齿轮轴锁紧螺母依次装到小锥齿轮轴上。

如图 7—36 所示，将小锥齿轮轴止动工具装到小锥齿轮轴上，然后将锁紧螺母扳手装到锁紧螺母上，将扭矩扳手装到止动工具上，使小锥齿轮轴静止不动，然后将锁紧螺母扳手和扭矩扳手按图示正确安装，拧紧锁紧螺母，直到转动小锥齿轮轴的力矩值为 108 N · m（11 kgf · m）。即将锁紧母松退，约 1/16 ~ 1/10 圈。

如图 7—37 所示，将扭矩扳手装在小锥齿轮轴止动工具上，检查小锥齿轮轴的旋转力矩应小于 0. 75 N · m（0. 075 kgf · m）。否则，应退回后轴承内圈，重复上述拧紧锁紧螺母操作。

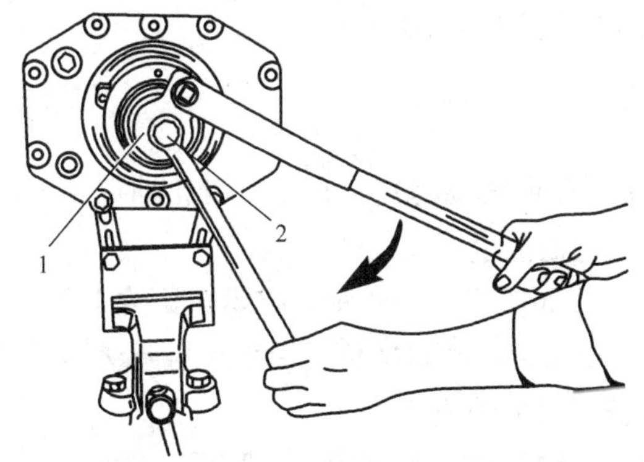

图 7—36　小锥齿轮轴承锁紧螺母的预紧

1—锁紧螺母扳手　2—小锥齿轮轴止动工具

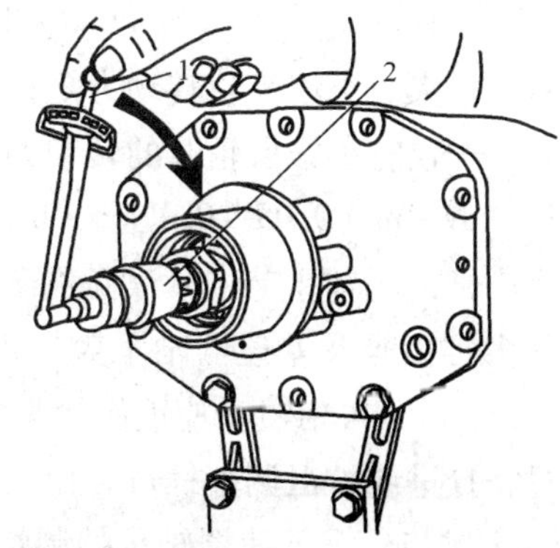

图 7—37　小锥齿轮轴转动力矩的检查

1—扭矩扳手　2—止动工具

用冲子将锁紧螺母的尾部打入轴上的键槽中，以防螺母松动。

大锥齿轮及差速器轴承的调整和锥齿轮传动齿侧间隙的检查：首先将差速器总成装到锥齿轮传动支座上，如图 7—38 所示；然后紧固大锥齿轮及差速器总成轴承盖，如

图 7—39 所示。

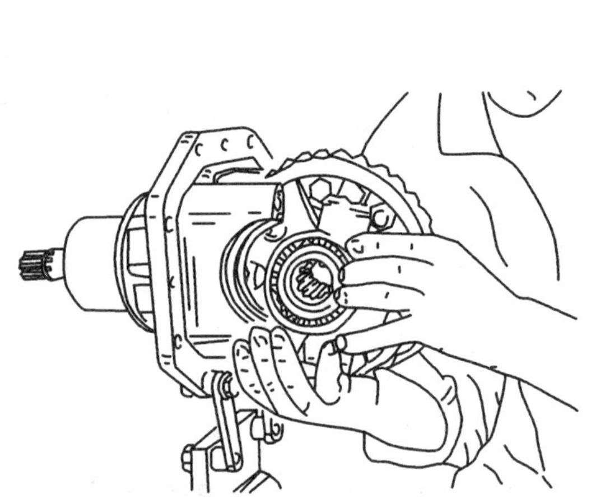

图 7—38　将差速器总成装到锥齿轮传动支座上

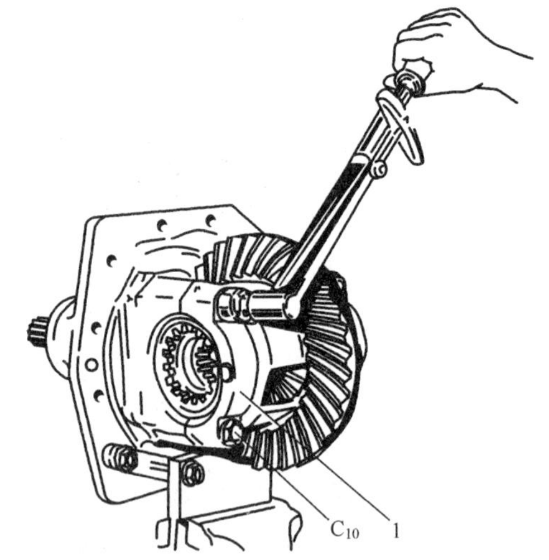

图 7—39　紧固大锥齿轮及差速器总成轴承盖
C_{10}—轴承盖自锁螺母　1—大锥齿轮及差速器总成轴承盖

均布在 3 点测出齿侧间隙，取 3 点测量值的平均值，并与规定的标准间隙值比较（规定的标准间隙值为 0.15 ~ 0.20 mm，平均值为 0.18 mm）。如果齿侧间隙值在规定范围以外，则应拧退一侧调整螺母，拧进另一侧调整螺母，两侧调整螺母拧退、拧进圈数要相等，并要重新调好轴承预紧力，获得规定的齿侧间隙值。

在这种条件下，大、小锥齿轮轴承的转动力矩，在小锥齿轮轴轴承端测量应为

$$A_2 = A_1 + 0.5 \sim 1\ \text{N}\cdot\text{m}\ (0.05 \sim 0.1\ \text{kgf/}\cdot\text{m})$$

式中　A_2——大、小锥齿轮转动力矩；

A_1——仅有小锥齿轮时的转动力矩。

0.5 ~ 1 N · m（0.05 ~ 0.1 kgf · m）为大锥齿轮的转动力矩，在小锥齿轮轴端测量，测量工具为小锥齿轮轴止动工具（见图 7—36）和扭矩扳手（见图 7—37）。

拧紧大锥齿轮及差速器轴承盖自锁螺母 C_{10}，如图 7—39 所示，拧紧力矩为 113 N · m（11.5 kgf · m）。再用锁止片锁住差速器壳体轴承左、右调整螺母，锁止片与调整螺母开槽不重合时，拧进或拧退调整螺母，使最靠近的开槽对准锁止片。

（2）大锥齿轮及差速器轴承的调整。如图 7—40 所示，拧紧后松退 1/10 ~ 1/5 圈。再进行锥齿轮传动齿侧间隙的检查，如图 7—41 所示。

5. 驱动桥的故障诊断与排除

常见的驱动桥故障有噪声、过热及漏油等。驱动桥的故障诊断及排除方法见表 7—9。

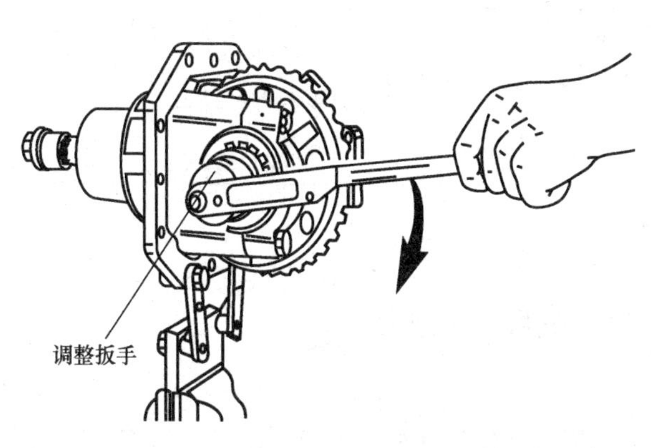

图 7—40　大锥齿轮及差速器轴承的调整

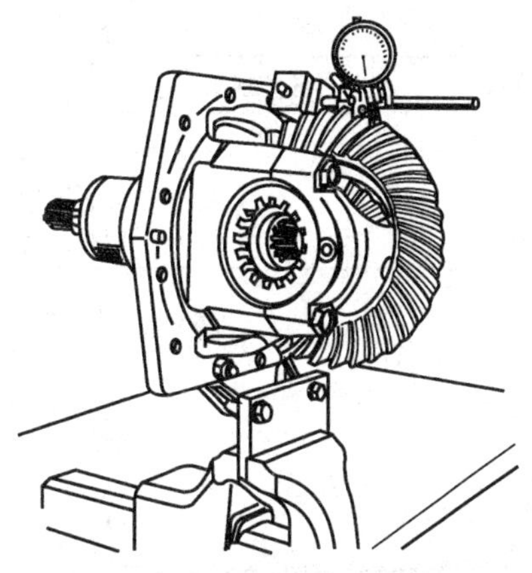
图 7—41　锥齿轮传动齿侧间隙的检查

表 7—9　驱动桥的故障诊断及排除方法

故障	故障现象	可能的原因	排除方法
噪声和振动	运行时驱动桥发出不正常的响声。可分为空挡时、驱动时、滑行时、转弯时和加载时的异响	齿轮油不足、油质变差，特别是油内有较大金属颗粒	检查驱动桥油位，加注规定的润滑油
		大、小锥齿轮调整不当	拆卸驱动桥，正确调整大、小锥齿轮轴承
		差速器半轴齿轮与半轴花键轴或车轮半轴与最终传动花键轴间隙过大	更换损坏零件
泄漏	加油口、放油口螺塞处或油封、各接合面处或壳体上有明显的漏油痕迹	加油口、放油口螺塞松动或损坏，通气孔堵塞	紧固加油口、放油口螺塞，疏通通气孔，更换损坏零件
		油封磨损、硬化，油封装反，油封与轴颈磨成沟槽	更换油封或轴
		接合面紧固螺钉松动，平面变形，漏装密封垫或密封胶	加装密封垫、涂抹密封胶，按规定扭矩拧紧紧固螺钉
		驱动桥壳体有缺陷或裂纹	观察壳体外表或用磁力探伤方法找到缺陷或裂纹，用胶补或焊补修复，严重时更换箱体
过热	当工作一段时间后，用手探试驱动桥壳体，有烫手感觉，有时伴随噪声	齿轮油变质、油量不足或牌号不符合要求	加注规定牌号的润滑油至规定油面高度
		轴承预紧度过大	正确调整轴承预紧度
		大、小锥齿轮啮合间隙过小	正确调整大、小锥齿轮啮合间隙
液压差速锁不工作	将差速锁开关置于接合或分离状态时，差速锁不工作	驱动桥油面过低	加油至正确油位
		滤清器堵塞	更换滤清器
		液压泵故障	大修或更换油泵
		差速锁开关损坏	更换开关
		电磁阀未供电，接头断开或损坏，遥控开关损坏	恢复电路连接并修理或更换损坏的零件

续表

故障	故障现象	可能的原因	排除方法
		差速锁控制电磁阀卡滞未在工作位置	修理或更换电磁阀
		密封圈漏油，致使压力下降	更换损坏的密封圈

第三节　行走系统的保养

拖拉机传动系统在解决了发动机的特性与使用要求之间的矛盾后，还必须设置一套将所有部件连成一体，并把从传动系统接受的扭矩转化为驱动力，使拖拉机正确行驶的机构，这套机构称为拖拉机的行走系统。轮式拖拉机和履带式拖拉机的最大差异就在于它们行走系统的不同。

行走系统是拖拉机的重要组成部分，所以必须正确使用和维护拖拉机的行走系统。使用中必须勤检查、勤保养，正确操作，细心调整，使其处于良好的技术状态。

一、定期检查前轮定位和转向装置的技术状态

定期对前轮定位、前轮轴承间隙、转向装置进行检查调整，是减轻轮胎磨损与减少行走部件变形损坏的重要措施。应按照各型拖拉机的要求数值进行检查，必要时予以调整。尤其是对前轮前束、前轮轴承间隙、转向节主轴固定螺母和横拉杆固定螺母要特别注意。

二、严格按操作规程作业

起步要平稳，在田间和不良的道路上应低速行驶，不要高速超越田埂、沟渠及高速急转弯；运输作业时保持中速行车，尽可能避免紧急制动；要根据负荷大小选择合适的挡位，不要经常使拖拉机超负荷作业。

三、保持正常轮胎气压和履带张紧度

轮胎气压应符合使用说明书中规定值。气压过高，缓冲作用减弱，拖拉机振动加剧，容易损坏机件和引起驾驶员疲劳；田间作业时气压大，附着性能变差，会增大下陷量和滚动阻力，过高的气压遇到冲击时甚至会引起内胎爆裂。气压过低，轮胎变形大，增加了行驶阻力，使轮胎发热，加速老化和损坏。轮胎气压应随季节、气温及作业条件等情况适当选择。履带式拖拉机的履带过紧过松都会使履带板、履带销和轮子加速磨损，严重时会出现脱轨、

卡轨，造成机件损坏。常用的东方红—1002/802 等系列拖拉机履带的正常下垂度应保持在 30 ~ 50 mm，张紧弹簧的压缩量保持在（640 ± 2）mm/（260 ± 5）mm。

四、重视日常检查保养，保持各部位清洁

经常检查轮毂螺栓、螺母及开口销等零件的紧固情况，保持紧固可靠。每班向摇摆轴套管、前轮轴及转向节等处加注润滑脂；经常检查托带轮、引导轮、支重轮等处的油位，必要时添加润滑油，并按要求定期清洗和换油。及时清除泥土和油污。保持行走部件清洁，尤其要注意不要使轮胎受汽油、柴油、机油及酸碱物污染，以防腐蚀老化。在拆装轮胎时，不要用锋利和尖锐的工具，以防损坏轮胎，安装时要注意轮胎花纹方向。从上往下看，“人”字形或“八”字形的字顶必须朝向拖拉机前进方向。定期将左右轮胎、驱动轮、拐轴和履带等对称配置的零部件换边使用，以延长使用寿命。

五、几项技术检查调整方法

1. 前轮轴承间隙的调整

前轮轴承的正常间隙为 0.1 ~ 0.2 mm，使用中由于轴承磨损，间隙会逐渐增大，当超过 0.5 mm 时，应进行调整。具体方法：支起前轴，使前轮离地（履带式拖拉机松开履带），依次取下防尘罩、开口销，拧入调节螺母至消除轴承间隙为止，再退回 1/10 圈；转动前轮既灵活又无明显旷动表示调整正确，然后依次装上开口销、防尘罩。

2. 前轮前束的检查与调整

前轮前束不正确时，前轮会很快磨损，有时偏磨严重。使用中特别在调整前轮轮距后应检查调整前轮前束。具体方法：将拖拉机置于较平的硬质地面上，用方向盘使前轮转到居中的位置；在通过前轮中心的水平面内，分别量出两前轮前端和后端内侧面之间的距离，看其差值是否符合要求，不符合要求时通过改变横拉杆的长度予以调整，横拉杆放长时前束加大，缩短时前束变小。

3. 履带张紧度的检查调整

将拖拉机停放在平坦的地面上，用一根比两个托带轮之间距离稍长的直木条放在履带上，测出履带下垂度最大处的履带刺顶到木条下平面间的距离（即下垂度），正常值为 30 ~ 50 mm。不正确时应予调整。东方红—802（75、60）型拖拉机是通过调整张紧螺杆上端与支座之间的螺母来实现，调整时应首先使缓冲弹簧的压缩长度在 260 ~ 265 mm。东方红—1002（1202）型拖拉机采用的是液压油缸张紧装置，具有调整履带下垂度和安全保护双重功能。当拖拉机遇到障碍时，产生的冲击使缓冲弹簧压缩得到缓冲，如果冲击力过大，超过弹簧最大压力时，液压油缸的安全阀自动打开，以达到安全防护目的。调整履带下垂度时应首先检查调整缓冲弹簧的压缩长度为（640 ± 2）mm，消除张紧螺杆端部的螺母与支座之间

的间隙并锁紧，然后向液压油缸加注润滑脂，使履带下垂度达到要求。

六、机件的维修更换

1. 安装前的清洗

任何脏物与杂质存在于零件表面，都会影响机器的装配质量，不仅会加速零件磨损，有的还会导致大的故障。如新活塞外表涂有一层防锈蜡，若忽视了环槽中防锈蜡的清除，工作中蜡质结焦，会将活塞环粘住，使活塞环失去弹力，不能起到密封作用，造成发动机功率下降；若活塞环因卡死而被折断，还会刮伤缸套。对于一些精密件，在安装前应放在80℃的清洁柴油中浸泡并清洗，以清除其表面的防锈油、防锈蜡。同时，还应保持所用工具、设备及环境的高度清洁，以防将污物、杂质带入机内。

2. 装配技术要求

机手与修理工一般对缸套间隙、轴瓦间隙、大小锥齿间隙等比较重视，对这些部件的装配往往精益求精，但对另一些部件的装配关系则较为忽视。如气缸套顶面凸出缸体平面高度一般为0.10 mm，同一缸体上各缸套凸出高度相差值不应大于0.05 mm。否则，就会发生气缸漏气、冲坏缸垫及缸盖变形或缸套断裂等故障。再如，重视活塞环间隙而忽视其边间隙，边间隙一般为0.04 ~0.15 mm，也是为了给活塞环留下膨胀余地。边间隙过小，环卡死在环槽中，破坏了其应有的密封作用与刮油作用；边间隙过大，环与环槽发生撞击，易使环折断，对于气环还将加剧其向燃烧室的“泵油”作用。

3. 变型产品的零部件不可通用

所谓变型，即意味着有改进或改动，一般在机器的型号符号中，或用字母或用数字加以表示。例如，S195B则是在S195基础上的改进型产品，用字母“B”表示。S195B和S195的曲轴、主轴承、缸套、活塞、进排气门、气门导管及气门弹簧等零件均不能互相通用。

4. 同一型号中的不同加大件的差别

修理尺寸法是一种常用的修理方法，以延长一些价格较高机件的使用寿命。为了使修理后零件具有互换性且便于选用配合件，一般都规定有统一的修理尺寸。如曲轴瓦除有标准的以外，还有加大0.25 mm、0.50 mm、0.75 mm、1.00 mm、1.25 mm 5种修理尺寸（加大是指轴瓦合金层加厚）。因此，磨削曲轴时，要根据轴颈的磨损情况，按某一接近的修理尺寸，亦即按曲轴的磨削级别选择相应的加大轴瓦。例如，第一次磨削的曲轴只能选用加大0.25 mm的轴瓦，若选用加大0.50 mm的轴瓦，轴瓦的刮削量加大不仅浪费时间，而且保证不了修理的质量，也会大大降低轴瓦的使用寿命。

5. 防止零件错装和漏装

一部机器由众多零件装配而成，即使一台单缸柴油机，也拥有1 000多个零件。这其中有一部分零件安装时，对其位置、方向有着严格的要求，如不注意，就会将某些零件装错或漏装。人们一般对正时齿轮、主轴承及燃油系统三大精密偶件的位置、方向、配对性较为注意，但对活塞环、涡流室镶块的位置与方向则往往有所忽略。安装活塞环时，各环开口应错开 120°～180°，而且环口的位置应避开活塞销孔与喷油方向；有内切边的环应使内切边朝上，有外切边的环应使外切边朝下。

七、转向轮定位

对于偏转前轮转向拖拉机，为了保证其直线行驶的稳定性、转向轻便以及减少行驶中轮胎的磨损，由拖拉机设计制造及装配来保证转向轮、主销相对于前轴倾斜一定的角度，这种具有一定位置关系的安装称为转向轮定位。转向轮定位包括主销内倾、主销后倾、转向轮外倾和转向轮前束，俗称“三倾一束”。

1. 主销内倾

主销内倾即主销在拖拉机横向平面内并不垂直于地面，而是其上端向内倾斜一个角度 β（见图 7—42），称为主销内倾角。主销内倾的功用是：

（1）使转向轮（前轮）在行驶中偏转后能够自动回正，保证拖拉机稳定直线行驶。

（2）使转向轮转向轻便，减轻驾驶员的劳动强度。在前桥重力的作用下又有使车轮回正的趋势（以降低到原来的重心高度）。且转向轮偏转的角度越大，前桥抬起得越高，转向轮的回正作用就越强。因此，在拖拉机转弯后，驾驶员只需在方向盘上施加较小的力，转向轮就能迅速地回到中间位置。但这也会增加转向时的转向力矩。

2. 主销后倾

即主销在拖拉机纵向平面内上端向后倾斜一个角度 γ（见图 7—43），称为主销后倾角。主销后倾的功用为：保证拖拉机直线行驶的稳定性，并使转向后的车轮自动恢复到直线行驶状态（即自动回正）。

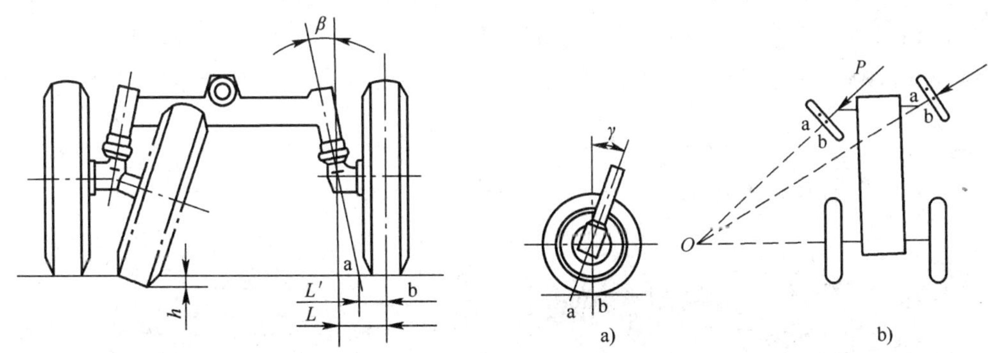

图 7—42　主销内倾　　　　图 7—43　主销后倾

回正力矩也称为稳定力矩。稳定力矩产生的同时，也增加了转向阻力矩，使转向时费力。因此，主销后倾角不宜过大，一般拖拉机的主销后倾角 γ 为 0°～5°，汽车的主销后倾角一般不超过 3°。

3. 转向轮外倾

即转向轮向外倾与拖拉机纵向垂直平面形成一个角度 α（见图 7—44），称为转向轮外倾角。转向轮外倾的作用为：提高转向轮工作时的安全性、可靠性和操纵轻便性。

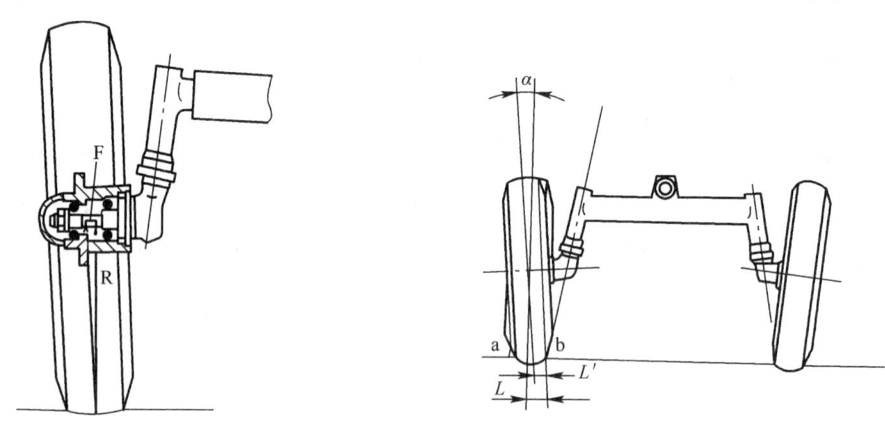

图 7—44　转向轮外倾

转向轮外倾是靠转向轮轴向下倾斜而形成的。转向轮外倾使力臂 L 减小到 L'，从而使转向轻便。此外，转向轮外倾后，地面对转向轮的垂直反力的轴向分力指向轴承的根部，使车重和载荷作用在转向轮内端大轴承上，还可以抵消转向或横坡作业时所受向外的部分轴向力，以减轻轴端负荷，从而使转向节不易折断，转向轮不易产生松动或脱落的危险。拖拉机转向轮外倾角一般为 1.5°～4°，汽车转向轮外倾角为 1°左右。

4. 转向轮前束

转向轮前束是指从俯视角度看转向轮的前端在水平面上向内收缩一段距离（或角度），如图 7—45 所示。转向轮前束的作用为：消除由于转向轮外倾所带来的不良影响，可防止车轮在地面上出现半滚动、半滑动的现象，减少轮胎的磨损，保证转向轮相互平行地直线行驶。

转向轮外倾后，在行驶过程中就有使车轮向外滚动的趋势，如图 7—45a 所示。但由于

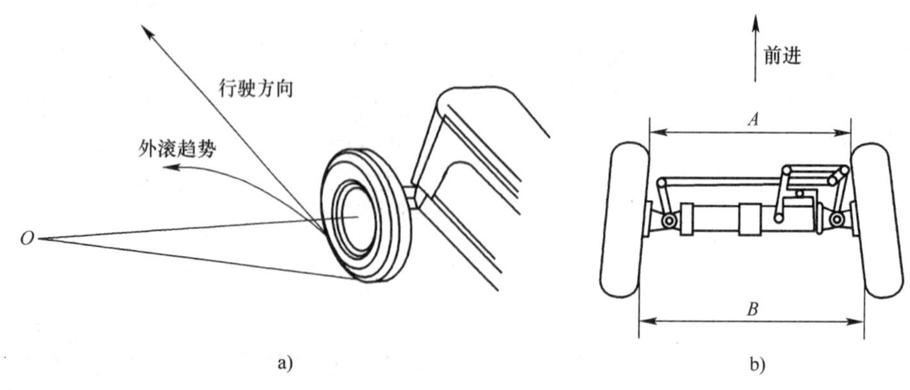

图 7—45　转向轮前束

a）前轮外倾前轮外滚趋势　b）前轮前束

转向横拉杆的约束，车轮不能向外滚动，而使车轮在地面上出现边滚边滑现象，从而加速轮胎的磨损。有了前束后，就使转向轮在每一瞬间，与地面形成纯滚动状态，从而能减轻轮毂外轴承压力和轮胎磨损。

转向轮前束值，一般用两轮前、后端距离差值来表示。如图7—45b所示，设两轮前端距离为A，后端距离为B，则前束值为$B-A$。通常前束值为0～12 mm，其大小可通过调整转向横拉杆的长度来调整。

> ⚠ 注意：转向轮定位除前束可以自由调整外，其余均在制造时即已确定，修理时应按规定检查其数值，必要时校正或更换零件予以恢复。

在使用过程中，由于转向系统和前轴各零件的磨损，引起前束值改变，使转向困难，轮胎早期磨损。为此，前轮前束要经常检查并加以调整。

下面以SNH800型拖拉机为例介绍前轮前束的检查和调整步骤，具体步骤如下：

（1）将拖拉机停放在平坦地面上，将前轮顶离地面。将前轮胎压充至规定值。

（2）使前轮处于直线行驶的位置（将方向盘从最左极限位置转到最右极限位置，记下方向盘旋转的圈数，然后把方向盘从最右极限位置退回至上述圈数的一半即可）。

（3）在与前轮轮轴中心线相同的高度上，测量出两轮前胎内侧或胎面中心线前端的距离（A）和两轮后胎内侧或胎面中心线后端的距离（B），$B-A$差值即为前轮前束。

（4）若需要调整前轮前束，松开转向横拉杆两端锁紧螺母。向内或向外转动六方调整螺母或横拉杆来缩短或延长横拉杆，直至前束达到规定值（纽荷兰90系列拖拉机前束值为0～5 mm，东方红X系列拖拉机前束值为0～10 mm）。

第四节　转向系统的保养

转向系统尽管有很多种类，结构上也各有特点，但都应尽量满足以下基本要求：各车轮形成统一的转向中心，车轮转向时，各车轮应处于纯滚动而无侧向滑移的运动状态，否则将会增加转向阻力以及加剧轮胎磨损。为此，转向时各车轮要绕统一的转向中心转动。

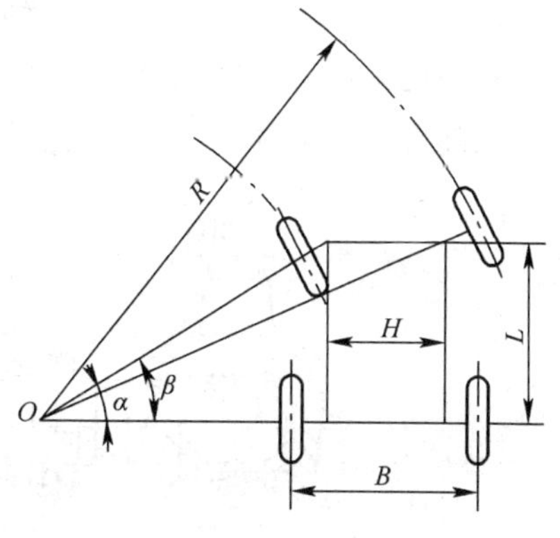

图7—46　偏转车轮转向示意图

图7—46所示为偏转车轮转向时的情形。由图可知，两个偏转的前轮从各自的轴线与驱动轮（后轮）轴线交于一点（O），称该点为瞬时转向中心。

方向盘的转动角度与车轮偏转大小应配合好。一般来说，方向盘转过一定的角度，车轮偏转角越大，则转向越灵敏；反之，灵敏性就越低。但过于灵敏也不好，那样会使操纵沉重。另外，方向盘至转向轮间应有一定的传动可逆性，使转向轮能自动回正，驾驶有一定的“路感”，又不至于“打手”造成驾驶的疲劳感和不安全感。

一、转向传动机构

1. 转向垂臂

转向垂臂与转向垂臂轴一般都采用锥形花键连接，并用螺母锁紧，如图 7—47 所示。为保证转向垂臂从中间（与地面垂直）向两边有相同的摆动范围，常在转向垂臂及其轴上刻有安装标记。垂臂与纵拉杆相连的一端一般做成锥孔，孔中装入球头销，并用螺母锁紧。

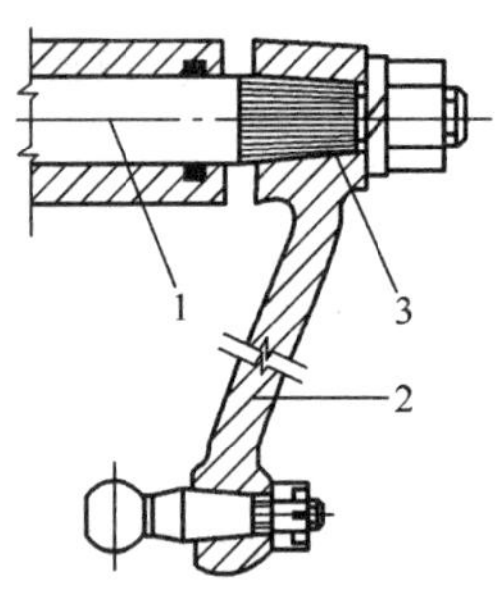

图 7—47　转向垂臂

1—转向垂臂轴　2—转向垂臂　3—花键

2. 转向纵拉杆

转向纵拉杆主要由球头销、球头销座、补偿弹簧、弹簧座、螺塞、杆身等组成。转向纵拉杆在转向时既受拉又受压，结构如图 7—48 所示。

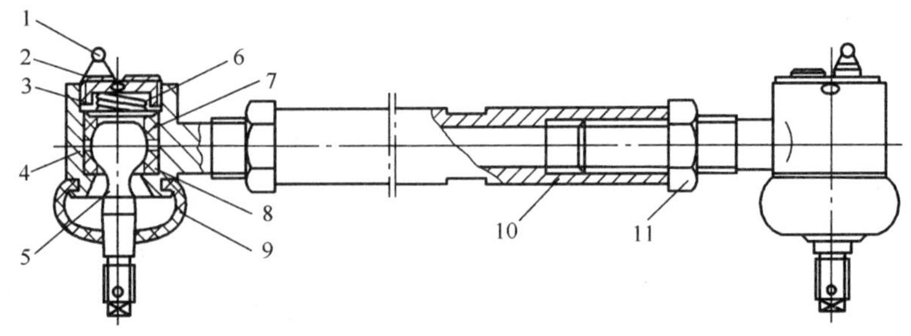

图 7—48　东风—50 型拖拉机转向纵拉杆

1—注油嘴　2—开口销　3—密封盖　4—接头　5—球头销　6—补偿弹簧　7—球头销座　8—球头销座　9—防尘罩　10—转向纵拉杆　11—锁紧螺母

3. 转向横拉杆

在转向梯形转向机构中设有转向横拉杆，其结构类似于转向纵拉杆。如图 7—49 所示，它的两端也采用球头销连接，并且补偿弹簧横向布置，以保证工作长度不变。纵、横拉杆接头一般都设有注油嘴，加注润滑脂润滑。

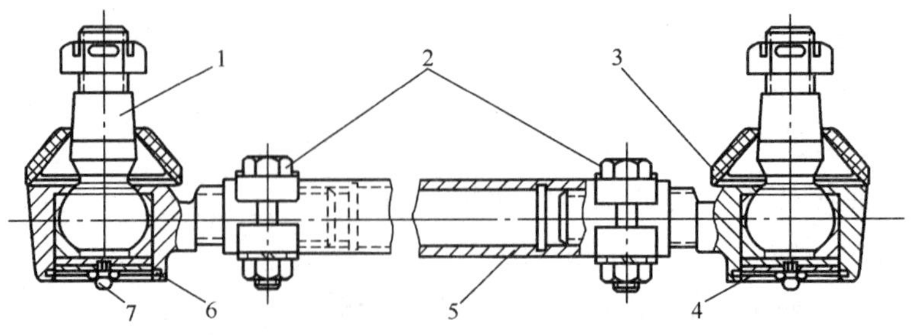

图 7—49　转向横拉杆

1—球头销　2—锁紧螺母　3—球头销座　4—挡板　5—杆身　6—卡环　7—油杯

二、前驱动桥

拖拉机工作 1 600 h，应更换前驱动桥中央传动和最终传动润滑油。并对各部进行保养，具体内容见表 7—10。

表 7—10　　拖拉机工作 1 600 h 技术保养

序号	技术保养具体内容
1	完成 800 h 技术保养全部内容
2	更换前驱动桥中央传动和最终传动润滑油
3	对起动电动机进行检查、调整、维护和保养
4	按柴油机生产厂家的使用保养说明书中“三级技术保养”要求对柴油机进行保养

能实现车轮转向和驱动两种功能的车桥称为转向驱动桥。在四轮驱动拖拉机和全驱动越野汽车上，前驱动桥除有转向作用外，同时还起驱动作用，前驱动桥总成如图 7—50 所示。在结构上具有一般驱动桥所具有的主减速器、差速器和半轴；也具有一般转向桥所具有的转向节、转向节轴（主销）和轮毂等。它与单独的驱动桥、转向桥相比，不同的是：由于转向的需要，半轴分为两段，主销也分为上、下两段，分别固定在万向节的球形支座上。

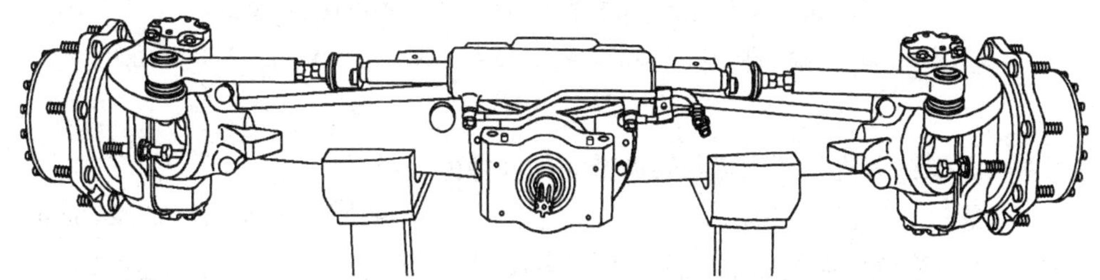

图 7—50　前驱动桥

对于最终传动的换油保养，首先在放油的位置拆下放油堵塞，放掉桥壳中的润滑油，如图 7—51 所示；然后从左、右侧的最终传动壳体上拆下放油（或加油）堵塞（见图 7—52），加入新的润滑油。

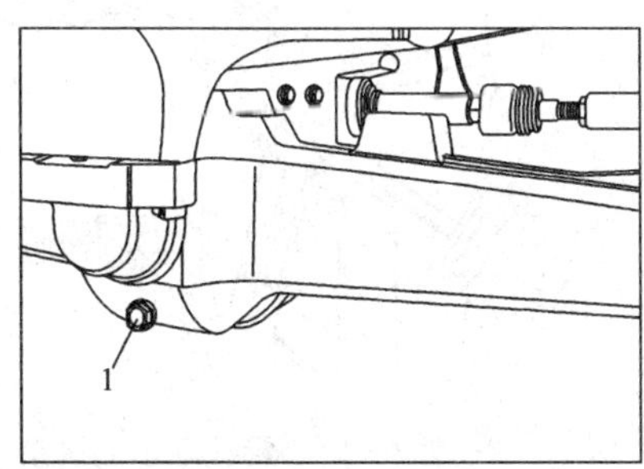

图 7—51　放润滑油的位置

1—放油堵塞

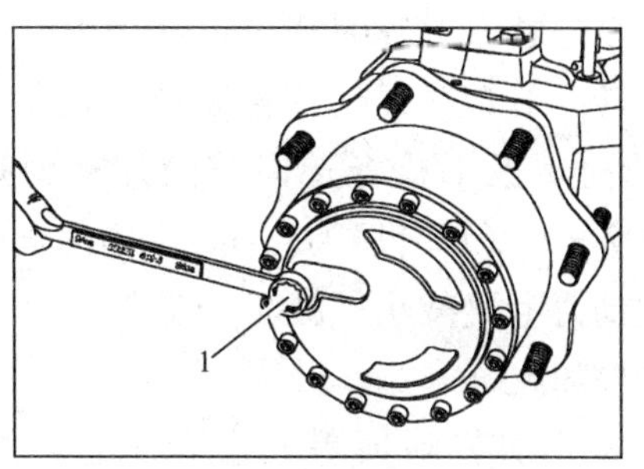

图 7—52　放最终传动的润滑油

1—放油（或加油）堵塞

> ⚠ 注意：只有将最终传动总成拆下后，才能解体轮毂。如果转向主销轴承拆卸困难，则应使用专用拆卸工具进行拆卸。

主销轴承的调整与保养如图7—53所示。检查前桥壳体中的主销轴承外圈及防尘密封圈是否磨损。从主销顶盖和底盖上拧下油杯，在轴承外圈涂上润滑脂。装上顶盖，并拧紧螺钉至64 N·m（6.5 kgf·m）。装上底盖，不装调整垫片，紧固螺钉涂以机油。使用扭力扳手和工具（A），拧紧底盖固定螺钉，直至转向节的摆动力矩为15～25 N·m（1.5～2.5 kgf·m）。

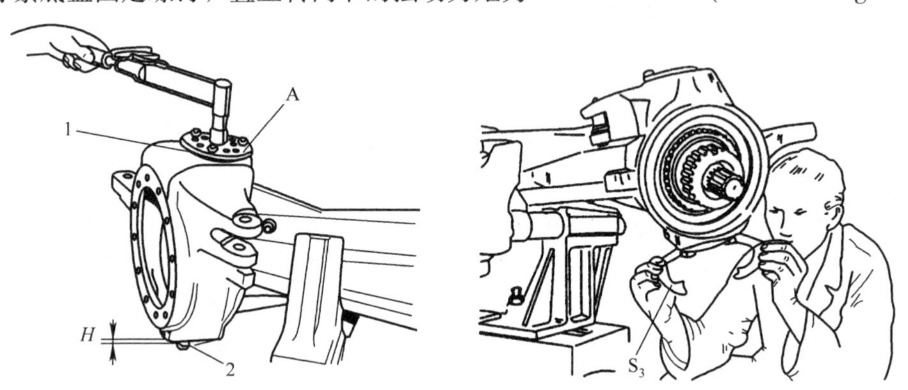

图7—53　转向主销轴承预紧度调整及调整垫片厚度的确定

A—转向节摆动力矩检验工具　*H*—底盖至壳体端面之间的间隙　S_3—转向主销轴承调整垫片

1—顶盖　2—底盖

使用塞尺在螺钉旁边测量底盖与转向节间的间隙值（*H*）。

取在3个螺钉旁测得间隙的平均值，底盖下面垫片 S_3 的厚度应为：$H-0.20$ mm。东方红—1004/1204型拖拉机提供的主销轴承调整垫片共5种，厚度规格为0.10～0.30 mm，每种垫片厚度相差0.05 mm，从中选取最接近计算值厚度的调整垫片装上。

部分松开底盖固定螺钉，插入调整垫片，再拧紧螺钉至拧紧力矩为64 N·m（6.5 kgf·m）。

摆转转向节数次以使零件安装到位，使用带工具A的扭矩扳手检查转向节的摆动力矩应为118～147 N·m（12～15 kgf·m）。增加调整垫片厚度，摆动力矩值减小；减少调整垫片厚度，摆动力矩值增加。

将油杯分别装到顶盖和底盖上，并注入润滑脂。

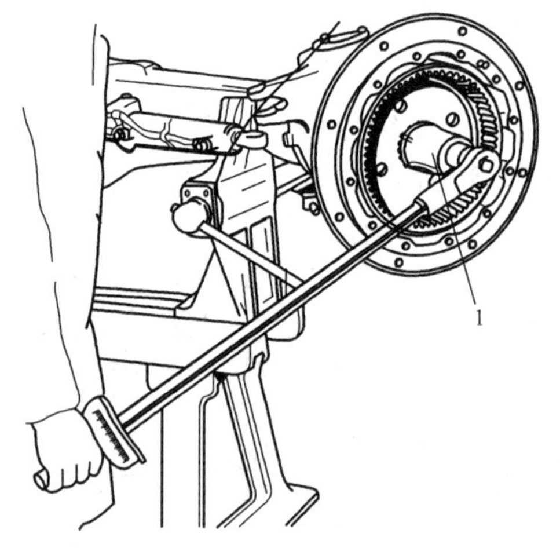

图7—54　轮毂轴承的调整

1—扭矩扳手

轮毂轴承的调整如图7—54所示。将轮毂和齿圈固定齿座合件装到转向节上。用扭矩扳手和轮毂轴承锁紧螺母扳手逐渐拧紧锁紧螺母至扭矩为 147 ~ 196 N·m（15 ~ 20 kgf·m）。在拧紧锁紧螺母的同时，转动轮毂使转轴安装到位。

完全松开锁紧螺母，再拧紧至力矩为 392 N·m（40 kgf·m）。用手转动轮毂，应转动自如，不得松旷或卡滞。

将锁紧螺母尾部打入轴槽中，以防螺母松动（纽荷兰系列拖拉机为锁紧垫圈）。

第五节　制动系统的保养

制动系统的制动器是指能使运动部件迅速减速或停止运动的工作装置。这里所指的制动系统是用于使车辆迅速减速和停车的制动装置。在拖拉机行进中，减小油门，可使其减速；切断传给驱动轮上的动力（如将变速器换到空挡或使发动机熄火），也可使其减速，直至停车。但采用以上办法，机车在停车前的滑行距离都太长，而且不能完全由人控制，满足不了使用要求。因此，必须设置制动装置，使机车能在高速行进中由人强制减速并迅速停车，即行车制动系统。此外，还可使机车停在斜坡上不致滑溜，即驻车制动系统。

制动系统包括两大部分，如图 7—55 所示。其中，用来直接产生制动力矩（摩擦力矩）的那部分称为制动器；用来操纵制动器的另一部分称为操纵机构。

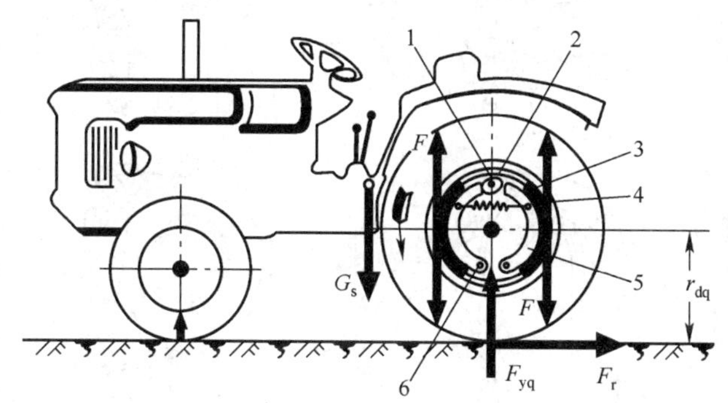

图 7—55　制动器的作用简图

1—制动凸轮　2—制动鼓　3—摩擦片　4—回位弹簧　5—制动蹄　6—支撑销

一、蹄式制动器

蹄式制动器也称鼓式制动器，如图 7—56 所示，它由制动毂和制动蹄组成。

在轮式拖拉机中采用的是简单式双蹄制动器。制动毂由螺栓连接在车轮上并随车轮转动。在制动毂内，有一组制动蹄安装在制动底板上，基本结构如图 7—56 所示，一对制动蹄上铆有摩擦衬片，蹄的一端铰链连接在固定不动的底板上，另一端可做径向运动。当踏下踏板凸轮转动时，两蹄张开压紧制动毂内圆表面，产生摩擦力矩，使拖拉机减速或刹车。当松放踏板时，制动蹄在回位弹簧作用下，恢复原位使制动蹄和制动毂出现间隙，制动解除。

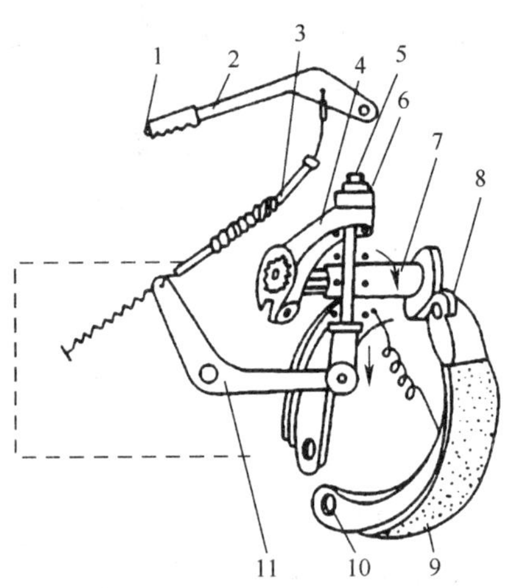

图 7—56　蹄式制动器结构简图

1—按钮　2—操纵杆　3—拉杆软轴　4—摆臂　5—拉杆　6—调整螺母　7—凸轮轴　8—滚轮　9—制动蹄　10—偏心支撑　11—摇臂

二、盘式制动器

铁牛—654 型拖拉机的行车制动器为干式、全盘式、机械操纵型制动器，其结构如图 7—57 所示。两片铆有摩擦衬片的制动盘装在差速锁齿轮轴上，与轴花键连接，既能与轴一起旋转，又能在轴上做轴向移动。两制动盘之间夹装两块环状压盘，它们浮动支撑在制动器壳体的 3 个凸肩上。两压盘内侧面的 5 个卵形凹坑中装有钢球，并用 3 根拉紧弹簧将两压盘拉紧。每块压盘上有两个凸耳和一个铰链点，凸耳可与制动器壳上的凸肩压靠，铰链点上连接的连接杆与操纵杠杆相连。

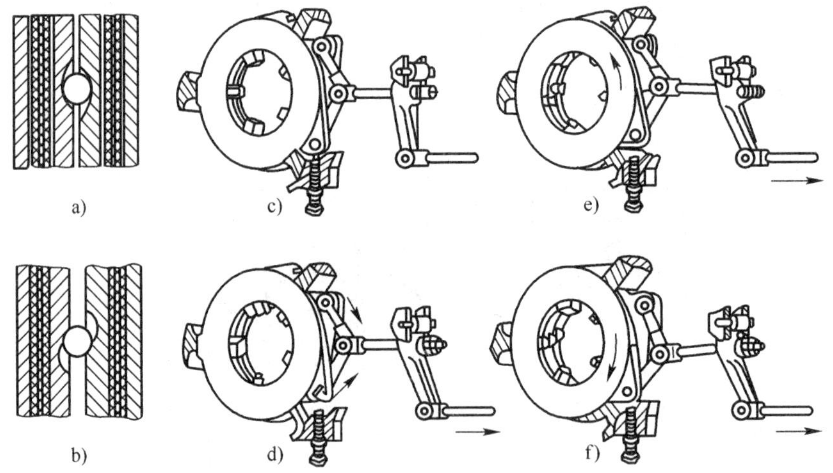

图 7—57　铁牛—654 型拖拉机盘式制动器结构简图

a）非制动过程钢球与压盘位置　b）制动状态钢球与压盘位置　c）未制动状态　d）开始制动时杆件动作　e）前进挡时增力作用　f）倒退挡时增力作用

三、全盘式制动器

SNH800 型拖拉机的行车制动器为湿式、全盘式、液压操纵型制动器。分别位于左右半轴壳体和最终传动壳体之间，结构如图 7—58 所示。主要由制动油缸、制动活塞、制动盘、制动摩擦盘等组成。

盘式制动器除结构较复杂外，其具有结构紧凑、操纵省力、制动效果好、摩擦片磨损均匀、间隙不需要调整、封闭性好、散热好、使用寿命长等优点，广泛应用在轮式拖拉机上。

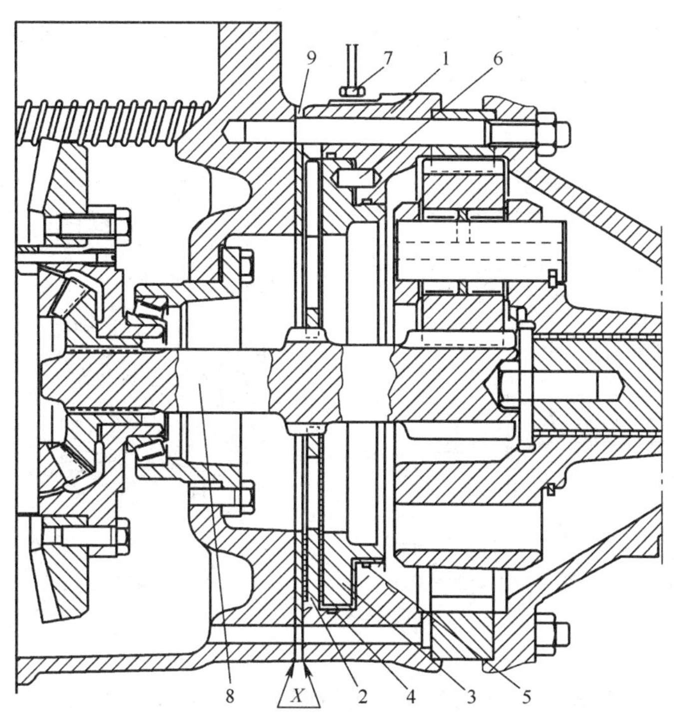

图 7—58　SNH800 型拖拉机行车制动器

1—制动油缸　2—右侧最终传动半轴上的制动摩擦盘　3—制动活塞　4、5—密封件

6—定位销　7—制动器油管　8—右侧最终传动半轴　9—制动盘

四、制动器的维护调整

1. 制动泵的拆装注意事项

（1）拆卸制动泵时，注意活塞要从出油管的一端抽出，检查主油缸孔和活塞工作表面的氧化和粗糙度状况以及磨损情况；活塞与主油缸孔的配合间隙应符合厂家维修手册中的规定。

（2）检查密封圈，必要时更换。

（3）装配时，在装活塞之前，应先把单向阀装上，以防止活塞卡住单向阀，如图 7—59 所示。装单向阀时，如果活塞已经在主油缸内，应把活塞向前推，以防止单向阀损坏。

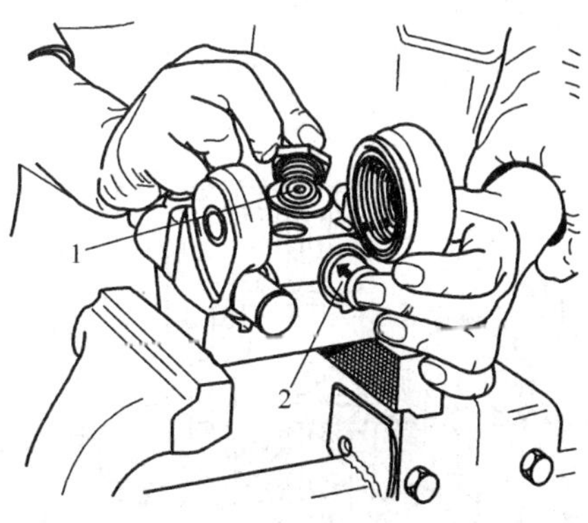

图 7—59　主油缸上单向阀的安装

1—阀片　2—主油缸活塞

2. 制动器踏板的调整

如图 7—60 所示，把带衬套的左制动器踏板（P_s）装在制动泵壳体上，装上带调整螺钉的操纵连杆（L_2），用卡环 2 锁紧定位，把右制动器踏板（P_d）装在操纵连杆（L_1）上，使得杆的前端支撑在制动泵壳体上，操纵连杆（L_1）上的标记要与右制动器踏板轴上的标记对准。

如图7—61所示，调整螺钉，保证间隙 $G_1=0.1\sim0.2$ mm后，用螺母锁定，用踏板上的联锁板把两个踏板并齐。

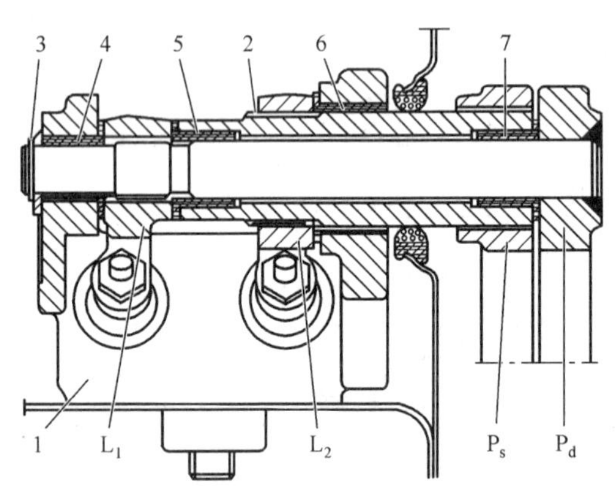

图7—60 踏板轴与液压泵操纵杆的装配

L_1、L_2—左右操纵连杆 P_s、P_d—左右制动器踏板

1—制动泵壳体 2、3—卡环 4、5、6、7—轴套

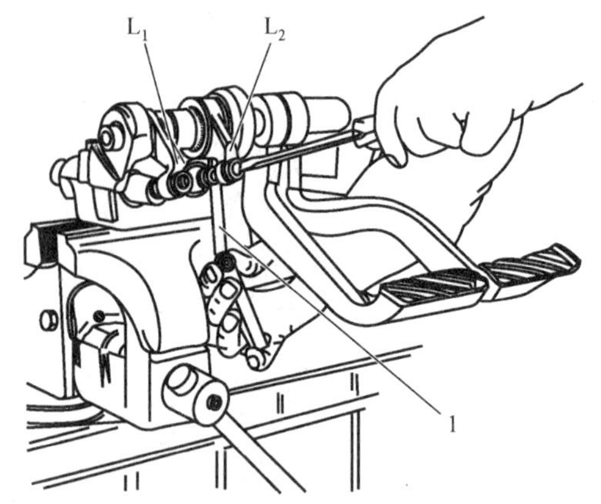

图7—61 在台架上调整踏板

1—塞尺 L_1、L_2—操纵连杆

旋转调整螺钉，直到螺钉与制动泵壳体接触时为止，用螺母锁紧。旋转调整螺钉，保证间隙 $G_2=0.1\sim0.2$ mm后，用螺母锁定。

制动器踏板的调整可在将制动泵装在拖拉机上或在台架上进行。

3. 驻车制动器的保养

如图7—62所示，正确定位各个零件，并按与拆卸相反的顺序进行装配。

重新将驻车制动器装配到后变速器之前，仔细清洗配合表面并除去油污，沿着标记线涂上密封胶（大约2 mm厚）。将带O形密封圈的内部操纵杆推入到位，并用螺钉固定，如图7—63所示。装配驻车制动外控制杆，包括安装摩擦衬片、导向螺栓、制动盘和齿轮装置。

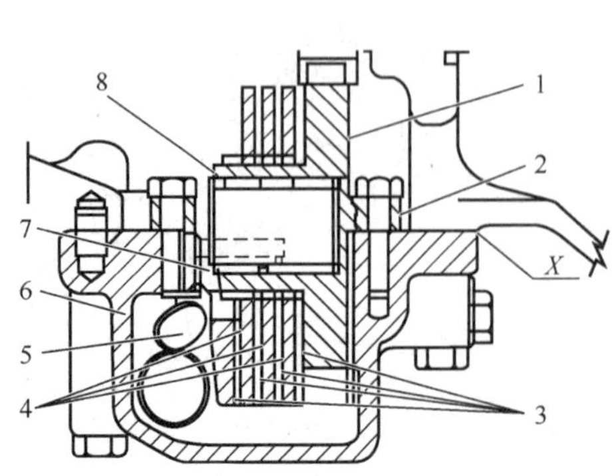

图7—62 SNH800型拖拉机驻车制动器结构

1—从动齿轮 2—从动齿轮销 3—扇形摩擦衬片

4—制动盘 5—内部操纵杆 6—底座

7—卡环 8—止推垫圈

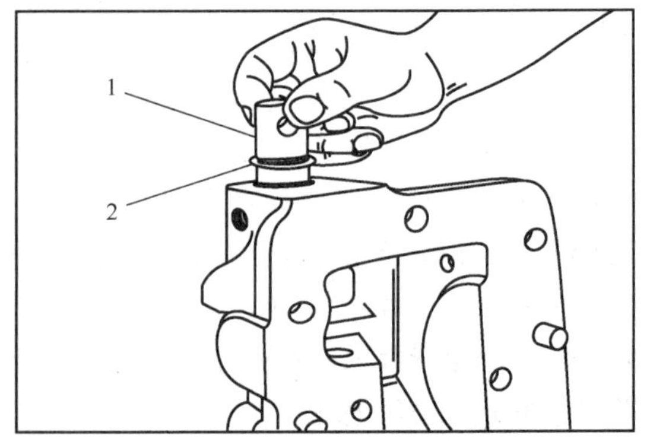

图7—63 安装内部操纵杆上的密封圈

1—内部操纵杆 2—O形密封圈

将装配好的驻车制动器总成安装到后变速器底座上，并按规定力矩拧紧固定螺栓。

4. 制动系统排气

在制动器液压管路被拆卸过或检修制动器后，制动系统必须排气。制动系统排气的注意事项及步骤如下：如图 7—64 所示，首先，在排气之前和排气期间，都要保证制动器油箱中的油液在上限位置。然后，慢慢地将左制动器踏板踩到底，以使油液形成压力。

保持制动器踏板在踩下位置，松开放气螺钉半圈，让空气排出，如图 7—65 所示。

图 7—64　清理制动器油箱周围
1—制动器油箱

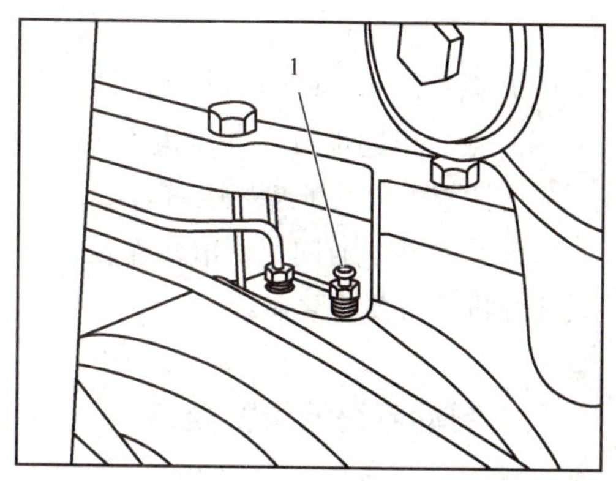

图 7—65　制动器放气螺钉的位置
1—放气螺钉

拧紧放气螺钉，重复上述步骤，直到从排气孔内冒出的油没有气泡为止。再次踩下制动器踏板，检查在踏板正常运动时，能否建立起油压。按上述步骤再排放右制动器油路中的空气。最后，将制动器油箱加满液压油。

对于装有拖车制动遥控阀（多路阀）的拖拉机，应先从放气螺钉处排气，再通过装在阀上的放气螺钉处排气。

五、气制动装置的使用

气制动装置是产生并控制用于挂车制动的压缩空气的装置，用于拖拉机运输作业中挂车的制动。

1. 气制动装置的使用方法

（1）将挂车气管与气制动阀出气管牢固连接。

（2）柴油机起动前应检查气泵内润滑油油面高度，油面应保持在油尺两刻度线之间。

（3）打开储气筒下的放水阀，放尽存水，然后关死（注意：储气筒应定期放水，否则将影响挂车制动效果，可能引起严重后果）。

（4）调整气制动阀操纵连杆及调整螺钉长度，使挂车制动与拖拉机制动同步，或略先于拖拉机制动。

（5）起动柴油机，仪表盘上气压表读数为 686 kPa，安全阀开始放气后，才能开动拖拉机挂车机组，如不放气检查安全阀，必要时更换。在运输过程中应经常观察气压表读数不得低于630 kPa。

2. 气制动装置的调整

（1）V带不能太紧或太松，要松紧适度。在两带轮跨距的中点，垂直加9.8~12 N的力，使V带紧边下沉量在3~4 mm为宜。

（2）发动机起动前应检查空气压缩机内的润滑油油面高度，油面应保持在油尺上下刻线之间。

（3）调整球头螺栓的长度，使挂车制动与拖拉机制动同步，或略先于拖拉机制动。

（4）拖拉机起步时，气压表上的读数不应低于343 kPa。驾驶过程中应经常观察气压表，压力读数不得低于起步压力。

（5）拖拉机长时间用于田间作业，可去掉驱动空气压缩机的V带，以防止功率消耗和空气压缩机不必要的磨损。

六、制动系统的维护要点

（1）定期检查机械传动制动系统踏板自由行程和蹄式制动器的蹄、鼓间隙。拖拉机左、右踏板行程应一致，必要时进行调整，调整后在平坦的路面上进行制动试验。检验高速行驶采用紧急制动时，左、右制动轮地面拖痕长度是否相等。

（2）对液压制动传动装置，要定期检查储液罐油面高度，不足时加注制动液（刹车油）；要及时排除系统中的空气和检查整个系统的密封性，如有漏油、破损应及时修复。

（3）对气压制动传动装置，要经常检查储气筒气压，发现气压上升过慢，停车后气压迅速降低，要查明原因，加以排除；定期清洗制动控制阀、空气压缩机的空气滤清器以及气压调节阀管路接头中的滤芯罩和滤芯；定期检查空气压缩机传动带张紧度；每班行车后及时放出储气筒中积聚的油水；经常检查储气筒、控制阀、制动气室、各管路接头、各软管等有无破损、漏气、脱落等情况。

（4）定期对各注油点注油润滑。

（5）发现制动器因油和泥水浸入，导致摩擦片打滑或制动器分离不彻底等情况，应检查和更换有关油封和密封装置并清洗各轴孔。

（6）定期检查、试验和调整制动系统的制动性能。

第六节　液压悬挂系统的保养

拖拉机通过液压悬挂系统来实现提升和操纵悬挂农机具的全套装置，称液压悬挂系统。它的主要作用是连接拖拉机和农机具、升降农机具、控制农机具的工作位置，输出液压能以驱动农机具上的工作部件并给拖拉机驱动轮增重，提高拖拉机的附着力。

拖拉机的液压悬挂系统也要定期进行保养，由于拖拉机的液压悬挂系统相对拖拉机其他系统工作要少很多，另外，液压悬挂系统的零部件较为精密，一般不进行拆卸，所以，只在一定的时间内进行液压油的更换和油箱的清洗等保养，且保养的周期也比拖拉机的其他系统保养时间长。即拖拉机每工作 800 h 对拖拉机的液压悬挂系统进行一次保养，具体保养内容见表 7—11。

表 7—11　　拖拉机 800 h 技术保养

序号	技术保养具体内容
1	完成 400 h 技术保养的全部内容
2	更换液压转向用油、传动液压两用油
3	更换传动系统及提升器传动液压两用油
4	对燃油箱进行清洗保养
5	按柴油机生产厂家的使用保养说明书中“三级技术保养”要求对柴油机进行保养

一、动力输出轴的使用

如图 7—66 所示，操纵动力输出轴的步骤如下：

（1）发动机熄火将动力输出轴操纵手柄扳至空挡位置，拆下牵引架及动力输出轴盖，装上动力输出轴防护罩，然后将作业机械与动力输出轴相连。

（2）起动发动机将离合器踏板踏到最低处，调整提升器使作业机械处于合适位置，操纵手柄至所需转速挡位。

（3）缓缓地松开离合器踏板，使作业机械开始运转，先用小油门检查运转情况后加大油门正式投入工作。

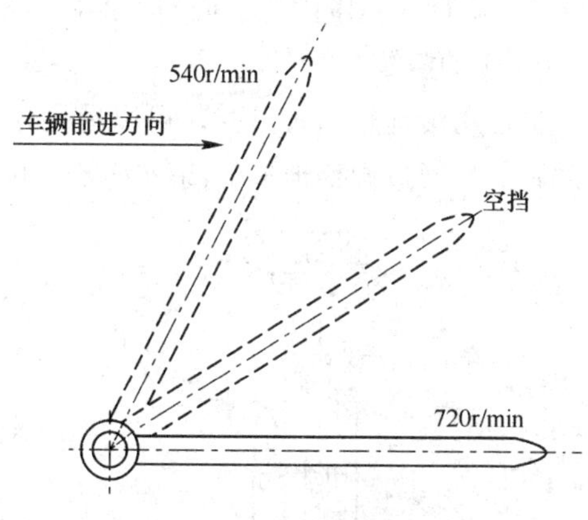

图 7—66　动力输出轴操纵示意图

注意：（1）在使用动力输出轴时，应加装防护罩。

（2）长期不用动力输出轴（如运输等作业），应将动力输出轴操纵手柄置于空挡位置。

二、液压悬挂系统的使用

液压悬挂系统的控制方式有力位综合控制、位控制、浮动控制 3 种。它是通过力控制弹簧总成、提升轴右压板、中间臂焊合件、连接件、反馈杆等零部件来实现的。

液压悬挂系统的操纵是通过操纵手柄来实现的，即可实现力位综合控制、位控制和浮动控制。

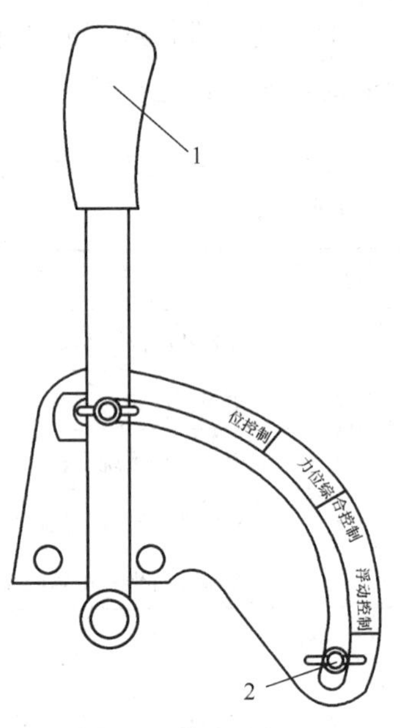

图 7—67　液压系统的控制方式
1—操作手柄　2—限位块蝶形螺母

1. 力位综合控制

在耕地作业中，土壤比阻变化比较大时，使用力位综合控制。耕深是由操纵手柄移动不同的位置来实现的。操纵手柄在综合控制范围内越向下移，耕深越深，反之耕深越浅。当调节到要求的耕深后，拧紧手柄限位块蝶形螺母如图 7—67所示，保证每次升降农具后使操纵手柄与定位块相碰，以达到保持耕深大致不变的目的。

2. 位控制

当带着农具进行旋耕、割草、收割等作业时，悬挂上拉杆受拉力，力控制弹簧不起作用，这时，综合控制只能起到位控制作用，在此位范围内，手柄向下推移越多则农具下降越多。

3. 浮动控制

当使用带地轮的农具时，可以采用浮动控制。操纵手柄应放在浮动控制范围内，这时耕深的调节是通过调整地轮的高度来实现的。而地轮与农具的相对位置一经调定，不论土壤条件如何变化，农具总是随着地轮仿形地表形状而起伏，都能保证耕深一致。

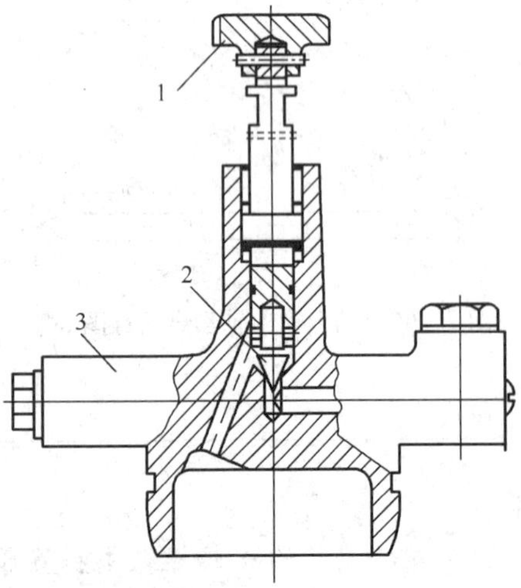

图 7—68　下降速度控制阀的使用
1—控制手轮　2—下降速度控制阀　3—缸头

三、农具下降的速度控制

调节下降速度控制手轮，可改变农具下降速度的快慢，如图 7—68 所示。保持合适的下降速度，可防止农具因下降速度过快导致与地面激烈的冲击而损坏。

下降速度控制手轮直接控制缸头上的下降速度控制阀，顺时针旋进下降速度控制手轮，农具下降速度减慢，反之则变快。

拖拉机带农具长距离转移时，将下降速度控

制手轮拧至农具不能下降，即下降速度控制阀恰好入座关闭（注意不要拧死），从而起到了液压锁的作用，这样可减少农具沉降以及运输中油缸的尖峰压力对分配器的影响，以达到拖拉机机组安全转移之目的。要注意的是，转移完毕，需要将农具下降时，首先将手柄扳到下降位置（这时农具可能不动，这属于正常现象），然后将手柄从下降位置向上扳动，同时拧动下降速度控制手轮，使下降速度控制阀向外旋出。再次向下扳动手柄，农具就可以正常下降了。操纵阀处于下降位置或农具悬挂中立位置时，下降速度控制手轮拧不动，这是因为农具的重量使油缸内部形成一定的压力，施加到下降速度控制阀的背腔，使其紧紧地压在阀座上。

四、液压操纵手柄的操作

如图 7—69 所示，提升农具时，将操纵手柄置于“提升”位置，待农具升到最高位置，应立即迅速将操纵手柄扳到“中立”位置，以免安全阀长时间开启。农具不带限深轮时，农具靠自身重量下降达到由挡叉限制的所需耕深后，应立即迅速将操纵手柄扳到“中立”位置，以保证耕深一致。农具带有限深轮时，操纵手柄应置于“下降”位置，耕深由限深轮控制。液压操纵手柄不能自动回位，再用调节挡叉Ⅰ或挡叉Ⅱ的方法获得农具所要求的不同提升高度或下降深度时，导向套碰到挡叉，通过滑杆推动液压操纵手柄，此时操作者应将操纵手柄迅速扳到“中立”位置。

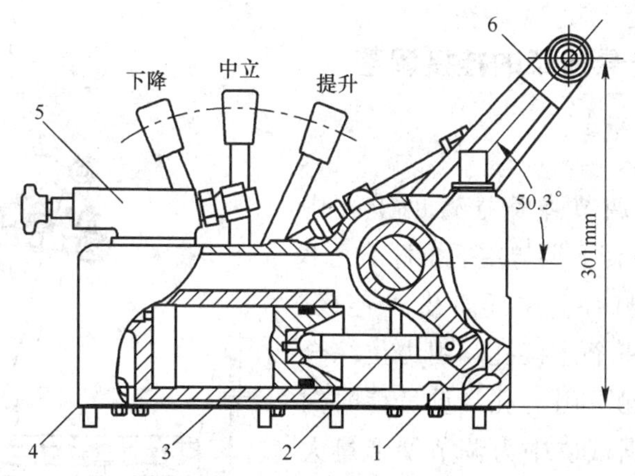

图 7—69　提升器的调整（一）

1—内提升臂　2—活塞杆　3—油缸　4—底板

5—下降速度控制阀　6—外提升臂

五、农具下降深度的调整

如图 7—70 所示，拖拉机带农具作业，农具不带限深轮，耕深要求又很严格，此时耕深靠挡叉Ⅱ在滑杆上的位置限制来调整，应将操纵手柄扳到“下降”位置，待农具下降到要求耕深，立即移动挡叉Ⅱ，使之靠紧导向套固定，再将操纵手柄扳到“中立”位置进行作业。当用带限深轮农具作业时，挡叉Ⅱ一定要移到滑杆的最末端，使之不起作用，耕深由限深轮来控制。

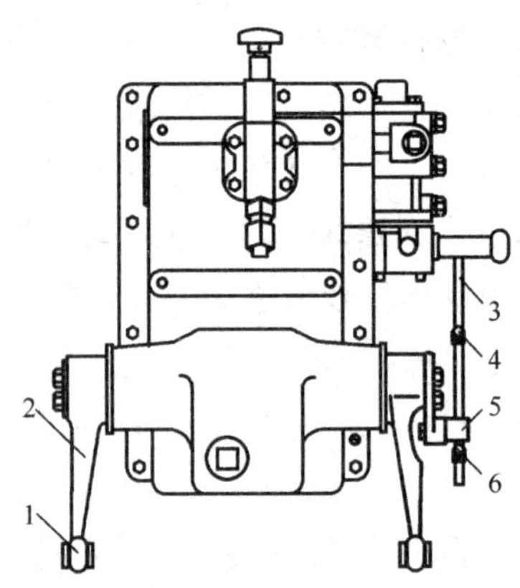

图 7—70　提升器的调整（二）
1—球形接头　2—提升臂　3—滑杆
4—挡叉Ⅱ　5—导向套　6—挡叉Ⅰ

六、简单液压输出

需要压力油输出时，可将油缸上部的液压出口堵头取下，换上油管接头（E300. 58. 101），接上高压油管，即可实现液压输出，使用时，应把悬挂杆件放在最下面位置，再把下降速度控制手轮拧死。液压输出油路由分配器操纵手柄控制，将操纵手柄置于“提升”位置，压力油即可输入所需的液压装置。将操纵手柄向下推移，输出油液通过分配器流回油箱。该液压输出仅限用于单作用油缸所控制的装置。用液压输出阀进行液压输出：东方红—500 系列拖拉机可以装 1 片或 2 片液压输出阀，液压输出时，可将输出油管和回油管同输出阀上的快换接头连接，液压输出时提升器不能工作。液压输出阀处于“中立”位置时，提升器才能工作。

七、悬挂机构与悬挂犁的挂接调整

1. 犁挂接前的准备

将上拉杆装在力调节弹簧摇臂的上孔中（见图 7—71），左提升杆下端与左下拉杆前孔 A 连接，右提升杆下端与右下拉杆前孔 A 连接。力调节弹簧摇臂上有 4 个连接孔，用力位综合控制工作时，正常情况下用上孔，重负荷时向下面的孔移动。可根据试耕中力调节变形量大小来选取，变形量过大或顶死，上拉杆就向下面的孔移动；反之，则挂接上面的孔。

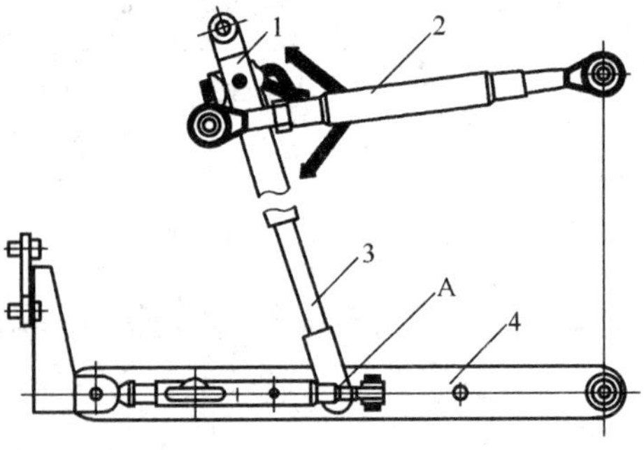

图 7—71　悬挂机构调整
1—右提升杆　2—上拉杆　3—左提升杆　4—下拉杆

2. 犁的挂接

首先把左下拉杆与犁的左下悬挂点连接，然后右下拉杆通过右提升杆的调节，与犁的右下拉杆连接。上拉杆通过自身调节，由上悬挂点连接销与犁的上悬挂点相连接。

3. 犁的调整

犁架左右水平调整：一般是调节右提升杆的长度，使犁架水平，保证耕深一致。耕作时犁架右边低，缩短右提升杆长度；反之，则加长右提升杆长度。左提升杆一般不做调节，只有右提升杆调节量不够时才调整其长度来满足要求。前后水平调整：调节悬挂机构的上拉杆，前铧深时，应调长上拉杆，后铧深时应缩短上拉杆，使犁架水平。耕幅调整：主要是通过调节犁的耕宽调节器，实现耕幅的调整。调节耕宽调节器可改变左、右下悬挂点前后相对位置。右下悬挂点前移耕幅变宽，反之幅宽减小。通过调节耕宽调节器可保证犁架正位，不出现重耕及漏耕现象。

八、液压悬挂系统的调整

拖拉机使用一段时间后，当液压系统的零件磨损或拆开修理后再装配时，其各个部位必须进行调整。

分配器下降阀行程的调整如下：

（1）如图 7—72 所示，拧开下降阀堵塞。

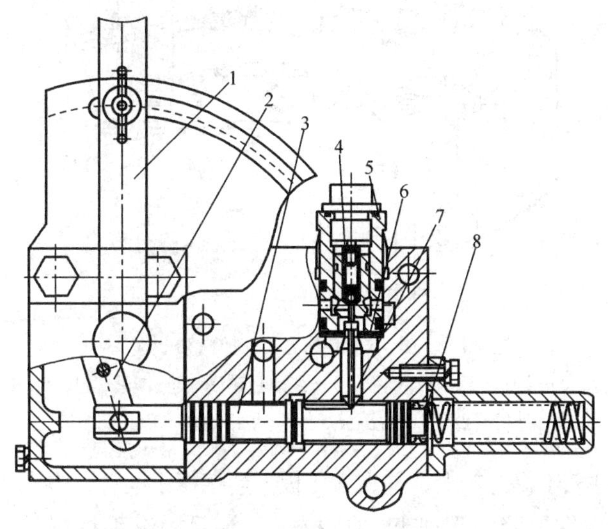

图 7—72　分配器的调整

1—操纵手柄　2—摆杆　3—主控制阀　4—钢球　5—下降阀套　6—调整垫片　7—推销　8—主阀

（2）将操作手柄置于最高提升位置（主控制阀处于提升位置）。测量钢球 4 到下降阀套上端面的距离 h_1。

（3）将操作手柄置于下降位置（主控制阀处于下降位置），测量钢球到下降阀套上端面的距离 h_2。

（4）若 $h_1 - h_2 = (2 \pm 0.2)$ mm 则调整合适，否则用增减调整垫片的方法来达到调整尺寸。

（5）拧紧下降阀堵塞，将装配调整好的分配器总成装到提升器上。

九、液压提升器力位综合控制的调整

（1）如图 7—73 所示，将摇臂、支座、力控制弹簧装上，调整调整螺栓使力控制弹簧和摇臂正好接触，然后拧紧螺母。

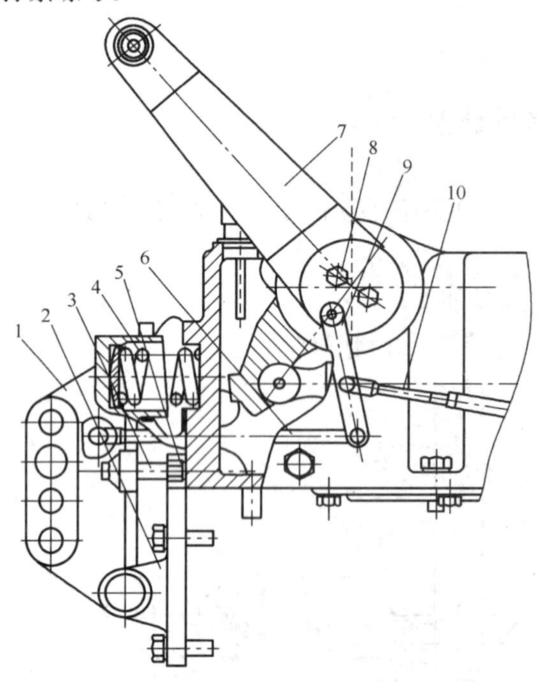

图 7—73　力位综合控制调整机构

1—摇臂　2—支座　3—调整螺栓　4—力控制弹簧　5—锁紧螺母　6—连接杆
7—外提升臂　8—右压板焊件　9—中间臂　10—反馈杆

（2）将右压板焊件装于提升器上，并在右压板上连接好中间臂，再连接上连接杆和反馈杆。

（3）将操纵手柄放在下降位置，起动拖拉机，然后操纵手柄慢慢向提升位置移动，如提升高度不够，就放长反馈件，反之则缩短，使操纵手柄在最高提升位置时，外提升臂上的记号距壳体上的记号不大于 3 mm（这时内提升臂与提升器壳体的间隙约 5 mm）。反复提升 3 次，若符合要求就锁紧反馈杆防松螺母。

第七节　蓄电池的使用与维护

一、蓄电池的充电

一旦确定蓄电池接受充电，可用两种方法将蓄电池充成可以使用，即处于饱和状态。第一种方法可将充电器设在自动挡（如果有此挡）。自动挡可以自动将电压和电流量保持在安全限度内，以避免出现过多气体和电解液渗出。

第二种方法是利用充电器上的手控或恒定电流挡来进行。开始时充电速度可设定为30～40 A，约30 min，或等到不再出现过多的气体或电解液渗出。如果有气体出现，充电速度应调至较低挡位，使其不再产生过多气体。对于免维护蓄电池尤其如此，如果出现过多气体，其使用寿命将由于无法添加电解液而受影响。

冷的蓄电池不易接受充电。任何结冰的蓄电池必须完全解冻并达到5℃左右，才能进行充电。这一过程根据蓄电池的初始温度和蓄电池的大小，在室温下可能需要4～8 h。

充电时应注意以下几点：

（1）严格遵照各种规范的充电方法进行充电。

（2）在充电过程中，要注意各个单格电池电压和电解液相对密度，及时判断其充电程度和技术状态。

（3）在充电过程中，要注意测量各单格电池的温升，以免温度过高，影响蓄电池的使用性能。

（4）初充电工作应连续进行，不可长时间中断。

（5）室内充电时，要打开蓄电池的加液孔盖，使气体顺利逸出，以免发生事故。

（6）充电室要安装通风设备，严禁室内用明火取暖，充电设备和蓄电池应隔室放置。

（7）蓄电池充电时，应先接好蓄电池线，连接导线务必连接可靠，严防火花发生；停止充电时，应先切断充电电源。

二、蓄电池的正确使用

（1）新蓄电池（普通干封蓄电池除外）启用时，应按气温条件选用适当相对密度的电解液加入蓄电池内，液面高度为10～15 mm，最好浸泡2～3 h后方可装车使用。

（2）蓄电池使用期间，应根据气温的变化及时调整电解液的相对密度。

（3）定期检查液面高度，液面高度低于规定值，应及时添加蒸馏水，不允许加电解液和纯硫酸。因为液面下降仅是由于蒸发或电解消耗了电解液中的水，如加电解液将会提高电解液的相对密度。

（4）定期检查蓄电池的存电程度，及时进行补充充电。蓄电池在使用过程中，处于时而充电时而放电状态，充电不完全或不及时，将导致极板硫化、容量降低和使用寿命缩短。当蓄电池达到允许放电量的极限值（夏季不大于50% Q20，冬季不大于25% Q20）时，应及时对蓄电池进行补充充电。应每月进行补充充电，以避免只顾使用而不考虑放电程度，从而克服因蓄电池充电不足而出现的亏电现象，防止极板产生硫化。

（5）防止蓄电池过充电。蓄电池过充电，不但导致电解液的过量消耗，而且容易造成活性物质脱落。为此应严格调整发电机配用的电压调节器，如是电子调节器，电压不可调整，确认发电机电压失控时，应及时更换。

（6）防止蓄电池长时间大电流放电。起动时，应正确合理地使用起动机，同时应避免盲目连续、长时间使用起动机。

（7）换用蓄电池时，其容量必须符合原厂规定，不允许装用容量过大或过小的蓄电池。容量过大，将会导致蓄电池处于长期充电不足的状态，会使蓄电池发生硫化，容量下降；容量过小，又将使蓄电池产生过度放电，影响用电设备正常工作，同时缩短其使用寿命。

（8）停止1~2个月使用的蓄电池，应合理存放。将蓄电池按补充充电工艺进行充电，蓄电池充足电，并将电解液的密度和液面高度调至规定值方可存放。需存放3个月以上的蓄电池，在充足电后应将液面高度调到规定值，电解液相对密度调至1.10，待再次使用时，再调至规定值。存放6个月以上的蓄电池，应当采用干储存。上述短期存放的蓄电池，应封严加液盖上的通气孔，并放置于室内通风良好的暗处。

三、蓄电池的维护

（1）起动用蓄电池在拖拉机上安放应牢固，并应尽可能采用胶皮垫或毛毡垫缓冲减振，以防止蓄电池外壳破裂。

（2）蓄电池接线必须牢固，并保持接触良好，极桩氧化物应清除干净。

（3）经常擦净蓄电池外壳和盖上的灰尘及泥土污物，以防自行放电。蓄电池表面的电解液，应当用抹布和10%的苏打水擦洗，并用清洁的布擦干。擦拭时必须先将注液口盖旋紧，以防止杂质、污物落入电解液中或电解液溅出。疏通注液口盖上的通气孔，使蓄电池内部产生的气体顺利逸出，防止蓄电池内气压增高，可能使蓄电池外壳破裂出现事故。

（4）定期检查电解液液面高度，电解液应高于极板10~15 mm，液面过高易泼洒，腐蚀机体；液面过低则极板露出部分易被氧化。一般用蒸馏水进行调整补充。

（5）定期检查电解液密度，并保证各个单格内电解液密度基本一致，电解液的相对密度应为1.25~1.30。必要时可根据气候条件予以调整，在炎热地区夏季要避免暴晒，以防止电解液温度过高，造成极板翘曲变形，使活性物质大量脱落。在寒冷地区冬季应注意电池保温，防止因温度过低影响化学反应，造成容量减少，甚至电解液结冰冻裂外壳，损坏极板。

（6）起动机起动时间最长不应超过15 s，如果一次起动不行，应停止2~3 min后再起动（使电解液有足够的时间渗透到极板内层，有利于提高工作物质的利用率）。若3次起动不行，则应查明原因，起动时间过长会损坏蓄电池。

（7）蓄电池外部要清洁，如长期不用应送充电间储存，每隔一个月充电一次。

（8）补充充电前应擦拭蓄电池外部，打开注液口盖，检查电解液液面，如液面过低，要补充蒸馏水。按充电机操作规程，接通直流电源进行充电，可采用额定容量的1/10 A电流充电，如额定容量为60 A的蓄电池可用6 A电流充电，充电电流不应超过充电机的最大允许电流。

（9）断开蓄电池接线时，应先断开负极，然后断开正极。连接蓄电池时，应先连接蓄电池正极，再连接蓄电池负极。

（10）焊接拖拉机任何零件之前，断开蓄电池两个接线柱的连线，否则可能会损坏拖拉机电器与电子元件。

（11）干荷蓄电池初次使用，先将蓄电池注液口盖旋开，疏通通气孔封蜡，加入相应密度的电解液到规定液面高度，记下密度和温度，将蓄电池浸渍静放 30 min（最短不得少于 20 min）。然后再测量电解液温度和密度，如温度上升不到 6℃，密度下降不到 0.01 g/cm^3，蓄电池即可使用。若温度和密度超过以上规定值时，应按正常补充充电方法对蓄电池再进行充电。

若储存期超过 2 年的干荷蓄电池，因存放时间过久极板上会有少部分氧化，或因保管不善而损失了部分容量。使用前应在加注电解液后做补充充电，充电方法可按干封铅蓄电池的普通充电规范操作。充电时间可以缩短，一般为 5～10 h，只要达到电压稳定不变，两极充分冒气即可。然后，校正电解液密度和液面高度，旋紧注液口盖，去除通气孔封蜡，即可交付使用。

干荷蓄电池进行补充充电的条件如下：

1）电解液加注之后，超过 48 h 未使用的应进行补充充电。

2）蓄电池储存期超过 2 年应补充充电。

3）由于发电机发电量不足或车辆长时间停放或行驶里程过短等原因，造成蓄电池容量损失或充电不足等需要进行补充充电。

4）由于保管不善损失了部分容量，应进行补充充电和加注电解液。

第八章 拖拉机的故障诊断与处理

学习目标：

◆ 掌握拖拉机的故障概念及零件、合件、组件和总成的概念。

◆ 了解拖拉机产生故障的主要原因。

◆ 掌握拖拉机故障判断的主要方法。

◆ 能对拖拉机的常见故障进行排除。

拖拉机的故障主要来自3个方面，一是使用中的各零件自然磨损，导致配合间隙变化使拖拉机的动力性、经济性、环保性严重下降，而机器不能良好运转，影响正常使用；二是维护保养不当所导致；三是调整不当所致。前者是拖拉机使用中不可避免的，属于自然规律；而后两者是由人为所造成的。无论某种故障出现，均应及时排除，以保证拖拉机的正常运转。否则，都将对拖拉机造成不必要的损坏。

第一节 拖拉机的故障概述

一、拖拉机故障的相关概念

拖拉机在使用过程中，随着工作时间的增加，各个零件、合件、组件、总成因受各种因素的影响，逐渐由设计的“应有状态”向使用后的“实有状态”变化，当变化达到一定程度时出现故障。研究、掌握拖拉机零件的变化规律及其原因，适时、合理地进行维护与保养，对于降低使用成本、确保安全、延长使用寿命具有重要意义。

1. 零件、合件、组件及总成的概念

拖拉机是由许多零件装配组合而成的。零件与零件的组合，按其功能可分为若干个单独的零件、合件、组件和总成等。它们各自具有一定的作用，彼此之间有一定的配合关系。将它们有机地组合在一起，便成为一台完整的拖拉机。

（1）零件。零件是拖拉机最基本的组成单元。它是由某些材料制成的不可拆卸的整体，如活塞。

（2）合件。合件是由两个或两个以上的零件组装成一体，起着单一零件的作用，如连杆总成。

（3）组件。组件是由若干个零件或合件组装成一体，零件与零件之间有一定的运动关系，尚不能起单独完整机构作用的装配单元，如活塞连杆组。

（4）总成。总成是由若干零件、合件或组件装合成一体，能单独起一定机构作用的装配单元，如高压油泵总成。

2. 故障的概念

组成拖拉机的各零件、合件、组件、总成之间都有着一定的相互关系，在其工作过程中，这种关系会发生变化，使其技术状况变坏，使用性能下降。人为使用、调整不当和零件的自然恶化是产生此种现象的原因。

拖拉机零件的技术状况，在工作一定时间后会发生变化，当这种变化超出了允许的技术范围，而影响其工作性能时，即称为故障。如发动机动力下降、起动困难、漏油、漏水、漏气、耗油量增加等。

二、拖拉机故障产生的主要原因

拖拉机产生故障的原因是多方面的，零件、合件、组件和总成之间的正常配合关系受到破坏和零件产生缺陷则是主要的原因。

1. 零件配合关系的破坏

零件配合关系的破坏主要是指间隙或过盈配合关系的破坏。例如，缸壁与活塞配合间隙增大，会引起窜机油和气缸压力降低；轴颈与轴瓦间隙增大，会产生冲击负荷，引起振动和敲击声；滚动轴承外环在轴承孔内松动，会引起零件磨损，产生冲击响声等。

2. 零件间相互位置关系的破坏

零件间相互位置关系的破坏主要是指结构复杂的零件或基础件。例如，拖拉机变速器壳体变形、轴承孔沿受力方向偏磨等，都会造成有关零件间的同轴度、平行度、垂直度等超过允许值，从而产生故障。

3. 零件、机构间相互协调性关系的破坏

例如，汽油机点火时间过早或过晚，柴油机各缸供油量不均匀，气门开、闭时间过早或过晚等，均属协调性关系的破坏。

4. 零件间连接松动和脱开

零件间连接松动和脱开主要是指螺纹连接及焊、铆连接松动和脱开。例如，螺纹连接件松脱、焊缝开裂、铆钉松动和铆钉剪断等都会造成故障。

5. 零件的缺陷

零件的缺陷主要是指零件磨损、腐蚀、破裂、变形引起的尺寸、形状及外表质量的变

化。例如，活塞与缸壁的磨损、缸体与缸盖的裂纹、连杆的扭弯、气门弹簧弹力的减弱和油封橡胶材料的老化等。

6. 使用、调整不当

拖拉机由于结构、材质等特点，对其使用、调整、维修保养应按规定进行。否则，将造成零件的早期磨损，破坏正常的配合关系，导致损坏。

综上所述，不难得出产生故障的原因：一是使用、调整、维修保养不当造成的故障。这是经过努力可以完全避免的人为故障。二是在正常使用中零件缺陷产生的故障。到目前为止，人们尚不能从根本上消除这种故障，是零件的一种自然恶化过程。此类故障虽属不可避免，但掌握其规律，是可以减少其危害而延长拖拉机的使用寿命。

三、故障诊断的基本方法

1. 拖拉机故障的外观现象

拖拉机出现故障后往往表现出一个或几个特有的外观现象，而某一症象可以在几种不同的故障中表现出来。这些症象都具有可听、可嗅、可见、可触摸或可测量的性质。概括起来有以下几种：

（1）作用反常。例如，发动机起动困难、拖拉机制动失效、主离合器打滑、发电机不发电、拖拉机的牵引力不足、燃油或机油消耗过多、发动机转速不正常等。

（2）声音反常。例如，机器发出不正常的敲击声、放炮声等。

（3）温度反常。例如，发动机的水箱开锅、轴承过热、离合器过热、发电机过热等。

（4）外观反常。例如，排气冒白烟、黑烟或蓝烟，各处漏油、漏水、漏气，灯光不亮，零件或部件的位置错乱，各仪表的读数超出正常的范围等。

（5）气味反常。例如，发出摩擦片烧焦的气味等。

拖拉机故障产生的原因是错综复杂的，每一个故障往往可能由几种原因引起。而这些故障的现象或症状一般都通过感觉器官反应到人脑中，因此进行故障分析的人，为了得到正确的结果，应加强调查研究，充分掌握有关故障的感性材料。

2. 慢性原因与急性原因

在掌握故障的基本症状以后，就可以对具体的症状进行具体分析。在分析时，必须综合该牌号拖拉机的构造，联系机器及其部件的工作原理，全面、具体而深入地分析可能产生故障的各种原因。

分析症状或现象应当由表及里，透过表面的现象寻找内在的原因。查找故障的起因则应当由简单到繁琐，也就是先从最常见的可能性较大的起因查起，在确定这些起因不能成立以后，再检查少见的可能较小的起因。据此可以考虑发生故障的慢性原因还是急性原因。

故障产生的慢性原因一般为机械磨损、热蚀损、化学锈蚀、材料长期性塑性变形、金相结构变化，以及零件由于应力集中产生的内伤逐渐扩大等。这些慢性原因在机器运用的过程中长期起作用，因而可能逐渐形成各种故障症状，症状的程度也可能是逐渐增加的。但是，在不正确进行技术维护和操纵机器的条件下，故障就会加速形成。

故障产生的急性原因是各式各样的，例如，供应缺乏（散热器缺水、燃油箱缺油、油箱开关未开、蓄电池亏电、蓄电池极桩松动或接触不良等）、供应系统不通（油管及通气孔堵塞、滤清器堵塞、电路的短路或断路等）、杂物的侵入（燃油中混入水、燃油管进入空气、电线浸油与浸水、滤网积污等）、安装调整错乱（点火次序、气门定时的错乱等）。

急性原因带有较大的偶然性，常常是由于工作疏忽或保养不当引起的。一经发作，机器便不能起动或工作。这类故障一般是比较容易排除的。

3. 分析故障的基本方法

分析故障的能力主要取决于使用者的经验，从长期的经验中，总结出分析故障的简明方法，原则为：结合构造，联系原理；搞清症状，具体分析；从简到繁，由表及里；按细分段，推理检测。

综合故障症状进行具体分析，首先判定产生故障的系统，例如，柴油机的功率不足，原因可能是在燃油系统和压缩系统两方面，可以观察在发动机熄火时风扇摆动情况，或用气缸压力表测定气缸压缩终了的压力等方法来判明压缩系统的状态。当压缩系统的技术状态可以确信完好时，则判定故障来自燃油系统。在确定故障所在的系统后，还应把系统分段，进一步确定是哪一段产生的故障。例如，燃油系统中输油泵至油箱是低压油路，喷油泵至喷油器是高压油路，前后两段的区别在于，低压油路是共用的，而高压油路则为各缸单独具有的，如果故障在各缸都出现时就可判断故障可能出在低压油路，但故障只在某些缸出现时，其原因可能在高压油路。

按系统分段推理检测，一般可以采用“先查两头，后查中间”的方法。如燃油系统有故障，应当检查燃油箱是否有油，燃油箱开关是否打开，或者观察喷油器是否喷油。如燃油箱方面没问题，再检查油杯是否有油，如果无油则可判定油管堵塞。又如汽油机电系统，应先观察蓄电池连接，用手拉一下搭铁线和火线电桩头是否松动或者火花塞是否发出火花，后看点火线圈及配电器等。

故障的症状是故障的原因在一定的工作时间内的表现，当变更工作条件时，故障的症状也随之改变。只在某一条件下，故障的症状表露得最明显。因此，分析故障可采用以下方法：

（1）轮流切换法。在分析故障时，常采用断续的停止某部分或某部分系统的工作，观察症状的变化或症状更为明显，以判断故障的部位所在。例如，断缸分析法，轮流切断各缸的供油或点火，观察故障症状的变化，判明该缸是否有故障，如发动机发生断续冒烟情况，但在停止某一缸的工作时，此现象消失，则证明此缸发生故障。又如在分析底盘发生异常响声时，可以分离转向离合器。将变速杆放在空挡或某一速挡，并分离离合器，可以判断异常响声发生在主离合器前还是发生在主离合器后，发生在变速器还是发生在中央传动机构。

（2）换件比较法。分析故障时，如果怀疑某一部件或是零件故障起因，可用技术状态完好的新件或修复件替换，并观察换件前后机器工作时故障症状的变化，断定原来部件或零件是否是故障原因所在，分析发动机时，常用此法对喷油器或火花塞进行检验。在多缸发动机中，有时将两缸的喷油器或火花塞进行对换，看故障部位是否随之转移，以判断部件是否产生故障。为了判断拖拉机或发动机某些声响是否属于故障声响，有时采用另一台技术状态正常的拖拉机或发动机在相同工作规范的条件下进行对比。

（3）试探反正法。在分析故障原因时，往往进行某些试探性的调整、拆卸，观察故障症状的变化，以便查询或反证故障产生的部位。例如，排气冒黑烟，结合其他症状分析结果是怀疑喷油器喷射压力降低，在此情形下可稍稍调整喷油器的喷射压力，如果黑烟消失，发动机工作转为正常，即可断定故障是由于喷油器喷射压力过低造成的。又如怀疑活塞气缸组磨损，可向气缸内注入机油，如气缸压缩状态变好，则说明活塞气缸组磨损属实。必须遵守少拆卸的原则，只在确有把握能恢复原状态时才能进行必要的拆卸。

当几种不同原因的故障症状同时出现时，综合分析往往不能查明原因，此时用试探反证法应更有效。

第二节　拖拉机底盘的常见故障与处理

一、传动系统的故障与处理

1. 离合器的故障与处理

（1）离合器打滑。拖拉机起步时，离合器踏板完全放松后，发动机的动力不能全部输出，造成起步困难。有时由于摩擦片长期打滑而产生高温烧损，可嗅到焦臭味。

导致离合器产生打滑的根本原因是离合器压紧力下降或摩擦片表面质量恶化，使摩擦系数降低，从而导致摩擦力矩变小。故障具体原因和排除方法如下：

1）离合器自由行程（或自由间隙）过小，应及时检查调整。

2）压紧弹簧因打滑、过热、退火、疲劳、折断等原因使弹力减弱，致使压盘压力降低，更换离合器压紧弹簧或更换离合器总成。

3）离合器从动盘、压盘或飞轮磨损及翘曲。针对磨损部件进行更换。

（2）离合器分离不彻底。发动机在怠速运转时，离合器踏板完全踏到底，挂挡困难，并有变速器齿轮撞击声。若勉强挂上挡后，不等抬起离合器踏板，拖拉机有前冲起步或立即熄火现象。

离合器分离不彻底的主要原因和排除方法如下：

1）离合器自由行程过大，调整分离杠杆与分离轴承之间间隙。

2）液压系统中有空气或液压油不足，进行系统排气并添加液压油。

3）分离杠杆高度不一致，调整至规定的高度。

4）离合器从动盘在离合器轴上滑动阻力过大，拆下从动盘对从动盘花键鼓进行修磨并涂油安装。

（3）离合器异响。离合器在接合或分离时，出现不正常的响声。出现不正常的响声的主要原因和排除方法如下：

1）分离轴承或导向轴承润滑不良、磨损松旷或烧毁卡滞，更换轴承。

2）离合器减振弹簧折断，更换离合器从动盘。

3）离合器从动盘与轮毂啮合间隙过大，必要时更换离合器从动盘或离合器轴。

4）离合器踏板回位弹簧过软，导致分离轴承跟转，更换回位弹簧。

（4）离合器接合抖动。拖拉机起步时，离合器接合时产生抖动，严重时会使整个车身发生抖振现象。离合器接合抖动的主要原因和排除方法如下：

1）分离杠杆高度不一致，调整分离杠杆高度。

2）压紧弹簧弹力不均、衰损、破裂或折断、离合器减振弹簧弹力衰损或折断，更换压紧弹簧或离合器从动盘。

3）离合器从动盘摩擦表面不平、硬化或粘上胶状物，铆钉松动、露头或折断，更换离合器从动盘。

4）飞轮、压盘或从动盘钢片翘曲变形，磨修飞轮、压盘，必要时更换离合器从动盘。

2. 变速器的故障与处理

（1）变速器跳挡。拖拉机在加速、减速或增大负荷时，变速杆自动跳回空挡位置。

跳挡的主要原因和排除方法如下：

1）变速器拨叉弯曲变形，校正或更换变速器拨叉。

2）自锁钢球磨损、自锁弹簧弹力不足或折断，更换自锁钢球或自锁弹簧。

3）齿轮或接合套严重磨损，更换齿轮或接合套。

4）同步器磨损或损坏，更换同步器。

5）外部操纵杆件调整不当，调整各连接杆件至规定要求。

（2）变速器异响包括：

1）挂入某个挡位时，变速器发出不正常响声，如金属的干摩擦声，不均匀的撞击声等。主要原因和排除方法是该挡位传递路线上的某一对齿轮副轮齿损坏，更换该对齿轮。

2）变速器在任何挡位均有异响。主要原因和排除方法如下：

①润滑油不足。此时应加注润滑油至正确的油面高度。

②中间轴（从动轴）轴承磨损或调整不当，变速器啮合齿轮磨损严重或损坏。应按规定间隙调整轴承，必要时更换轴承和齿轮。

3）变速器空挡时有异响。主要原因和排除方法如下：

①润滑油不足，应加注润滑油至正确的油面高度。

②输入轴轴承磨损或损坏，应更换输入轴或输入轴轴承。

③中间轴轴承磨损，应更换中间轴轴承。

（3）挂挡困难包括：

1）在进行正常变速操作时，可听见齿轮的撞击声，变速杆难以挂入挡位，或勉强挂入挡后又很难摘下来。挂挡困难的原因和排除方法如下：

①主离合器分离不彻底，此时应调整离合器间隙或自由行程。

②同步器磨损或破碎，此时应更换同步器。

③变速器拨叉轴或拨叉磨损，此时应更换拨叉轴或拨叉。

④外部操纵杆件调整不当或有卡滞，此时应按要求检查调整。

⑤锁定机构弹簧过硬、钢球损坏，此时应更换弹簧或钢球。

2）变速器乱挡。在离合器技术状况正常的情况下，变速器同时挂上两个挡或不能挂入所需要的挡位。主要原因和排除方法如下：

①变速杆球头定位销磨损、折断或球孔与球头磨损、松旷，此时应修复或更换。

②拨叉槽互锁销、互锁球磨损严重或漏装，此时应检查并更换。

③变速杆下端工作面或拨叉轴上导块的导槽磨损过度，此时应更换换挡拨叉或拨头。

3. 后桥的故障与处理

（1）运行时驱动桥发出不正常的响声。可分为空挡时、驱动时、滑行时、转弯时和加载时异响。主要原因和排除方法如下：

1）齿轮油不足、油质变差，特别是油内有较大金属颗粒，此时应检查驱动桥油位，加注规定的润滑油；大小锥齿轮调整不当，拆卸驱动桥，正确调整大小锥齿轮轴承。

2）差速器半轴齿轮与半轴花键轴或车轮半轴与最终传动花键轴间隙过大，此时应调整至规定的间隙。

（2）驱动桥过热。工作一段时间后，用手探试驱动桥壳体，有烫手感觉，有时伴随噪声。主要原因和排除方法如下：

1）齿轮油不足或牌号不符合要求，此时应加注规定牌号的润滑油至规定油面高度。

2）轴承预紧度过大，此时应正确调整轴承预紧度。

3）大小锥齿轮啮合间隙过小，此时应正确调整大小锥齿轮啮合间隙。

二、行走系统的故障与处理

行走系统的技术状态，不仅影响车辆的使用性能，还对安全行驶有很大的影响，所以必须定期维护和保养，发现问题及时排除，以免造成事故。

1. 轮式拖拉机的故障与处理

（1）轮式拖拉机自动跑偏。拖拉机自动跑偏的主要原因是：

1）前轮前束调整不当，导致拖拉机自动跑偏。

2）转向轮偏转角不相等。

3）主销倾角变化，主销与主销套间隙过大。

4）方向盘自由行程过大。

5）转向拉杆球头磨损，间隙过大。

（2）轮式拖拉机前轮偏磨。前轮偏磨的主要原因是：

1）前轮前束调整不当，导致前轮与地面产生滑动，而不是纯滚动。

2）转向轮偏转角不相等，导致某一前轮偏磨。

（3）轮式拖拉机前轮摇摆。前轮摇摆的主要原因是：

1）前轮前束值调整过大或过小。

2）后倾角过大或过小。

3）方向盘自由行程过大。

4）转向拉杆球头磨损，间隙过大。

（4）轮式拖拉机轮胎损伤。轮胎损伤的主要原因是：

1）轮胎气压过高或过低。

2）严重的超负荷，前轮前束调整不当。

3）制动过猛，受不良路段的影响。

（5）全液压方向盘操作费力。方向盘操作费力的主要原因和排除方法如下：

1）油泵故障，此时应修理油泵。

2）由于异物或者缺少球，止回阀保持开启，此时应消除异物并清洗滤清器，在底座内放入新球（若缺失）。

3）安全阀设置不正确，此时应正确校准安全阀。

4）因有异物，安全阀阻塞或者保持开启，此时应消除异物并清洗滤清器。

5）由于生锈、卡住等原因，转向机柱在轴衬上活动变得困难，此时应消除产生原因。

（6）全液压方向盘游隙过量。全液压方向盘游隙过量的主要原因和排除方法如下：

1）转向机柱和回转阀间游隙过量，此时应更换磨损件。

2）轴和切边销间的耦合游隙过量，此时应更换磨损件。

3）轴和转子间的花键耦合游隙过量，此时应更换磨损件。

4）板簧损坏或者疲劳，此时应更新弹簧。

（7）方向盘摇晃，转向不可控制，车轮操纵在相反方向的才能达到希望的方向。主要原因和排除方法如下：

1）液压转向同步不正确，此时应正确同步。

2）连接到油缸的管路逆转，此时应正确连接。

（8）车轮不能保持在所需位置，并需要持续使用方向盘校正。主要原因和排除方法如下：

1）油缸活塞密封损坏，此时应更换密封件。

2）回流阀因异物或损坏而保持开启，此时应清除异物并清洗滤清器或者更换控制阀。

3）控制阀机械磨损，此时应更换控制阀。

（9）前轮振动（晃动）。原因是液压油缸内有空气，此时应排气并消除产生渗透的原因。

2. 履带式拖拉机的故障与处理

履带式拖拉机行走系统由于直接接触泥水等，并受到冲击和振动，工作条件极差，应对其经常进行维护保养。

（1）履带式拖拉机自动跑偏。自动跑偏的主要原因和排除方法如下：

1）两侧履带的长度不等，此时应调整一致。

2）两侧履带的紧度不一致，此时应按规定调整。

3）两侧制动调整不均，此时应按要求调整左右制动器踏板的自由行程。

（2）履带式拖拉机履带脱轨。履带脱轨的主要原因和排除方法如下：

1）履带过松、张紧弹簧预紧力不够，此时应按规定调整履带张紧度。

2）履带销轴磨损严重，此时应更换履带销轴。

3）导向轮拐轴弯曲或轴套磨损严重，此时应更换拐轴。

4）行走装置各轴承间隙过大，此时应按规定调整轴承间隙。

5）驱动轮轴弯曲，此时应校正驱动轮轴或更换驱动轮轴。

三、制动系统的故障与处理

1. 制动器失灵

（1）踩下制动器踏板后，拖拉机无停车迹象，且路面无刹车印痕。主要原因和排除方法如下：

1）摩擦片磨损严重，此时应更换摩擦片并调整间隙。

2）制动器内部进入油或泥水，此时应更换油封和橡胶密封圈，并用汽油清洗制动器内各零件，晾干后装复。

3）制动器踏板自由行程过大，此时应松开制动器踏板联锁片，分别调整左、右制动器踏板的自由行程。

4）制动压盘内回位弹簧失效或钢球卡死，此时应拆开制动器，更换回位弹簧，用砂布磨光制动压盘凹槽及钢球，用油布擦净再装复制动器。

5）制动器摩擦片装反，此时应拆卸重新进行安装。

（2）液压式制动系统失灵，踩下制动器踏板时，拖拉机不能明显减速，制动距离过长。主要原因和排除方法如下：

1）制动总泵顶杆调整过短，使总泵工作行程减小，造成供油量不足，此时应调整制动总泵顶杆，使总泵顶杆与活塞被顶处有 1.5～2 mm 的间隙。

2）由于制动频繁，制动器温度过高，使油液蒸发成气体。此时应稍停止使用制动，使制动器降温。

3）分泵皮碗翻边，使分泵漏油。此时应更换分泵皮碗，将其调整为正常状态。

4）快速接头的密封面密封不严或密封圈损坏而漏油。此时应检查密封，必要时更换密封圈。

5）压盘与制动盘磨损严重，使制动间隙变大。此时应检查其磨损情况，必要时更换，或调节制动间隙。

6）制动器液压管路中有空气，此时应排出制动系统中的空气。

2. 制动器分离不开

松开制动时造成忽然“自动刹车”在路面上可能出现侧滑痕，引起制动器发热，严重时摩擦片烧毁。此故障产生的主要原因和排除方法如下：

（1）制动器踏板自由行程过小，导致制动间隙过小。此时应调整制动器踏板自由行程。

（2）制动压盘回位弹簧失效（太软、脱落或失效）或钢球锈蚀，使制动压盘不能复位。此时应更换回位弹簧或用砂布磨光钢球，必要时更换钢球。

（3）轮毂花键孔与花键轴配合太紧，此时应修锉花键，使两者配合松动，直到摩擦盘能在花键上自由地轴向移动为止。

（4）球面斜槽磨损变形以及摩擦面间有杂物堵塞，此时应修复斜槽，清除杂物。

（5）液压制动活塞卡死，此时应清除油缸中卡滞物，必要时更换活塞或油缸。

3. 制动器异响

此故障现象为制动时发出响声，产生原因如下：

（1）摩擦衬片松脱或铆钉头外露。

（2）制动鼓或压盘变形、破裂。

（3）回位弹簧折断或脱落。

（4）盘式制动器压盘的凸耳与制动壳体内的凸肩之间的间隙过大。

排除方法是酌情修复或更换，修复或更换后要按规定调整间隙。

4. 制动 “偏刹”

此故障现象为非单边制动时，拖拉机跑偏。产生原因和解决方法如下：

（1）左右踏板自由行程不一致，此时应重新调整，使左右制动器踏板自由行程基本一致。

（2）某一侧制动器打滑，此时应清洗制动器内各零件，或更换油封。

（3）田间作业使用单边制动后，制动器内摩擦片磨损严重或有油污，此时应更换摩擦片或去除摩擦片上的油污。

（4）两驱动轮轮胎气压不一致，此时应按规定充气。

四、液压悬挂系统的故障与处理

1. 农机具不能提升

农机具不能提升的主要原因和排除方法如下：

（1）油箱缺油，此时应及时添加。

（2）管路堵塞或不畅，此时应清洗滤网等。

（3）回油阀关闭不严，此时应敲击振动壳体、清洗和研磨。

（4）安全阀开启压力过低，此时应调整开启压力。

（5）增力阀漏油，此时应更换、调整增力阀。

（6）油泵内漏，此时应更换零件或更换油泵。

2. 农机具不能下降

农机具不能下降的主要原因和排除方法如下：

（1）回油阀在关闭位置卡死，此时应轻振壳体，人工复位。

（2）主控制阀“升位”或“中立”位置卡死、油孔堵塞，此时应人工复位、清洗。

（3）下降速度控制阀未开，此时应打开下降速度控制阀。

第三节　拖拉机电气系统的常见故障与处理

一、电气系统现象及诊断方法

1. 短路故障

对地线短路是一个电路的正极与地线侧之间的意外导通。当发生这种情况时，电流绕过工作负载流动，因为电流总是试图通过电阻最小的通路。

由于负载所产生的电阻降低了电路中的电流量，而短路可能会使大量的电流流过。通常，过量的电流会熔断熔断器。如图 8—1 所示，短路绕过断开的开关和负载，然后直接流至地线。

对电源短路也是一个电路的意外导通。如图 8—2 所示，电流绕过开关直接流至负载。这就出现了即使开关处于断开状态，灯泡也会点亮的情况。

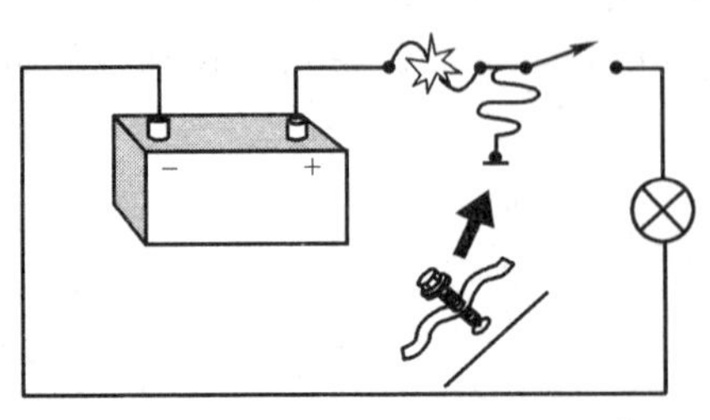

图 8—1　对地线短路

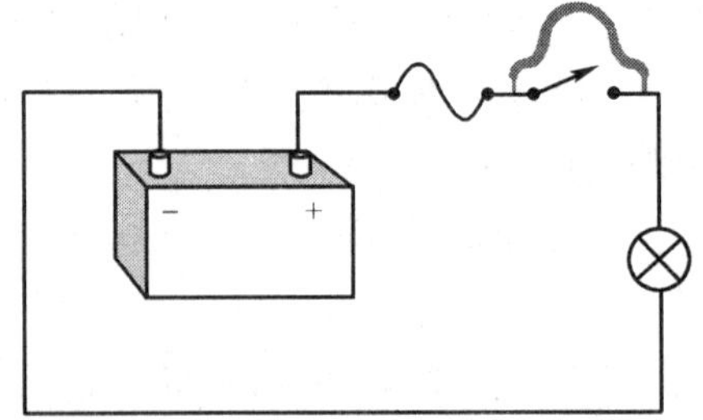

图 8—2　对电源短路

2. 断路故障

断路电路是指拆下电源或地线侧的导体将断开一个电路。由于断路电路不再是一个完整的回路，因此电流不会流通，且电路“断开”。如图 8—3 所示，开关断开电路，并切断了电流。

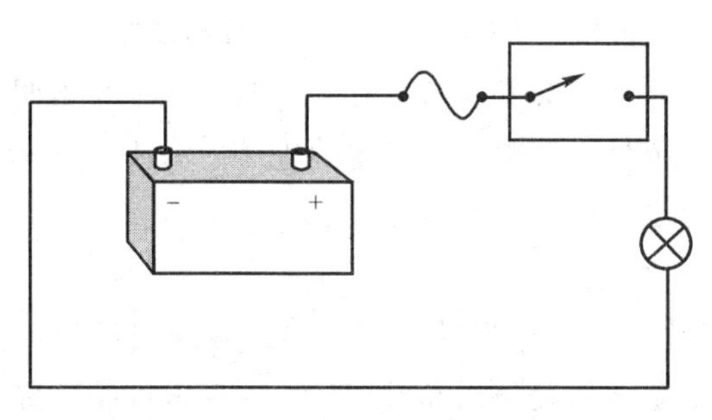

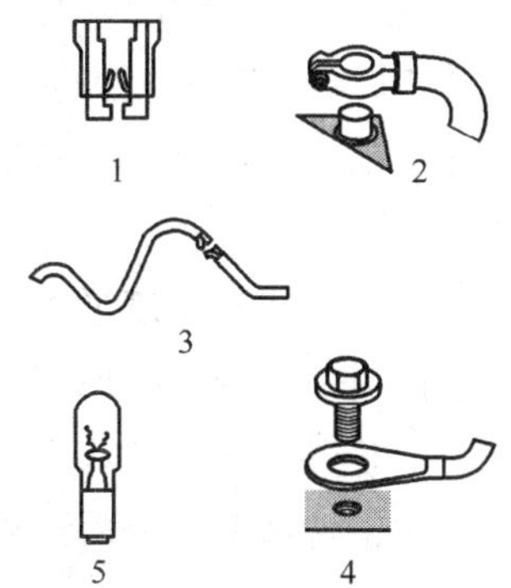

图 8—3 意外的断路

1—熔断的熔断器 2—断开了电源 3—导线断裂 4—地线断开 5—灯泡烧坏

某些电路是有意而为的，但某些是意外的。如图 8—3 所示，显示了一些意外的“断路”示例。

3. 症状与系统、部件、原因的诊断步骤

诊断工作要求掌握全面的系统工作原理。对于所有的诊断工作来说，修理人员必须利用症状现象和出现的迹象，以确定车辆故障的原因。为帮助修理人员进行车辆诊断，实践中总结出了一个诊断的步骤，如图 8—4 所示，并在维修中广泛应用。

“症状与系统、部件、原因的诊断步骤”为使用和维修提供了一个逻辑的方法，以修理车辆的故障。

根据车辆运转的“症状”，确定车辆的哪个“系统”与该症状有关。当找到了故障的所在系统，再确定该系统内的哪个部件与该故障有关。在确定发生故障的部件后，一定要尽力找到产生故障的原因。在有些情况下，仅是部件发生磨损。但是，在其他的情况下，故障原因可能是由该发生故障部件以外的原因造成的。

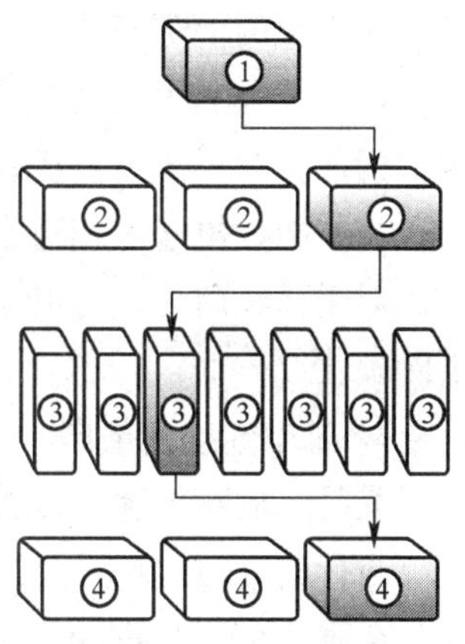

图 8—4 诊断步骤

1—症状 2—车辆系统

3—部件 4—原因

二、电气故障处理

蓄电池在使用中所出现的故障，除材料和制造工艺方面原因之外，在很多情况下是由于维护和使用不当而造成的。蓄电池的外部故障有外壳裂纹、封口胶干裂、接线松脱、接触不良或极桩腐蚀等。内部故障有极板硫化、活性物质脱落、内部短路和自行放电等。

1. 蓄电池极板硫化

蓄电池长期充电不足或放电后长时间未充电，极板上会逐渐生成一层白色粗晶粒的硫酸

铅，在正常充电时不能转化为二氧化铅和海绵状铅，这种现象称之为“硫酸铅硬化”，简称“硫化”。这种粗而坚硬的硫酸铅晶体导热性差、体积大，会堵塞活性物质的细孔，阻碍了电解液的渗透和扩散，使蓄电池的内阻增加，起动时不能供给大的起动电流，以致不能起动发动机。

硫化的极板表面上有较厚的白霜，充放电时会有异常现象，如放电时蓄电池容量明显下降，用高率放电计检查时，单格电池电压急剧降低；充电时单格电池电压上升快，电解液温度迅速升高，但相对密度增加很慢，且过早出现“沸腾”现象。

产生极板硫化的主要原因是：

（1）蓄电池长期充电不足，或放电后未及时充电，当温度变化时，硫酸铅发生再结晶的结果。在正常情况下蓄电池放电时，极板上生成的硫酸铅晶粒比较小，导电性能较好，充电时能够完全转化而消失。但若长期处于放电状态时，极板上的硫酸铅将有一部分溶解于电解液中，温度越高，溶解度越大。而温度降低时，溶解度减小，出现过饱和现象，这时有部分硫酸铅就会从电解液中析出，再次结晶生成大晶粒硫酸铅附着在极板表面上。

（2）蓄电池内液面太低，使极板上部与空气接触而强烈氧化（主要是负极桩）。在车辆行驶的过程中，由于电解液的上下波动与极板的氧化部分接触，也会形成大晶粒的硫酸铅硬层，使极板的上部硫化。

（3）电解液相对密度过高、电解液不纯、外部气温变化剧烈都能促进硫化。

因此，为了避免极板硫化，蓄电池应经常处于充足电状态，放完电的蓄电池应在 24 h 内送去充电，电解液相对密度要恰当，液面高度应符合规定。

对于已经硫化的蓄电池，不严重者按过充电方法充电，硫化严重者按去硫化充电方法，消除硫化。

2. 蓄电池自行放电

充足电的蓄电池，放置不用会逐渐失去电量，这种现象称为自行放电。

自行放电的主要原因是材料不纯，如极板材料中有杂质或电解液不纯，则杂质与极板、杂质与杂质之间产生了电位差，形成了闭合的“局部电池”，产生局部电流，使蓄电池放电。

由于蓄电池材料不可能绝对纯，并且正极板与栅架金属（铅锑合金）本身也构成电池组，所以轻微的自行放电是不可避免的。但若使用不当，会加速自行放电。如电解液不纯，当含铁量达 1% 时，一昼夜内就会放完电；蓄电池盖上洒有电解液，使正负极桩导电时，也会引起自行放电；电池长期放置不用，硫酸下沉，下部相对密度较上部大，极板上、下部发生电位差也可以引起自行放电。

自行放电严重的蓄电池，将完全放电或过度放电，使极板上的杂质进入电解液，然后将电解液倾出，用蒸馏水将蓄电池仔细清洗干净，最后灌入新电解液重新充电。

3. 电喇叭的故障判断与排除

（1）按下按钮，电喇叭不响。主要原因和排除方法如下：

1）检查火线是否有电。方法是用旋具将电喇叭继电器“电池”接线柱与搭铁刮头。若无火花，则说明火线中有断路，应检查蓄电池→熔断器（或熔丝）→电喇叭继电器“电池”

接线柱之间有无断路。如接头是否松脱、熔断器是否跳开（熔丝是否烧断）等。

2）如火线有电，再用旋具将电喇叭继电器的“电池”与“电喇叭”两接线柱短接。若电喇叭仍不响，说明是电喇叭有故障；若电喇叭响，说明是电喇叭继电器或按钮有故障。

3）按下按钮，倾听继电器内有无声响。若有“咯咯”声（即触点闭合），但电喇叭不响，说明继电器触点氧化烧蚀；若继电器内无反应，再用旋具将“按钮”接线柱与搭铁短路；若继电器触点闭合，电喇叭响，则说明是按钮氧化，锈蚀而接触不良；若触点仍不闭合，说明继电器线圈中有断路。

（2）电喇叭声音沙哑。主要原因和排除方法如下：

1）故障现象包括：

①发动机未起动前，电喇叭声音沙哑，但当起动机发动后在中速运转时，电喇叭声音若恢复正常，则为蓄电池亏电；若声音仍沙哑，则可能是电喇叭或继电器有问题。

②用旋具将继电器的“电池”与“电喇叭”两接线柱短接。若电喇叭声音正常，则故障在继电器，应检查继电器触点是否烧蚀或有污物而接触不良；若电喇叭声音仍沙哑，则故障在电喇叭内部，应拆下检查。

③按下按钮，电喇叭不响，只发“嗒”一声，但耗电量过大。故障在电喇叭内部，可拆下电喇叭盖再按下按钮，观察电喇叭触点是否打开。若不能打开应重新调整；若能打开则应检查触点间以及电容器是否短路。

2）电喇叭的检查包括：

①电喇叭筒及盖有凹陷或变形时，应予以修整。

②检查喇叭内的各接头是否牢固，如有断脱，用烙铁焊牢。

③检查触点接触情况。触点应光洁、平整，上、下触点应相互重合，其中心线的偏移不应超过 0.25 mm，接触面积不应少于 80%，否则应予以修整。

④检查喇叭消耗电流的大小。将喇叭接到蓄电池上，并在其中电路中串接一只电流表，检查喇叭在正常蓄电池供电情况下的发声和耗电情况。发声应清脆洪亮，无沙哑声音，消耗电流不应大于规定。如喇叭耗电量过大或声音不正常时，应予以调整。

3）电喇叭的调整。不同形式的电喇叭其结构不完全相同，因此调整方法也不完全一致，但其调整原则是基本相同的。电喇叭的调整一般有下列两项：

①铁心间隙（即衔铁与铁心的间隙）的调整。电喇叭音调的高低与铁心间隙有关，铁心间隙小时，膜片的频率高则音调高；间隙大时则膜片的频率低，音调低。铁心间隙（一般为 0.7～1.5 mm）视喇叭的高、低音及规格而定，如 DL34G 间隙为 0.7～0.9 mm，DL34D 间隙为 0.9～1.05 mm。几种常见电喇叭铁心间隙的调整部位的电喇叭，应先松开锁紧螺母，然后转动衔铁，即可改变衔铁与铁心间的间隙，扭松上、下调节螺母，使铁心上升或下降即可改变铁心间隙，先松开锁紧螺母，转动衔铁加以调整，然后拧松螺母，使弹簧片与衔铁平行后紧固。调整时应使衔铁与铁心间的间隙均匀，否则会产生杂音。

②触点压力的调整。电喇叭声音的大小与通过喇叭线圈的电流大小有关。当触点压力增

大时，流入喇叭线圈的电流增大使喇叭产生的音量增大，反之音量减小。

触点压力是否正常，可通过观察喇叭工作时的耗电量与额定电流是否相符来判别。如相符则说明触点压力正常；如耗电量大于或小于额定电流，则说明触点压力过大或过小，应予以调整，先松开锁紧螺母，然后转动调节螺母（反时针方向转动时，触点压力增大，音量增大）进行调整，也可直接旋转触点压力调节螺钉（反时针方向转动时，音量增大）进行调整。调整时不可过急，每次只需对调节螺母转动十分之一转左右。

4. 启动电路故障

（1）起动机不转。起动时，起动机不转动，无动作迹象。

1）故障原因。故障原因（以有启动继电器启动系统为例）如下：

①蓄电池严重亏电或极板硫化、短路等，蓄电池极桩与线夹接触不良，启动电路导线连接处松动而接触不良等。

②起动机的换向器与电刷接触不良，磁场绕组或电枢绕组有断路或短路，绝缘电刷搭铁，电磁开关线圈断路、短路、搭铁或其触点烧蚀而接触不良等。

③启动继电器线圈断路、短路、搭铁或其触点接触点不良。

④点火开关接线松动或内部接触不良。

⑤启动线路中有断路，导线接触不良或松脱，熔丝烧断等故障。

2）故障诊断方法。故障诊断方法如下：

①检查电源（蓄电池）。按电喇叭或开大灯，如果电喇叭声音小或嘶哑，灯光比平时暗淡，说明电源有问题，应先检查蓄电池极桩与线夹及启动电路导线接头处是否有松动，触摸导线连接处是否发热。若某连接处松动或发热则说明该处接触不良。如果线路连接无问题，则应对蓄电池进行检查。

②检查起动机。如果判断电源无问题，用旋具将起动机电磁开关上连接蓄电池和电动机导电片的接线柱短接，如果起动机不转，则说明是电动机内部有故障，应拆检起动机；如果起动机空转正常，则进行以下步骤检查。

③检查电磁开关。用旋具将电磁开关上连接启动继电器的接线柱与连接蓄电池的接线柱短接，若起动机不转，则说明起动机电磁开关有故障，应拆检电磁开关；如果起动机运转正常，则说明故障在启动继电器或有关的线路上。

④检查启动继电器。用旋具将启动继电器上的“电池”和“起动机”两接线柱短接，若起动机转动，则说明启动继电器内部有故障。否则应再做下一步检查。

⑤将启动继电器的“电池”与点火开关用导线直接相连，若起动机能正常运转，则说明故障在启动继电器至点火开关的线路中，可对其进行检修。

（2）起动机运转无力，起动时，起动机转速明显偏低甚至于停转。

1）故障原因。故障原因如下：

①蓄电池亏电或极板硫化短路，启动电源导线连接处接触不良等。

②起动机的换向器与电刷接触不良，电磁开关接触盘和触点接触不良，电动机磁场绕组

或电枢绕组有局部短路等。

2）故障诊断方法。起动机运转无力应首先检查起动机电源，如果启动电源无问题，再拆检起动机，检查排除故障。

（3）起动机空转。起动时，起动机转动，但发动机不转。

1）故障原因。故障原因如下：

①单向离合器打滑。

②飞轮齿环的某一部分严重缺损，有时也会造成起动机空转。

2）故障诊断方法。若将发动机飞轮转一个角度，故障会随之消失，但以后还会再现，即为飞轮齿环缺损引起的起动机空转，应焊修或更换飞轮齿圈。

（4）驱动齿轮与飞轮齿环撞击。启动时，听到驱动齿轮与飞轮齿环的金属碰击声，驱动齿轮不能啮入。

1）故障原因。故障原因如下：

①电磁开关触桥接通的时间过早，在驱动齿轮啮入以前就已高速旋转起来。

②飞轮齿圈磨损严重或驱动齿轮磨损严重。

2）故障诊断方法。先适当调整电磁开关触桥的接通时间，若打齿现象仍不能消失，则应拆检起动机驱动齿轮和飞轮齿圈进行检查。

（5）电磁开关吸合不牢。起动时发动机不转，只听到驱动齿轮轴向来回窜动的“啦啦”声。

1）故障原因。故障原因如下：

①蓄电池亏电或起动机电源线路有接触不良之处。

②启动继电器的断开电压过高。

③电磁开关保持线圈断路、短路或搭铁。

2）故障诊断方法。先检查启动电源线路连接是否良好，若无问题，可将启动继电器的“电池”接柱和“起动机”接线柱短接，如果起动机能正常转动，则为启动继电器断开电压过高，应予以调整；如果故障仍然存在，则应对蓄电池进行补充充电。如果蓄电池充足电后故障仍不能消除，则应拆检起动机的电磁开关。

5. 灯光系统及仪表常见故障诊断

（1）灯光系统故障的诊断包括：

1）接通车灯开关时，所有的灯均不亮。说明车灯开关前电路中发生断路。按电喇叭，若电喇叭不响，说明电喇叭前电路中有断路或接线不良；若电喇叭响，则说明熔断器前电路良好，而是熔断器→电流表→车灯开关电源接线柱这一段电路中有故障，可用试灯法、电压法或刮火法进行检查，找出断路处。

2）接通车灯开关时，熔断器立即跳开或熔丝立即熔断。如将车灯开关某一挡接通时，熔断器立即跳开或熔丝立即熔断，说明该挡线路某处搭铁，可用逐段拆线法找出搭铁处。

3）接通大灯远光或近光时，其中一只大灯明显发暗。当大灯使用双丝灯泡时，如其中一只大灯搭铁不良，就会出现一只灯亮、另一只灯暗淡的情况。诊断时，可用一根导线一端接车架，另一端与亮度暗淡的大灯搭铁处相接，如灯恢复正常，则说明该灯搭铁不良。

4）转向信号灯不闪烁。检查闪光器电源接线柱是否有电。若有电，再用旋具将闪光器的两接线柱短接，使其隔出。如这时转向信号灯亮，表明闪光器有故障；如转向信号灯不亮，可用电源短接法，直接从蓄电池引一导线到转向信号灯接线柱。如灯亮，则为闪光器引出接线柱至转向开关间某处断路或转向开关损坏。当用旋具将闪光器的两接线柱短接并拨动转向开关时，出现一边转向信号灯亮，而另一边不但不亮，且旋具短接上述两接线柱时，出现强烈火花。这说明不亮的一边转向信号灯的线路中某处搭铁，使闪光器烧坏。必须先排除转向信号灯搭铁故障，然后再换上新闪光器。否则新闪光器仍会很快烧坏。

5）右转向时，转向信号灯闪烁正常，但左转时两边转向信号灯均微弱发光。对于转向信号灯与前小灯采用的双丝灯泡的车辆，当其中一只灯泡搭铁不良时，就会出现转向信号灯一边闪光正常而转向开关拨到另一边时，两边转向信号灯均微弱发光的现象。如右转向时，转向灯闪烁正常，左转时两边转向灯均微弱发光，则说明左小灯搭铁不良。诊断时可用一根线将左小灯直接搭铁，如转向信号灯恢复正常工作，则说明诊断正确。

（2）拖拉机仪表检修注意事项包括：

1）拖拉机仪表装置比较精密，对其进行维修的技术要求较高，维修时应严格按照各拖拉机使用维修手册的有关规定进行，必要时应让专业人员维修。

2）拖拉机仪表显示板和母板不仅较易损坏，而且价格较高，因此在使用和检修时应特别谨慎，多加保护，除有特殊说明外，不能用蓄电池的全部电压加于仪表板的任何输入端。在多数情况下，由于检测仪表（如欧姆表）使用不当易造成电路的严重损坏。

3）静电接铁。在维修电子仪表时，不论在车上还是在工作台上作业，作业地点和维修人员都不能带静电。因此，作业时必须使用一定的静电保护装置。

4）防止静电放电。人体是一个很大的静电发生器。静电电压依大气条件而变化。如在相对湿度10%~20%条件下走过地毯时，可以产生35 000 V的静电电压。当这样高的静电电压放电时，将对拖拉机上的精密仪表、控制装置等可能造成损坏。因此从仪表板上拆卸母板时应在干燥处进行，注意防止人身上的静电损坏仪表上的集成电路片。作业时应及时使人体接触已知接地点，消除身上的静电，并且只能用手拿仪表板的侧边，而不能触及显示窗和显示屏的表面。

5）对需要检修的仪表板的拆卸，要按拆装顺序进行，拆装时注意不要猛敲以防本来状况良好的元器件因敲打而损坏。在拆卸仪表板总成之前，应首先切断电源。新的电子仪表元器件应放在镀镍的包装袋里，需要更换时，应从此包装袋中取出，取出时注意不要碰触各部接头，不要提前从袋中取出。

三、拖拉机总电路图实例

拖拉机的总电路图如图8—5～图8—10所示。

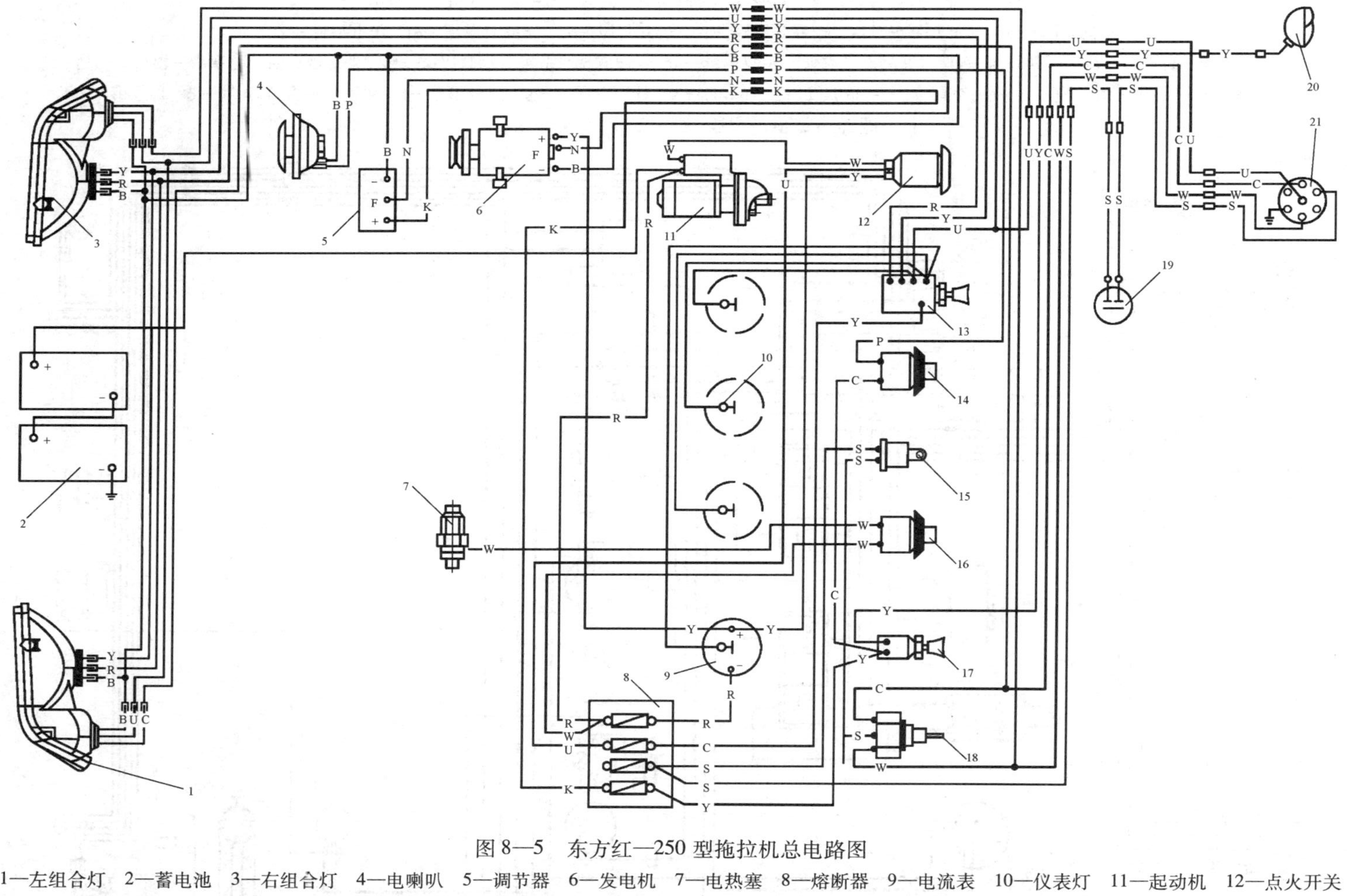

图 8—5　东方红—250 型拖拉机总电路图

1—左组合灯　2—蓄电池　3—右组合灯　4—电喇叭　5—调节器　6—发电机　7—电热塞　8—熔断器　9—电流表　10—仪表灯　11—起动机　12—点火开关　13—三挡开关　14—喇叭按钮　15—闪光器　16—电热按钮　17—单挡开关　18—转向灯开关　19—制动开关　20—后灯　21—挂车电器插座

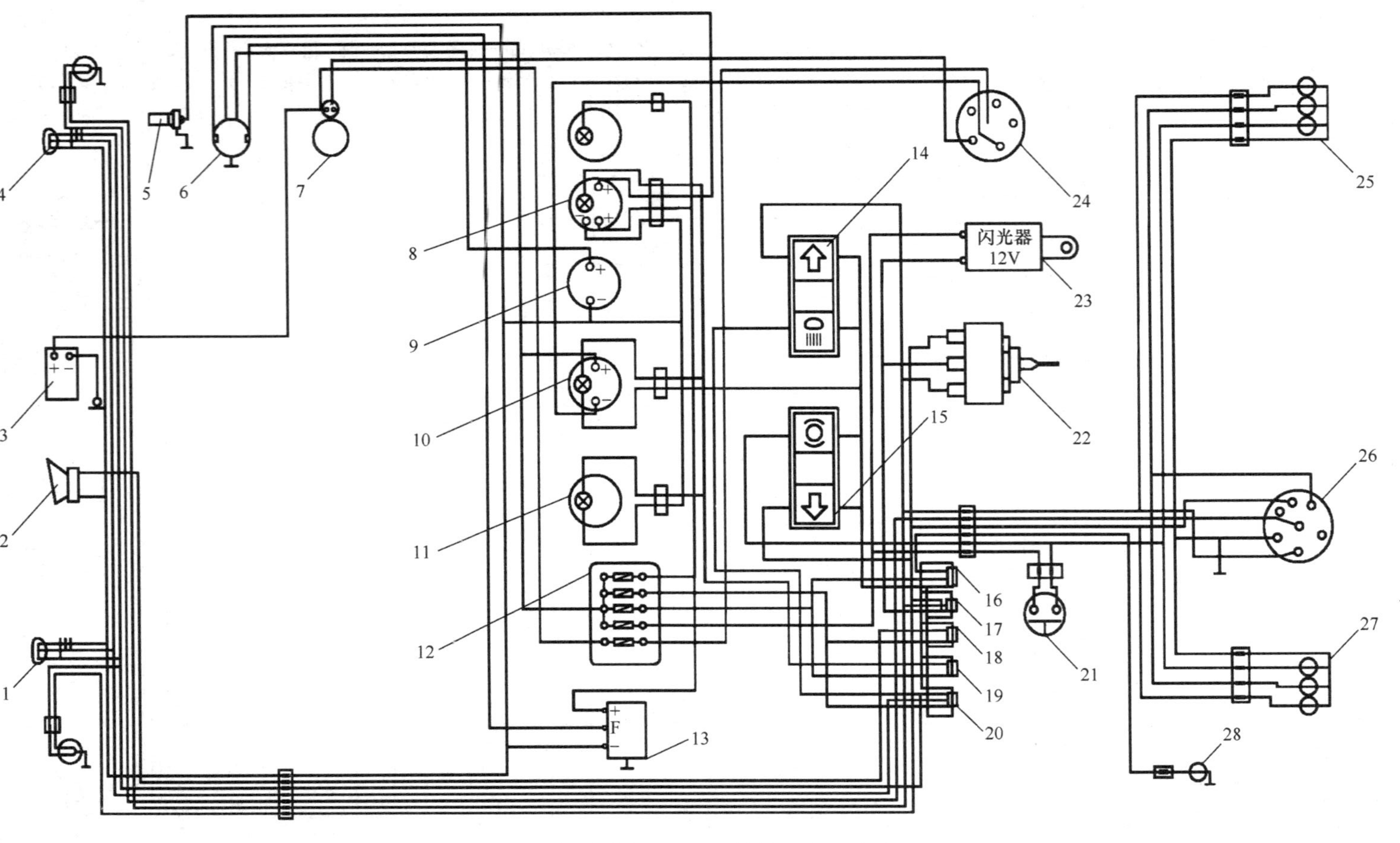

图8—6　东方红—500型拖拉机总电路图

1—左组合灯　2—电喇叭　3—蓄电池　4—右组合灯　5—水温传感器　6—发电机　7—起动机　8—水温表　9—计时表　10—电流表　11—油压表
12—熔断器　13—调节器　14—指示灯组（远光、右转向）　15—指示灯组（制动、左转向）　16—后灯开关　17—应急灯开关
18—制动开关　19—示宽灯开关　20—前灯开关　21—制动灯开关　22—转向灯开关　23—闪光器
24—预热启动开关　25—右信号灯　26—挂车电器插座　27—左信号灯　28—后照灯

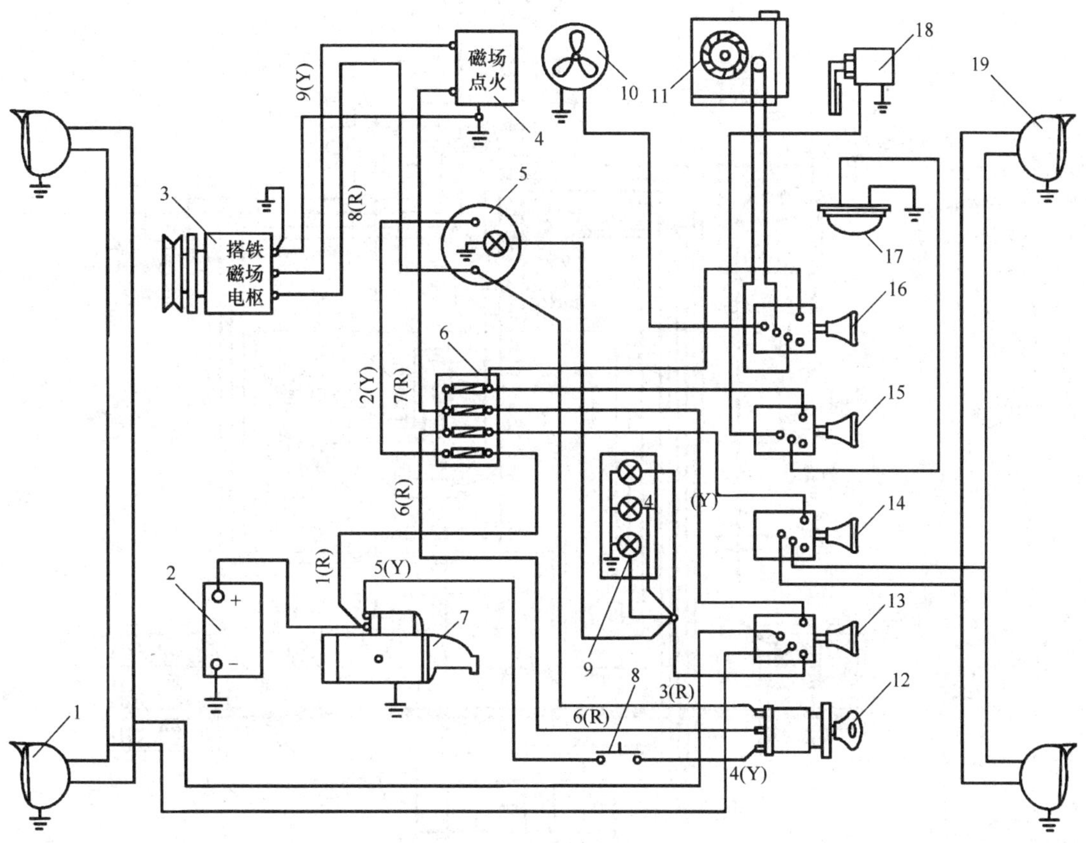

图 8—7 东方红—802 型拖拉机总电路图

1—前灯 2—蓄电池 3—发电机 4—电压调节器 5—电流表 6—熔断器 7—起动机 8—启动按钮 9—仪表灯 10—电风扇 11—暖风机 12—钥匙开关 13—前灯、仪表灯开关 14—后灯开关 15—刮水器开关 16—暖风机风扇开关 17— 顶灯 18—刮水器 19—后灯 R—红色导线 Y—黄色导线

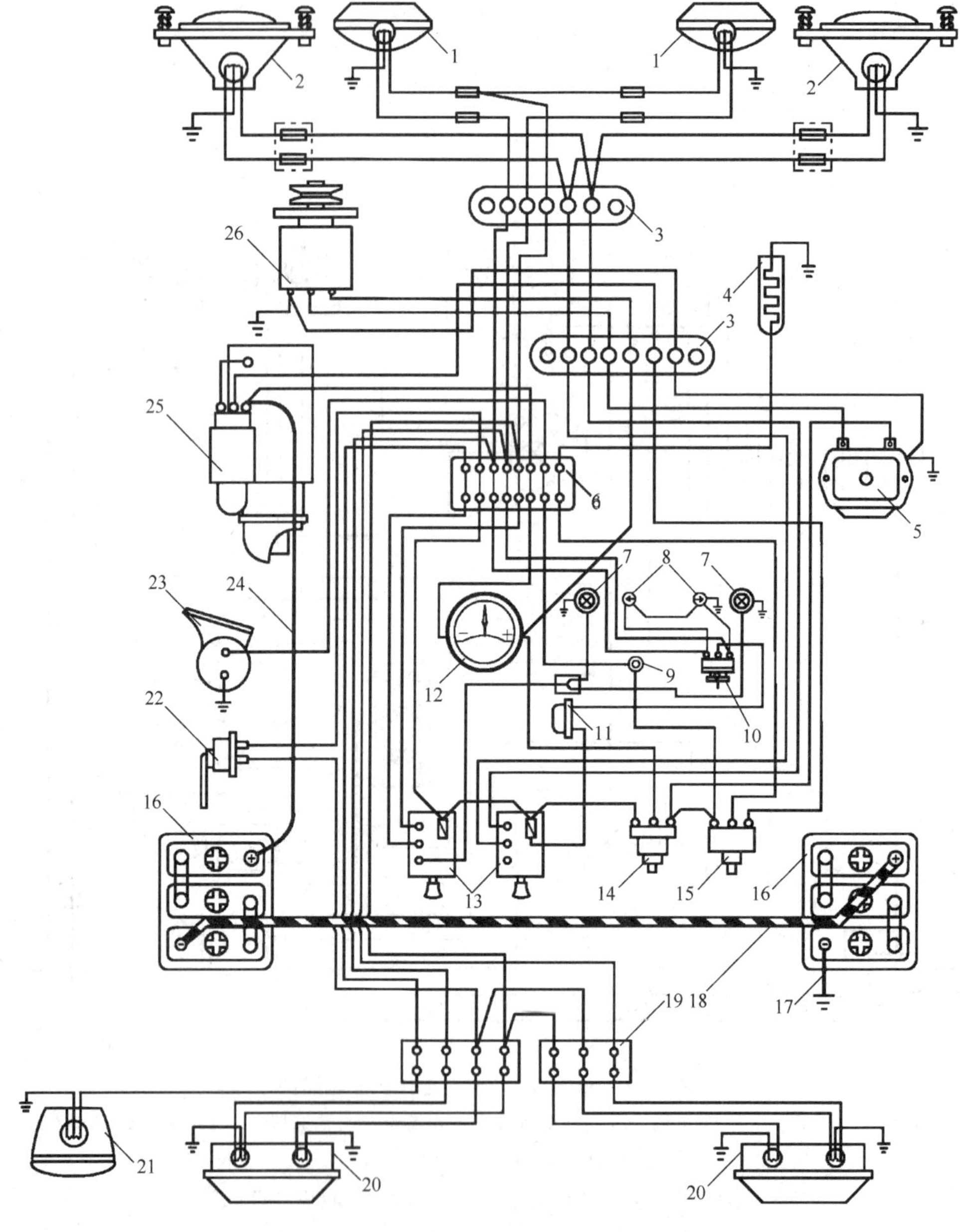

图 8—8 上海—500/504 型拖拉机总电路图

1—前小灯 2—前照灯 3—五头接线板 4—预热塞 5—调节器 6—八挡熔断器 7—仪表灯 8—转向信号灯 9—喇叭按钮 10—转向灯开关 11—闪光器 12—电流表 13—双挡开关 14—电源开关 15—预热启动开关 16—蓄电池 17—蓄电池搭铁线 18—蓄电池连接线 19—四线复合插口组合 20—后灯 21—后照灯 22—刹车灯开关 23—电喇叭 24—蓄电池至起动机连线 25—起动机 26—发电机

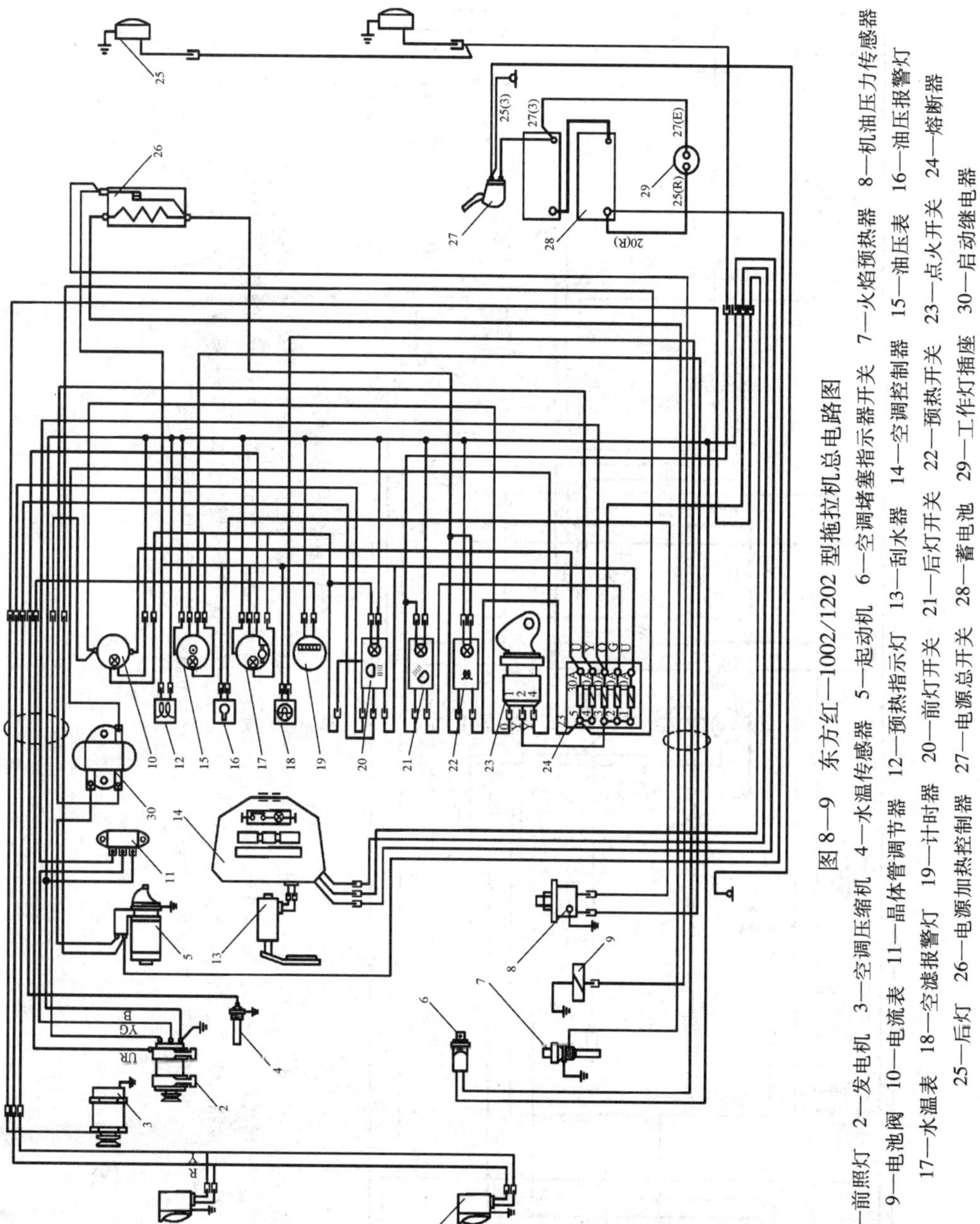

图 8—9 东方红—1002/1202 型拖拉机总电路图

1—前照灯 2—发电机 3—空调压缩机 4—水温传感器 5—起动机 6—空调堵塞指示器开关 7—火焰预热器 8—机油压力传感器 9—电池阀 10—电流表 11—晶体管调节器 12—预热指示灯 13—刮水器 14—空调控制器 15—油压表 16—油压报警灯 17—水温表 18—空滤报警灯 19—计时器 20—前灯开关 21—后灯开关 22—预热开关 23—点火开关 24—熔断器 25—后灯 26—电源加热控制器 27—电源总开关 28—蓄电池 29—工作灯插座 30—启动继电器

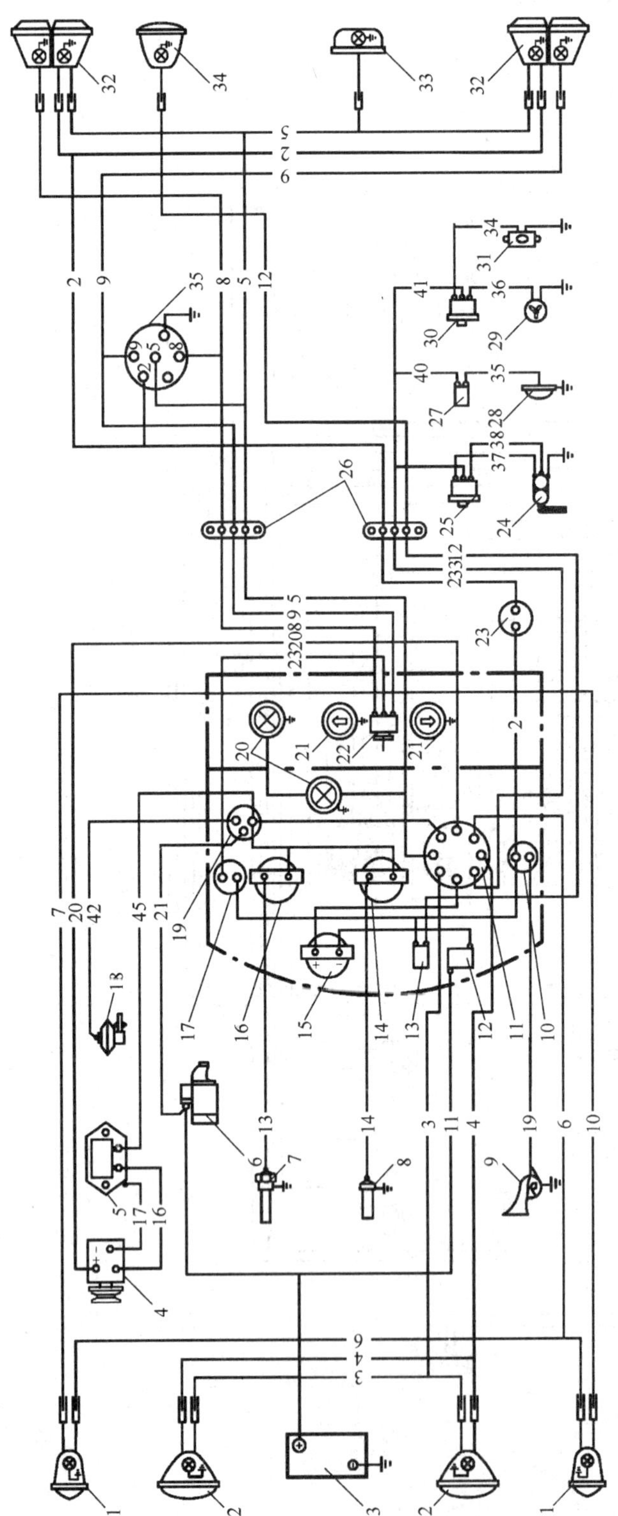

图 8—10 铁牛—650/654 型拖拉机总电路图

1—前小灯 2—前大灯 3—蓄电池 4—发电机 5—调节器 6—起动机 7—水温传感器 8—油温传感器 9—电喇叭 10—喇叭按钮 11—转换开关 12—双金属片熔断器 13—后灯开关 14—油温表 15—电流表 16—水温表 17—闪光器 18—火焰预热器 19—预热启动开关 20—仪表灯 21—转向指示灯 22—转向灯开关 23—制动灯开关 24—刮水器 25—刮水器开关 26—接线板 27—室内灯开关 28—室内灯 29—电风扇 30—暖风及电扇开关 31—暖风散热器 32—后小灯 33—牌照灯 34—后大灯 35—挂车插座

附录1 4110型柴油机主要零件的配合性质及磨损极限

序号	名称	配合性质	名义尺寸（mm）	间隙或过盈值（mm）	极限值（mm）
1	主轴颈与主轴承	间隙	ϕ85	0.070～0.157	0.20
2	主轴颈止推面与止推片	轴向间隙		0.105～0.309	0.40
3	连杆轴颈与连杆主轴承	间隙	ϕ70	0.060～0.128	0.20
4	连杆轴颈与连杆大头两侧面	轴向间隙		0.180～0.380	0.60
5	活塞销与连杆小头衬套	间隙	ϕ38	0.030～0.060	0.12
6	活塞销与活塞销座孔	间隙	ϕ38	0.005～0.017	0.04
7	活塞裙部与气缸套	间隙	ϕ110	0.130～0.160	0.35
8	第一道气环闭口间隙	间隙		0.350～0.500	1.50
9	第二道气环闭口间隙	间隙		0.300～0.450	1.50
10	油环闭口间隙	间隙		0.300～0.450	1.50
11	第一道气环与活塞环槽	平面间隙	2	0.060～0.095	0.20
12	第二道气环与活塞环槽	平面间隙	2.5	0.040～0.075	0.15
13	油环与活塞环槽	平面间隙	5	0.040～0.075	0.15
14	活塞上止点与缸盖底面	间隙		0.900～1.100	
15	气门导管与缸盖	过盈	ϕ15	0.015～0.051	
16	进气门与气门导管	间隙	ϕ9	0.025～0.069	1.50
17	排气门与气门导管	间隙	ϕ9	0.06～0.102	1.50
18	进气门座圈与缸盖	过盈	ϕ49	0.072～0.122	
19	排气门座圈与缸盖	过盈	ϕ44	0.072～0.122	
20	进气门凹入缸盖底面	凹入		1.100～1.600	2.00
21	排气门凹入缸盖底面	凹入		1.100～1.600	2.00
22	气门摇臂衬套与摇臂孔	过盈	ϕ26	0.034～0.097	
23	气门摇臂衬套与摇臂轴	间隙	ϕ24	0.037～0.083	0.20
24	气缸套凸台高出机体上平面	凸出		0.028～0.095	
25	气门挺柱与机体孔	间隙	ϕ31	0.070～0.111	0.20
26	凸轮轴衬套与机体孔	过盈	ϕ64	0.036～0.085	
27	凸轮轴衬套与凸轮轴轴颈	间隙	ϕ58	0.080～0.218	0.20

续表

序号	名称	配合性质	名义尺寸（mm）	间隙或过盈值（mm）	极限值（mm）
28	凸轮轴与止推片	轴向间隙		0.080～0.218	0.35
29	正时中间齿轮一与衬套	过盈	ϕ36	0.030～0.760	
30	正时中间齿轮一衬套与齿轮轴	间隙	ϕ32	0.040～0.910	0.20
31	正时中间齿轮一与齿轮轴	轴向间隙		0.080～0.204	0.40
32	正时中间齿轮一与齿轮二	过盈	ϕ52	0.002～0.050	
33	正时中间齿轮三与衬套	过盈	ϕ29	0.034～0.760	
34	正时中间齿轮三衬套与齿轮轴	间隙	ϕ25	0.030～0.086	0.20
35	正时中间齿轮三与齿轮轴	轴向间隙		0.030～0.193	0.40
36	机油泵齿轮端面与盖板	轴向间隙		0.025～0.089	0.20
37	齿轮侧隙	间隙		≥0.085	0.30

附录 2　拖拉机使用操作国际通用符号表

符号	名称	符号	名称	符号	名称	符号	名称
	热起动开关		收音机		动力输出		位置控制
	发电机充电	KAM	保持记忆体	N	变速器空挡		牵引力控制
	燃油液位		转向信号		爬行挡		附件（辅助装置）插座
	自动燃油供应切断	1	转向信号——一个拖车		慢速或低速设定		机具插座
	发动机转速（r/min）	2	转向信号——两个拖车		快速或高速设定	%	滑移量（%）
	记录小时数		前风挡玻璃——洗涤/刮水		陆地行驶速度		挂钩升起（后端）
	发动机机油压力		后风挡玻璃——洗涤/刮水		差速锁		挂钩降下（后端）
	发动机冷却介质温度		加热器温度控制		后桥机油温度		挂钩高度限制（后端）
	冷却液液位		暖风装置风扇		变速器机油温度		挂钩高度限制（前端）
	拖拉机灯		空调		前轮驱动接合		挂钩已损坏
	前照灯远光		空气滤清器阻塞		前轮驱动脱开		液压系统及变速滤清器
	前照灯近光	P	停车制动		警告！		远控阀伸长
	工作灯		制动液液面		危险警告灯		远控阀收回

续表

	车顶灯		挂车制动		有压力！小心打开		远控阀浮动
	喇叭		制动		可变控制器		故障！参考驾驶员手册
			警告！腐蚀性物质				故障！（代用符号）

附录3　常用螺纹紧固件拧紧扭矩范围

螺纹直径（mm）	螺距（mm）	拧紧扭矩标准值							
		机械性能 4.6级		机械性能 5.6级		机械性能 8.8级		机械性能 10.0级	
		N·m	kgf·m	N·m	kgf·m	N·m	kgf·m	N·m	kgf·m
6	1	4.0	0.4	4.5	0.5	9	0.9		
8	1.25	8.0	0.8	10.6	1.1	23	2.3		
8	1	8.5	0.9	11.0	1.1	25	2.5		
10	1.5	19.7	2.0	26.0	2.7	59	6.0	74	7.5
10	1.25	20.8	2.1			63	6.4	78	8.0
10	1	21.8	2.2	29.0	3.0	64	6.5	80	8.2
12	1.75	37.3	3.8	45.0	4.6	95	9.7	140	14.3
12	1.5	38.5	3.9	47.0	4.8	97	9.9	143	14.5
12	1.25	39.6	4.0	50.0	5.1	99	10.1	145	14.8
14	2	61.2	6.2	81.0	8.3	160	16.3	175	17.8
14	1.5	74.6	7.6	90.0	9.2	180	18.3	210	21.4
16	2	95.0	9.7	124.0	12.6	215	21.9	280	28.5
16	1.5	105.0	10.7	132.0	13.5	240	24.5	305	31.1
18	2.5	142.9	14.6	190.0	19.4	268	27.3	437	44.5
18	1.5	157.6	16.1	200.0	20.4	316	32.2	467	47.6
20	2.5	188.0	19.2	231.6	23.6	430	43.8	528	53.8
20	1.5	203.7	20.8	246.6	25.1	440	44.9	558	56.9